库车山前巨厚砾石层
气体钻井技术

王春生 等编著

石油工业出版社

内 容 提 要

本书聚焦塔里木盆地库车山前巨厚砾石层气体钻井中井壁失稳、携岩困难、井斜控制难等核心难题，系统阐述了在砾石层特殊地质条件下气体钻井的关键理论与工艺创新；创新提出扩径段携岩动态模拟方法及高产水地层气液携水优化技术，研发复合防斜钻具组合与动态纠偏工艺，集成气体连续循环工艺、干井筒固井技术及安全钻井液转换体系形成全流程技术方案。结合博孜—大北区块现场实践，验证气体钻井机械钻速提速超3倍，为巨厚砾石层高效开发提供关键技术支撑。

本书兼具理论深度与实践指导价值，可供油气钻井工程技术人员、科研院所研究人员及石油院校师生参考。

图书在版编目（CIP）数据

库车山前巨厚砾石层气体钻井技术 / 王春生等编著 .
北京：石油工业出版社，2025.5. -- ISBN 978-7-5183-6756-6

Ⅰ.TE242

中国国家版本馆 CIP 数据核字第 2024HU0698 号

出版发行：石油工业出版社
（北京安定门外安华里2区1号　100011）
网　　址：www.petropub.com
编辑部：（010）64523710
图书营销中心：（010）64523633
经　　销：全国新华书店
印　　刷：北京中石油彩色印刷有限责任公司

2025年5月第1版　2025年5月第1次印刷
787×1092毫米　开本：1/16　印张：18.25
字数：318千字

定价：120.00元
（如出现印装质量问题，我社图书营销中心负责调换）
版权所有，翻印必究

《库车山前巨厚砾石层气体钻井技术》
编 写 组

组　　长：王春生
副组长：冯少波　许期聪　卢俊安　梁红军
成　　员：陈志涛　张　超　张　志　李　宁　王孝亮
　　　　　张　权　陈凯枫　范玉光　梁　捷　王　天
　　　　　李　栋　章景城　周　波　尹　达　胡剑风
　　　　　迟　军　吕晓刚　刘锋报　刘金龙　晏智航
　　　　　邓　强　王延民　史永哲　阳君奇　申　彪
　　　　　董　仁　贾国玉　李晓春　文　涛　丁　辉
　　　　　李　磊　杨　谭　杨玉增　刘　锐　刘学青
　　　　　段永贤　卢　强　刘双伟　白　璟　邓　虎
　　　　　许朝阳　韦海防　周长虹　徐忠祥　邓　柯
　　　　　廖　兵　罗　整　刘殿琛　董仕明　吴　琦
　　　　　王德坤　蒲克勇　蒋　杰　蔡雨阳　杨　超
　　　　　杨育智　李　皋　李红涛　杨　旭　李胜富
　　　　　张　毅　滕　宇　黎洪志　王柯达　胡　毅
　　　　　冯佳歆

序
PREFACE

20世纪30年代，气体钻井技术在国外特别是在美国、加拿大、苏联开始应用，50年代日趋成熟，并开始应用于石油钻采工业。国内的气体钻井技术起步较晚，20世纪60年代中期，才开始在四川地区初步尝试应用空气钻井技术。20世纪60年代末期，我国在川中和川西南试验空气、天然气钻井，仅有27口井，但在气体配套设备上进行了大胆尝试，取得了一些喜人的经验和成果，不仅为我国的气体钻井技术积累了丰富的经验，还为以后气体钻井技术的发展奠定了良好的基础。但由于认识不足、装备未形成较为完善的配套、工艺技术不完善以及安全措施不健全等一系列因素，气体钻井技术的发展和应用一度陷入停滞状态。20世纪末，国外气体钻井技术的应用更加普遍，国内的气体钻井技术则紧跟国外的发展步伐。"十五"期间，我国较全面地开展了对气体钻井技术的研究和应用，四川油田、新疆油田、胜利油田、长庆油田和中国石油大学相继进行了这方面的室内实验研究和现场实践工作。至"十一五"末期，国内的气体钻井技术实现了从"跟跑"到"并跑"的跨越，其整体水平和国外相当。但随着勘探开发进一步向深层和非常规迈进，气体钻井技术从简单地层"打得成、打得好"，到遭遇深部、复杂地层"打不成"的困境，在世界范围内面临前所未有的瓶颈。这些困境推动了气体钻井技术的发展，目前，在国内外的油田中，气体钻井技术因其应用时的显著效果，已得到了广泛认可，并逐渐成为世界各国勘探开发油气资源的关键技术。

目前，我国在多个油田开展了气体钻井技术的室内实验研究和现场试验，积累了较丰富的现场经验。尤其是在川渝地区，首先，由于该地区的地质构造复杂、地层条件差，相对于传统液体钻井，气体钻井无须大量准备和处理钻液，从而减少了能源消耗和水资源的使用。其次，气体钻井的环保性更为突出，因为它不会产生大量的钻井液污染，不仅有效降低了对环境的影响，也避免了钻井液处理和处置的成本和难题。再次，气体钻井的安全性也得到了提升，减少了因钻井液事故所带来的潜在风险。最后，气体钻井技术也已成为集治漏、提速、保护和发现油气藏、防止井漏等多种功能于一体的增产增效的技术措施。

塔里木油田库车山前博孜—大北构造盐上巨厚砾石层钻井液钻井时的可钻性差，机械钻速慢，钻井周期长，已严重制约了该区块的勘探开发进程，气体钻井在难钻地层的钻井提速方面有显著优势，库车山前砾石层采用的气体钻井技术成为该区块提速提效的有效方式之一。结合库车山前砾石层的地质特征，气体钻井面临以下难题：（1）砾石层水层分布多，产水量大；（2）砾石层气体钻井井壁的失稳风险高；（3）井斜控制难度大；（4）深井砾石层段钻井携砂困难；（5）砾石层气液转换困难。

本书详细论述了在库车山前巨厚砾石层地质条件下进行气体钻井的关键技术与应用。书中较系统地收集、整理了国内外气体钻井技术应用的理论知识和实践经验，国内主要以大北构造和博孜构造砾石层的气体钻井技术为主线，并结合现场气体钻井应用技术实例，从气体钻井的设备配套到工艺技术，从气体型流体的分类到详细的现场应用实例，内容涉及面宽、覆盖面广，包含气体钻井各方面的内容，较客观地反映了近年来国内外在气体钻井技术领域的研究成果和技术进展状况。本书的每个章节都深入探讨了该领域的重要成果，包括库车山前巨厚砾石层地质工程概述、井壁稳定性评价、砾石层气体钻井携带能力影响、井斜机理及防斜技术、气体连续循环钻井技术、砾石层钻井液转换技术、干井筒固井工艺技术、砾石层气体钻井方案优化及装备配套、现场应用等内容。本书旨在为读者提供全面系统的学习和参考资料，以应对在复杂地层条件下进行气体钻井时面临的挑战，促进该领域技术的进步与发展。

此书的出版将对我国库车山前巨厚砾石层气体钻井技术的发展和完善起到一定的推动作用。

前 言
FOREWORD

在石油勘探与开发领域，库车山前巨厚砾石层一直是一个极具挑战性的难题。由于库车山前巨厚砾石层独特的地质特征和复杂的工程环境，传统的钻井技术往往难以有效应对勘探开发进程中的问题，这在一定程度上制约了该区域油气资源的开发进程。然而，随着气体钻井技术的不断发展与完善，其在库车山前巨厚砾石层的应用逐渐展现出巨大的潜力和优势。

本书旨在全面系统地介绍气体钻井技术在库车山前巨厚砾石层的应用与实践。通过深入剖析该区域的地质工程特点，评估气体钻井井壁的稳定性，探讨砾石层气体钻井携带能力的影响因素，研究井斜机理及防斜技术，以及介绍气体连续循环工艺技术和钻井液转换技术等关键环节，本书力求为读者提供一套完整且实用的技术体系。

第一章简要概述了库车山前巨厚砾石层的地质工程特性，为后续章节的技术探讨奠定了基础。第二章深入评估了气体钻井井壁的稳定性，为安全高效的钻井作业提供了理论支撑。第三章探讨了砾石层气体钻井携带能力的影响因素，为提高钻井效率提供了关键思路。第四章分析了井斜产生的机理，并提出了有效的防斜技术，有助于提升井身质量。第五章介绍了气体连续循环钻井技术，展现了其在砾石层钻井中的独特优势。第六章聚焦钻井液转换技术，为钻井过程中的流体管理提供了重要指导。第七章探讨了干井筒的固井工艺技术，确保了井筒的稳固与安全。第八章对气体钻井方案进行了优化，并讨论了相关装备的配套问题，为现场应用提供了实用建议。第九章通过实际案例，展示了气体钻井技术在库车山前巨厚砾石层的现场应用效果，为气体钻井技术的推广提供了有力支撑。

笔者注重理论与实践相结合，既深入分析了气体钻井技术的理论基础，又结合了大量的实际案例和现场应用经验。同时，笔者也充分考虑了技术的创新性和前瞻性，力求反映当前气体钻井技术的最新成果和发展趋势。

在本书的编写过程中，笔者得到了众多专家学者的指导和帮助，在此一并表示衷心的感谢。同时，笔者也感谢相关企业和单位的大力支持，他们为本书的编写提供了翔实的资料和数据。

本书由中国石油塔里木油田公司、中国石油川庆钻探工程有限公司钻采工程技术研究院、中国石油天然气集团有限公司超深层复杂油气藏勘探开发技术研发中心、新疆超深油气重点实验室、新疆维吾尔自治区超深层复杂油气藏勘探开发工程研究中心、国家能源高含硫气藏开采研发中心、国家能源页岩气研发（试验）中心和油气钻完井技术国家工程研究中心参与编写。

本书适合从事石油勘探与开发工作的技术人员、管理人员，以及高等院校相关专业的师生阅读参考。

由于时间仓促和笔者的水平有限，书中难免存在不足之处，敬请广大读者批评指正。

目 录
CONTENTS

第一章　库车山前巨厚砾石层地质工程概述 ………………………………………… 1

 第一节　库车山前砾石层地质特征 ………………………………………………… 1

 第二节　砾石层岩石力学及沉积环境分析 ………………………………………… 6

 第三节　砾石层钻井提速面临的挑战 ……………………………………………… 33

第二章　库车山前巨厚砾石层气体钻井井壁稳定性评价 …………………………… 38

 第一节　砾石层气体钻井井壁稳定评价 …………………………………………… 38

 第二节　砾石层岩石力学参数及水理化性能测试 ………………………………… 54

 第三节　砾石层气体钻井井壁坍塌机理与定性定量评价 ………………………… 68

第三章　砾石层气体钻井携带能力影响 ……………………………………………… 76

 第一节　扩径段井筒携岩规律研究 ………………………………………………… 76

 第二节　高产水地层井筒携水规律 ………………………………………………… 96

 第三节　砾石层气体钻井携岩参数优化 …………………………………………… 111

第四章　砾石层气体钻井井斜机理及防斜技术 ……………………………………… 127

 第一节　砾石层气体钻井井斜机理分析 …………………………………………… 127

 第二节　砾石层气体钻井井斜控制技术 …………………………………………… 167

第五章　砾石层气体连续循环钻井技术 ……………………………………………… 176

 第一节　砾石层气体钻井连续循环必要性分析 …………………………………… 176

 第二节　气体连续循环钻井技术原理及配套工具研制 …………………………… 178

 第三节　气体连续循环钻井工艺技术 ……………………………………………… 188

第六章　砾石层钻井液转换技术 195

第一节　砾石层气体钻井钻井液转换面临的挑战 195
第二节　转换钻井液体系及性能 196
第三节　钻井液转换工艺技术 198
第四节　钻井液转换期间井下复杂预防与处理技术 202

第七章　干井筒固井工艺技术 206

第一节　干井筒固井的必要性分析 206
第二节　干井筒固井套管安全下入工艺 210
第三节　空气介质条件下的固井工艺技术 219

第八章　砾石层气体钻井方案优化及装备配套 236

第一节　博孜—大北砾石层气体钻井方案 236
第二节　气体钻井设备配套 239

第九章　现场应用 257

第一节　大北构造砾石层气体钻井提速实践 257
第二节　博孜构造砾石层气体钻井提速实践 269

第一章 库车山前巨厚砾石层地质工程概述

塔里木盆地库车山前构造带的地质特征复杂，尤其是其上部地层存在的巨厚砾石层，具有岩性复杂、粒径大、可钻性差等特点，严重制约钻井效率。早期，在大北地区的大北6井、大北5井等尝试开展了气体钻井，在砾石层的提速效果明显，大幅缩短钻井周期。但在气体钻井技术的推广应用过程中，也出现了地层出水诱发井壁垮塌、井下阻卡、井斜问题突出、气液转换困难等技术难题，系统性分析地质特征，针对化改进工程技术，是保障气体钻井在该层段继续发挥优势的必由之路。

第一节 库车山前砾石层地质特征

一、区域构造概况

库车坳陷东西长550 km，南北宽为30~80 km，面积为28 500 km^2，主要沉积中生界、新生界碎屑岩及膏盐岩。库车坳陷可进一步划分为4个构造带和3个凹陷，共7个次一级构造单元，4个构造带由北至南分别为北部单斜带、克拉苏构造带、秋里塔格构造带和南部斜坡带；3个凹陷从西向东分别为乌什凹陷、拜城凹陷和阳霞凹陷。

在新近系库车组沉积期，因南天山强烈隆升推覆的影响，库车坳陷盐下地层大幅冲断褶皱，形成了一系列断背斜、背斜圈闭，已成为油气聚集的主要场所。克拉苏构造带是南天山造山带南麓的第一排冲断构造带，东西长约220 km，南北宽约30 km，面积约为3500 km^2，构造呈"南北分带、东西分段"

特征。自北向南以克拉苏断裂、克深断裂为界，可划分为博孜—克拉断裂带、克深断裂带和拜城断裂带。根据构造特征的差异，自西向东可划分为 5 段：阿瓦特段、博孜段、大北段、克深段和克拉 3 段（图 1-1）。

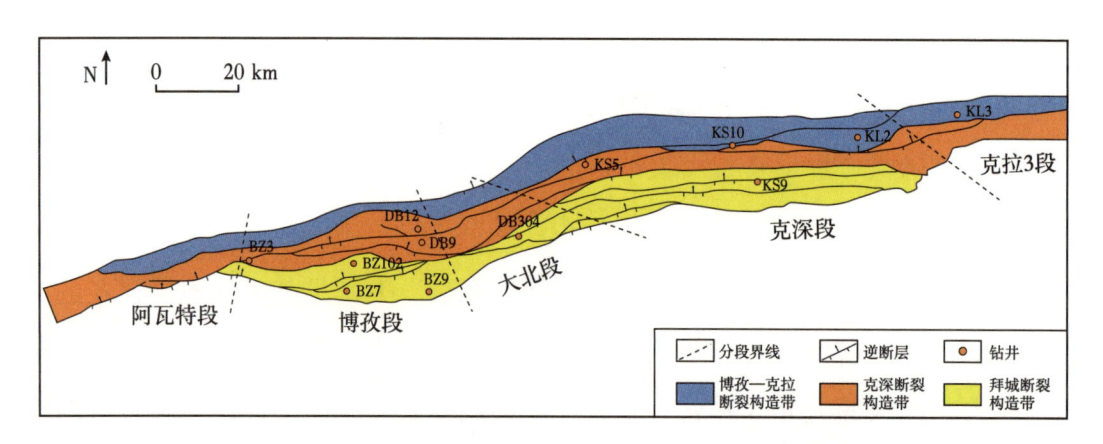

图 1-1　库车坳陷克拉苏构造带构造单元划分平面图

二、砾石层分布规律

1. 大北构造

以大北构造为例，其砾石层十分发育，但纵向、横向展布有明显差异。大段的砾石层段主要发育在第四系和库车组上部，而在构造的不同位置点，第四系的厚度有明显变化，如图 1-2 所示。

从图 1-2 可以看出，在构造不同位置点，第四系厚度有明显变化，在构造的高位置点，第四系厚度很薄，大北 6 井第四系仅有 100 m 厚，随着构造位置点的降低，第四系厚度逐渐增加，大北 302 井第四系厚度为 1450 m。第四系主要为砾石层，砾石层胶结疏松，主要为黏土胶结，强度很低，遇水强度衰减严重。

该地区砾石层的分布在纵向也存在明显变化。表 1-1 为大北 6 井砾石层纵向分布统计表。从表 1-1 上可以看出，大北 6 井总发育有 4 套砾石层，砾石层最厚处 1072 m，位于地层上部，随着井深增加，砾石层厚度有所减小，岩性组分有所变化，泥质含量减少，钙质、砂质含量增多，这说明上部砾石粒间胶结物主要为黏土，随着深度增加，胶结物的钙质成分增加，胶结强度增加。

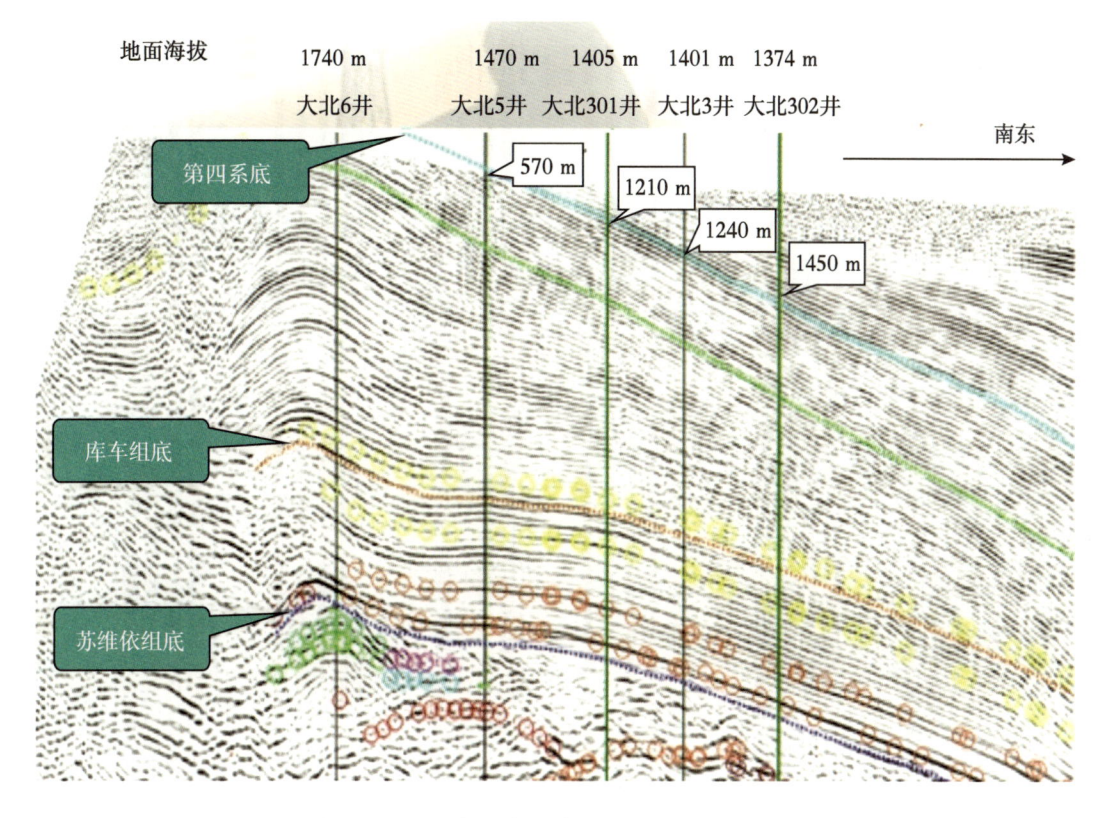

图 1-2　构造不同位置点的第四系厚度对比图

表 1-1　大北 6 井砾石层纵向分布规律统计表

序号	砾石发育井段 /m	厚度 /m	岩性特点
1	314~1072	1072	砾石段，钙质、砂质含量明显增加，泥质含量减少
2	1560~1768	208	
3	2436~2932	496	
4	3059~3894	835	

图 1-3 为大北 204 井砾石层不同深度段的成像测井资料。由图 1-3 可知，172~173 m 砾石层胶结疏松，微裂缝、孔洞十分发育，955~957 m 砾石层微裂缝、微孔洞明显减少，砾石层相对致密，发育有几条裂缝。由此认为，随着深度的增加，砾石层更加致密，岩石强度增加。

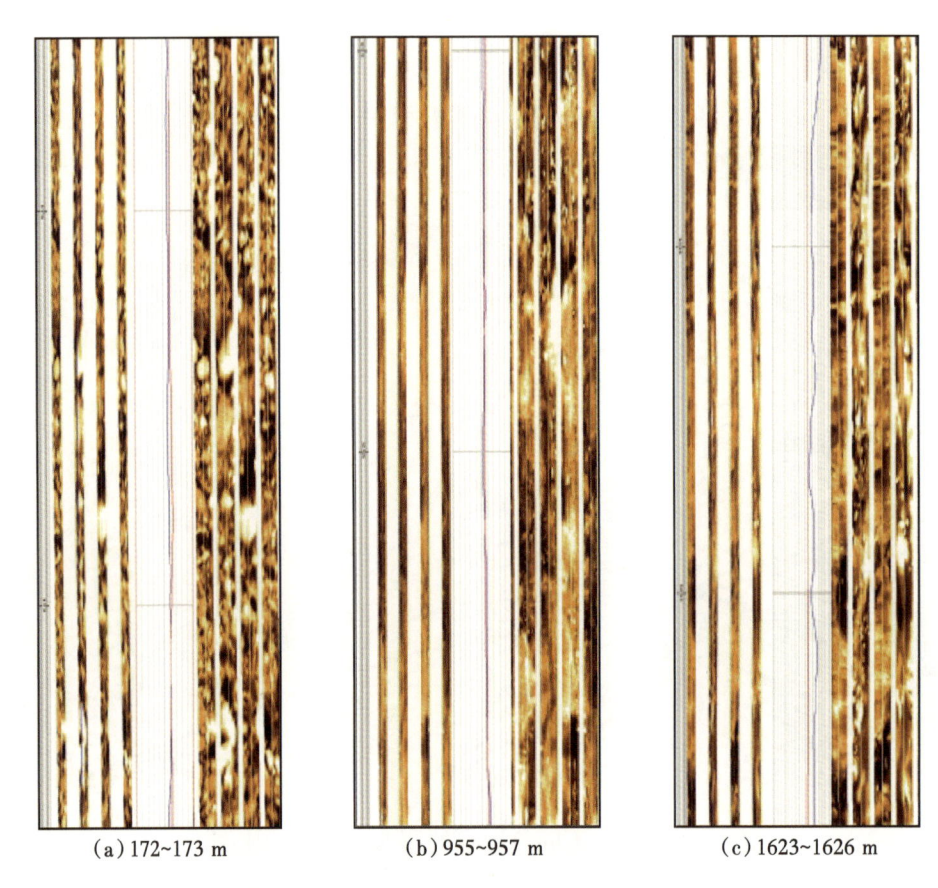

　　　　(a) 172~173 m　　　　　　(b) 955~957 m　　　　　　(c) 1623~1626 m

图 1-3　大北 204 井不同位置点的砾石层成像测井资料对比图

2. 博孜构造

以博孜构造为例，结合野外露头及测录井资料，综合分析了砾石层砾石颗粒尺寸大小的纵横向分布规律，通常情况下，砾石层颗粒越小，砾石颗粒越致密，其胶结强度和力学性能越高。

以卡普沙良河的剖面观察数据为基础，总结了库车组、康村组、吉迪克组的粒径分布。其中，库车组以小粒径 1~3 cm 的砾石颗粒为主，其间分布有大尺寸砾石。库车组砾石的分布密度减小，整体胶结较为致密，胶结物主要为黏土，该组的胶结强度明显高于西域组。康村组砾石粒径主要以 3~5 cm 为主，分布有大尺寸粒径砾石颗粒。砾石粒间胶结物的钙质含量明显增加，胶结致密，胶结强度高。吉迪克组的砾石粒径主要以 3 cm 为主，见有大尺寸粒径砾石分布。吉迪克组的砾石分布密度低于康村组，胶结物的钙质含量高，胶结致密，胶结强度高。采用 Image-J 图像处理软件对卡普沙良河的剖面砾石颗粒尺寸进行统计，见表 1-2。同层位自上而下，砾石颗粒尺寸呈减小趋势。

表 1-2　卡普沙良河的剖面砾石颗粒尺寸统计结果

地层	层位	主要粒径范围 / mm	最大粒径 / mm	最小粒径 / mm
库车组	下部	58~132	292	10
	底部	21~83	129	8
康村组	顶部	29~88	113	6
	上部	22~75	269	6
	中上部	18~63	114	6
	中部	25~63	285	7
吉迪克组	上部	15~66	153	5
	中部	18~63	228	4
	下部	9~19	89	3
	底部	11~28	135	3

以同样方法统计了温宿剖面、库车河剖面的砾石尺寸特征，综合分析后，得到卡普沙良河剖面—温宿剖面—库车河的剖面纵横向分布，见表 1-3。在同一层位，卡普沙良河剖面—温宿剖面—库车河剖面的砾石颗粒尺寸呈减小趋势，同一剖面的同层位自上而下的砾石颗粒尺寸呈减小趋势。

表 1-3　卡普沙良河剖面—温宿剖面—库车河剖面的砾石颗粒尺寸对比

地层	层位	主要粒径范围 / mm		
		卡普沙良河	温宿	库车河
西域组	—	—	—	17~76
库车组	中上部	—		27~50
	下部	58~132	29~84	11~26
	底部	21~83		—

续表

地层	层位	主要粒径范围 / mm		
		卡普沙良河	温宿	库车河
康村组	顶部	29~88	1~53	1~27
	上部	22~75		14~85
	中上部	18~63		—
	中部	25~63		8~28
	下部	—		19~71
	底部	—		7~37
吉迪克组	上部	15~66	16~22	12~47
	中部	18~63		—
	下部	9~19		—
	底部	11~28		9~21

第二节　砾石层岩石力学及沉积环境分析

一、砾石层微组构特征

充分认识砾石层的微组构特征对分析砾石胶结状态、砾石粒度、缺陷发育规律具有重要作用，为此采用扫描电镜和薄片分析观察了砾石的微结构和组分特征。

1. 扫描电镜

图 1-4 为第四系砾石的扫描电镜观察结果，反映了砾石岩样的微裂缝及缝间充填物分布情况。由图 1-4 可知，第四系砾石颗粒间为岩屑颗粒充填，颗粒间岩屑充填物与砾石颗粒表面为不完全接触，存在贴粒缝，两者间的连接强度较弱。砾石颗粒间的岩屑充填物胶结较为疏松，存在较多缝洞，胶结物自身强

度较低。另外，黏土岩屑以膨胀性蒙脱石、伊/蒙混层为主，水化膨胀性能较强。因此认为该地区第四系砾石层自身强度较弱，容易散落，遇水后，水溶液沿微裂缝、疏松岩屑充填物向地层深处渗透，导致微裂缝扩张、裂解，水敏性黏土水化膨胀，强度减弱，最终导致砾石层崩落失稳。

（a）样品1　　　　　　　　　　　　（b）样品2

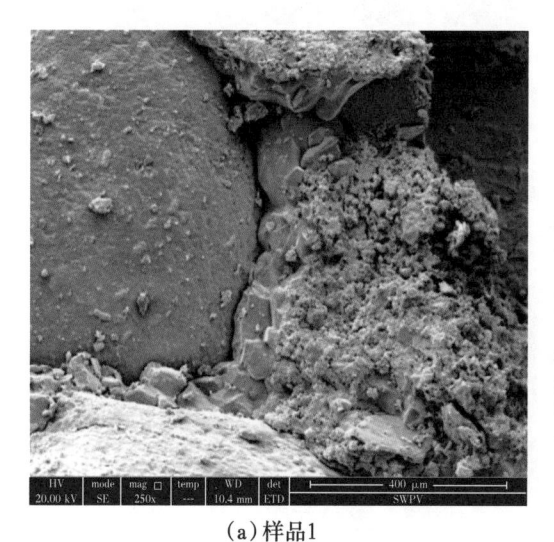

图 1-4　第四系砾石的 SEM 扫描电镜照片

图 1-5 为库车组的砾石扫描电镜观察结果。由图 1-5 可知，库车组砾石与第四系砾石较为相似，砾石颗粒与粒间充填物结合不紧密，存在贴粒缝，颗粒间充填物胶结较为疏松，黏土矿物主要以膨胀性蒙脱石、伊/蒙混层为主，水化膨胀能力较强。因此，认为砾石颗粒间填隙物的自身强度低，主要为黏土胶结，遇水软化降强是导致该地层井壁稳定性差的主要原因。

图 1-6 为康村组砾石的电镜扫描照片，由图 1-6 可知，康村组砾石颗粒间胶结较为致密，存有少量微裂缝，不存在膨胀性黏土矿物，钙质胶结，胶结强度较高，该类砾石整体强度较高，井壁稳定性较好。

图 1-7 为吉迪克组砾石的电镜扫描照片，由图 1-7 可知，吉迪克组砾石颗粒间胶结物较为致密，粒间充填物与砾石颗粒结合较为紧密，存有少量贴粒缝，颗粒间不存在膨胀性黏土矿物，水敏性较差，在水基钻井液条件下，井壁稳定性较好。

(a)样品1　　　　　　　　　　(b)样品2

(c)样品3　　　　　　　　　　(d)样品4

图 1-5　库车组砾石的 SEM 扫描电镜照片

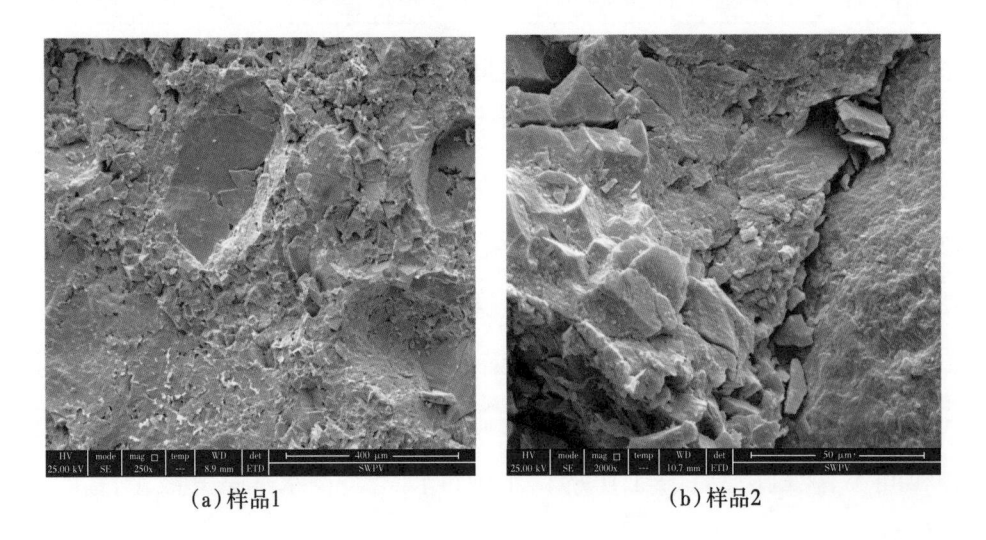

(a)样品1　　　　　　　　　　(b)样品2

图 1-6　康村组砾石的 SEM 扫描电镜照片

(a)样品1　　　　　　　　　　　　(b)样品2

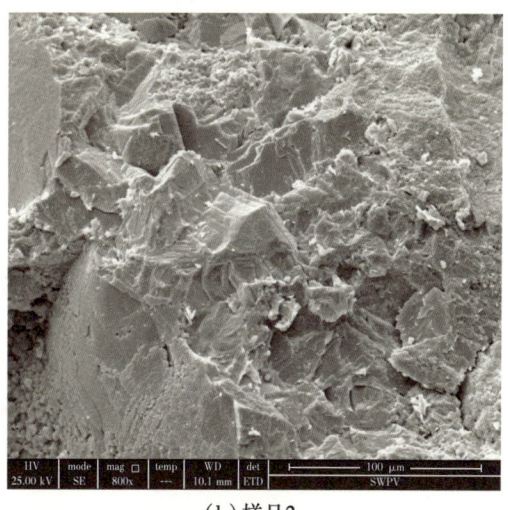

图 1-7　吉迪克组砾石的 SEM 扫描电镜照片

2. 砾石层铸体薄片测试

借助室内铸体薄片测试可以对比不同层位砾石层的微观结构、矿物组分的差异，图 1-8 至图 1-10 分别为库车组、康村组和吉迪克组的砾石层铸体薄片照片，从铸体薄片实验照片上可以发现，不同层位砾石层的微裂缝结构及矿物组分分布具有明显差异。

(a)样品1　　　　　　　　　　　　(b)样品2

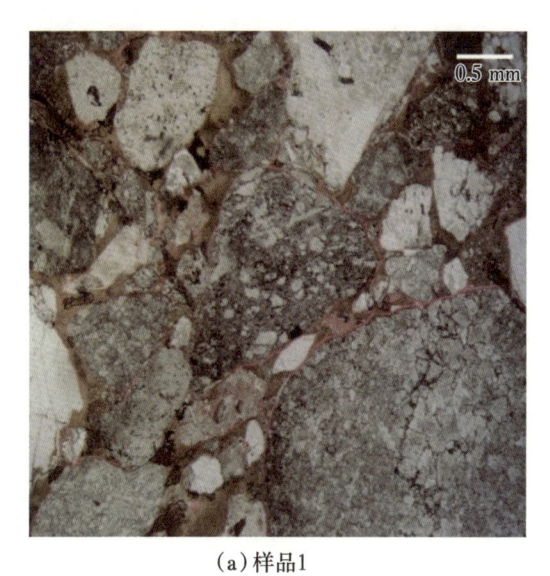

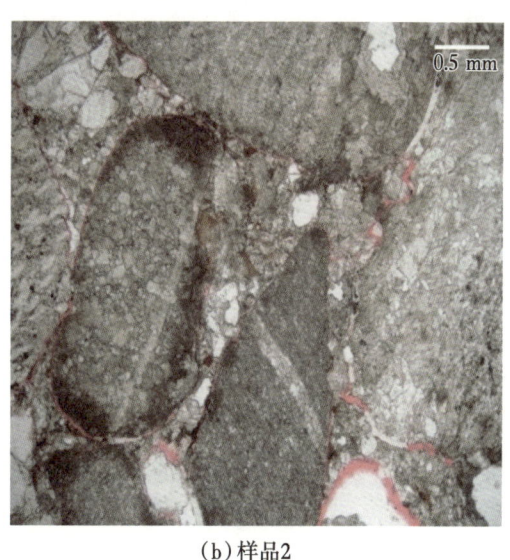

图 1-8　库车组的细砾石样铸体薄片

图 1-8 为库车组的砾石铸体薄片照片，该层位砾石由碎屑颗粒与填隙物组成。碎屑以岩屑为主，常见石英岩屑、流纹岩屑、大理岩屑、泥晶灰岩屑、片岩屑和粉砂岩屑，泥屑少量、石英屑少量、云母屑少量。填隙物中以黏土杂基和粉砂级细碎屑常见，局部可见钙质胶结物。碎屑粒径多为小砾石级至细砾级。碎屑多为次棱角状至次圆状，常含较多砂级碎屑，分选性一般中等至差。钙质胶结物数量较少，且分布不均，多呈斑块状。砾石中的微裂隙较常见，多为贴粒缝。

图 1-9 为康村组的砾石铸体薄片照片，该层位砾石由碎屑颗粒与填隙物组成。碎屑以岩屑为主，常见大理岩屑、泥晶灰岩屑、石英岩屑、流纹岩屑，片岩屑、粉砂岩屑和泥屑少量，还常见少量石英屑和云母屑。填隙物中常见黏土杂基和粉砂级细碎屑，局部可见钙质胶结物。碎屑粒径多为小砾石级至细砾级，并常有或多或少的巨砂至细砂级碎屑充填在砾石之间。碎屑多为次棱角状至次圆状，分选性一般中等至差。钙质胶结物数量较少，且分布不均，多呈斑块状，并局部交代碎屑，多呈镶嵌状，局部呈连晶胶结。砾石中的微裂隙较常见，多为贴粒缝。

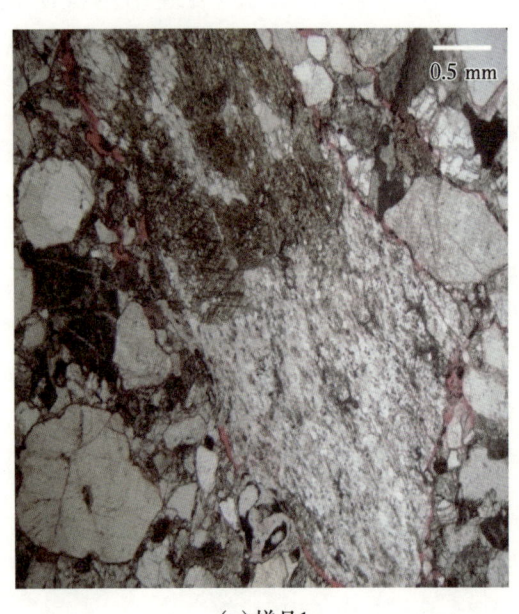

(a) 样品1　　　　　　　　　　(b) 样品2

图 1-9　康村组的细砾石样铸体薄片

图 1-10 为吉迪克组的砾石层铸体薄片照片，该层位砾石由碎屑颗粒与填隙物组成。碎屑以岩屑为主，常见大理岩屑、泥晶灰岩屑、石英岩屑、流纹岩屑、片岩屑和粉砂岩屑。填隙物中以黏土杂基和粉砂级的细碎屑常见，钙质胶结物较常见。碎屑粒径多为小砾石级至细砾级。碎屑多为次棱角状至次圆状，分选性一般中等至差。钙质胶结物数量不多，分布不均匀，多呈斑块状，并局部交代碎屑，多呈镶嵌状，局部呈连晶胶结。砾石中的微裂隙较常见，多为贴粒缝。

(a) 样品1　　　　　　　　　　　(b) 样品2

图 1-10　吉迪克组的砾石层铸体薄片

二、砾石层压实程度和水层分布特征

充分了解砾石层压实程度和水层分布特征对钻井参数优化设计、井下复杂预防和处理具有重要意义。为此，利用测井资料分析了砾石层的压实程度，预测了水层的分布特征。

1. 地层压实程度评价

图 1-11 至图 1-13 是根据测井资料，以纯泥岩段测井响应资料（主要为声波测井和密度测井）为基准值，绘制的博孜 1 井、博孜 101 井和博孜 102 井的压实程度趋势线。

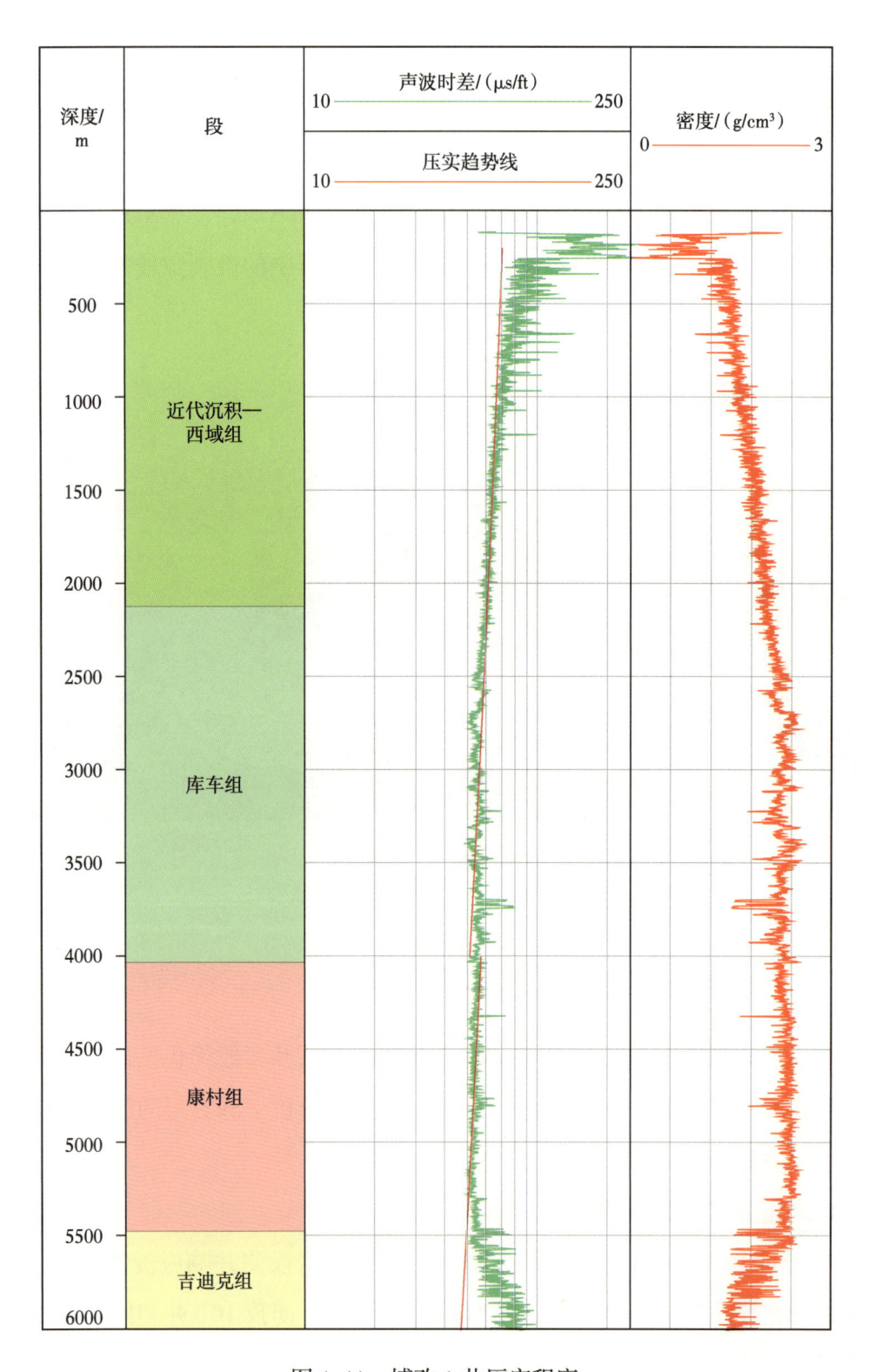

图 1-11　博孜 1 井压实程度

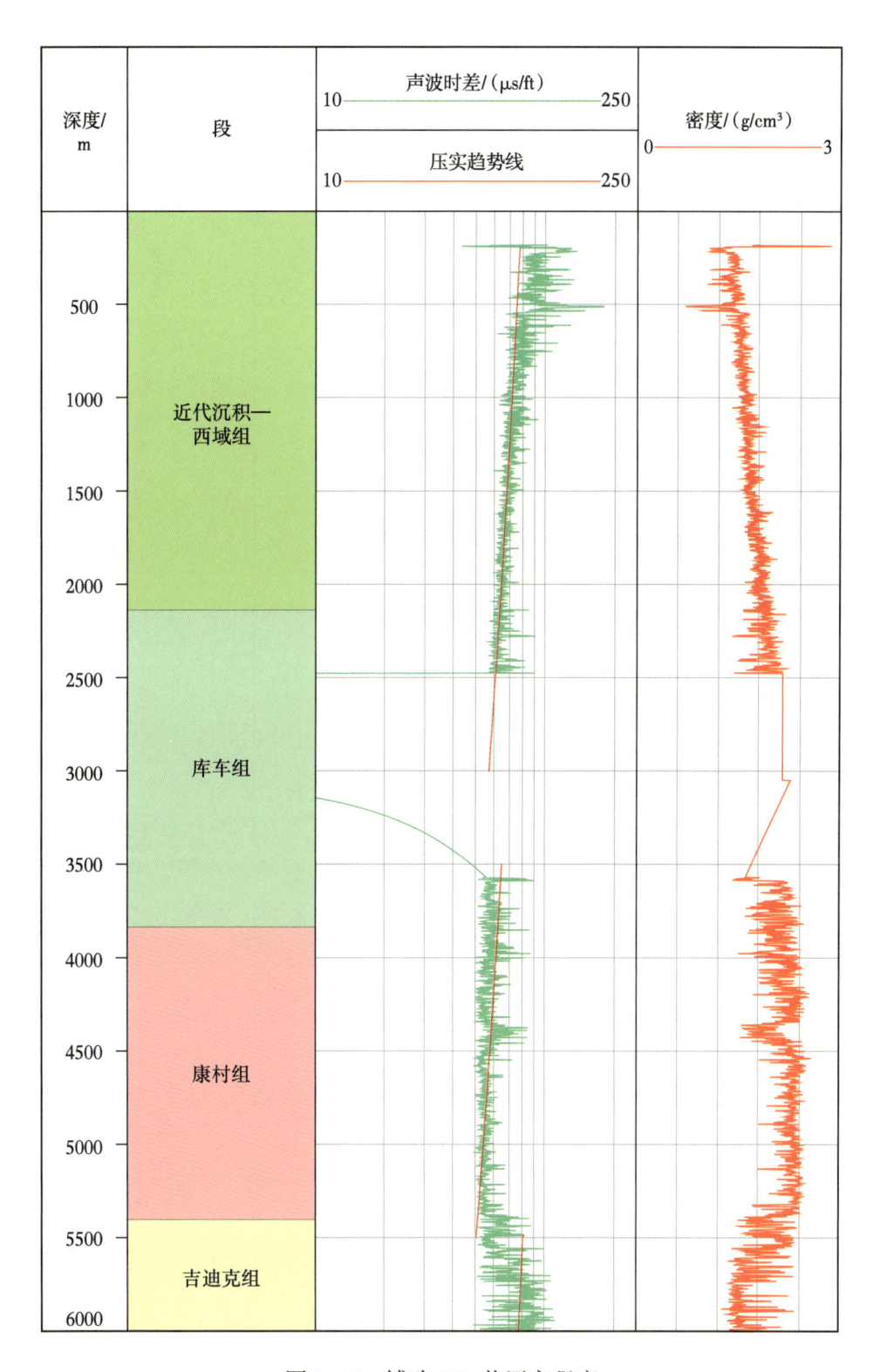

图 1-12　博孜 101 井压实程度

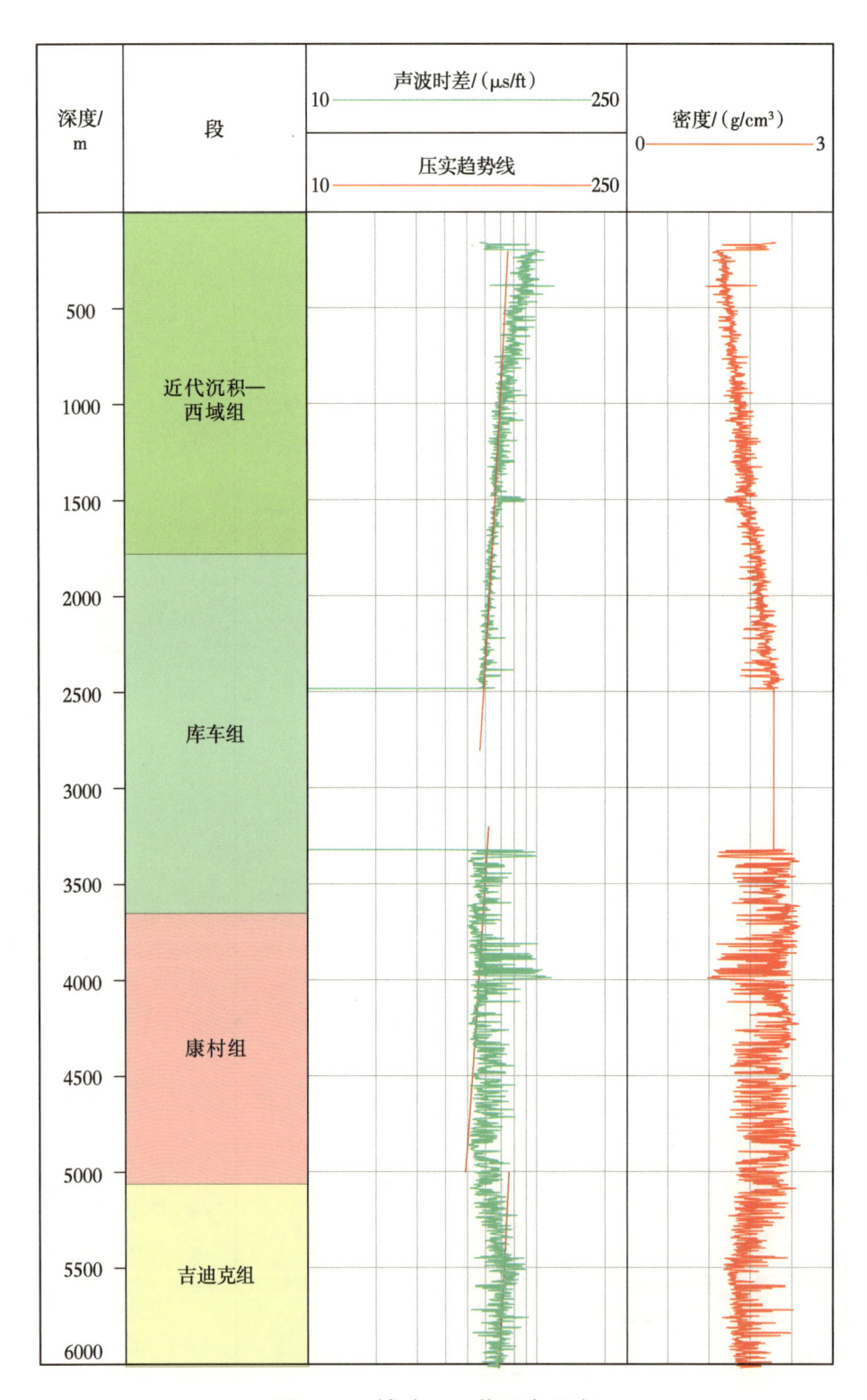

图 1-13 博孜 102 井压实程度

根据压实程度趋势线及岩石密度曲线，可进一步划分压实程度纵横向分布结构，见表1-4。由表1-4可知，压实程度与井深关系密切，一般来讲，井深越大，地层压实程度越高。

表1-4 博孜1井、博孜101井和博孜102压实程度测井分析

地层	博孜1井		博孜101井		博孜102井	
	井深/m	压实程度	井深/m	压实程度	井深/m	压实程度
近代沉积—西域组（Q_1x—Q_4）	0~910	欠压实	0~1080	欠压实	0~1380	欠压实
	910~1490	欠压实—压实	1080~1662	欠压实—压实		
	1490~2123	压实	1662~2138	压实	1380~1780	欠压实—压实
库车组（N_2k）	2123~2850	压实	2138~2458	压实	1780~2349	压实
			2458~2754	压实		
	2850~3460	压实	2754~3267	—	2349~2768	—
	3460~3700	压实	3267~3512		2768~3013	
	3700~4033	压实	3512~3836		3013~3360	
康村组（$N_{1-2}k$）	4033~4270	压实	3836~4065		3360~3654	
	4270~5301	压实	4065~4861	压实	3654~4546	压实
			4861~5214	压实	4546~4892	压实
	5301~5477	压实	5214~5404	压实	4892~5065	压实
吉迪克组（N_1j）	5477~5831	压实	5404~5755	压实	5065~5444	压实
	5831~6138	—	5755~6070	—	5444~5766	—
	6138~6342	—	6070~6258	—	5766~6018	—

2. 水层识别与出水量预测

以博孜区块为例，根据已钻井地质工程资料，结合已钻完井常规测井数据，采用综合深层双侧向测井法和孔隙度重叠法，可预测空气钻井条件下的地层出水量。图1-14展示了博孜1井的出水量分布剖面，由图1-14可知，随着地层埋深的增加，地层压实程度增加，孔隙度、渗透率降低，地层出水呈减少趋势，水层主要集中在1500 m以上，2500~3000 m发育有水层，3000 m以深未见明显水层。

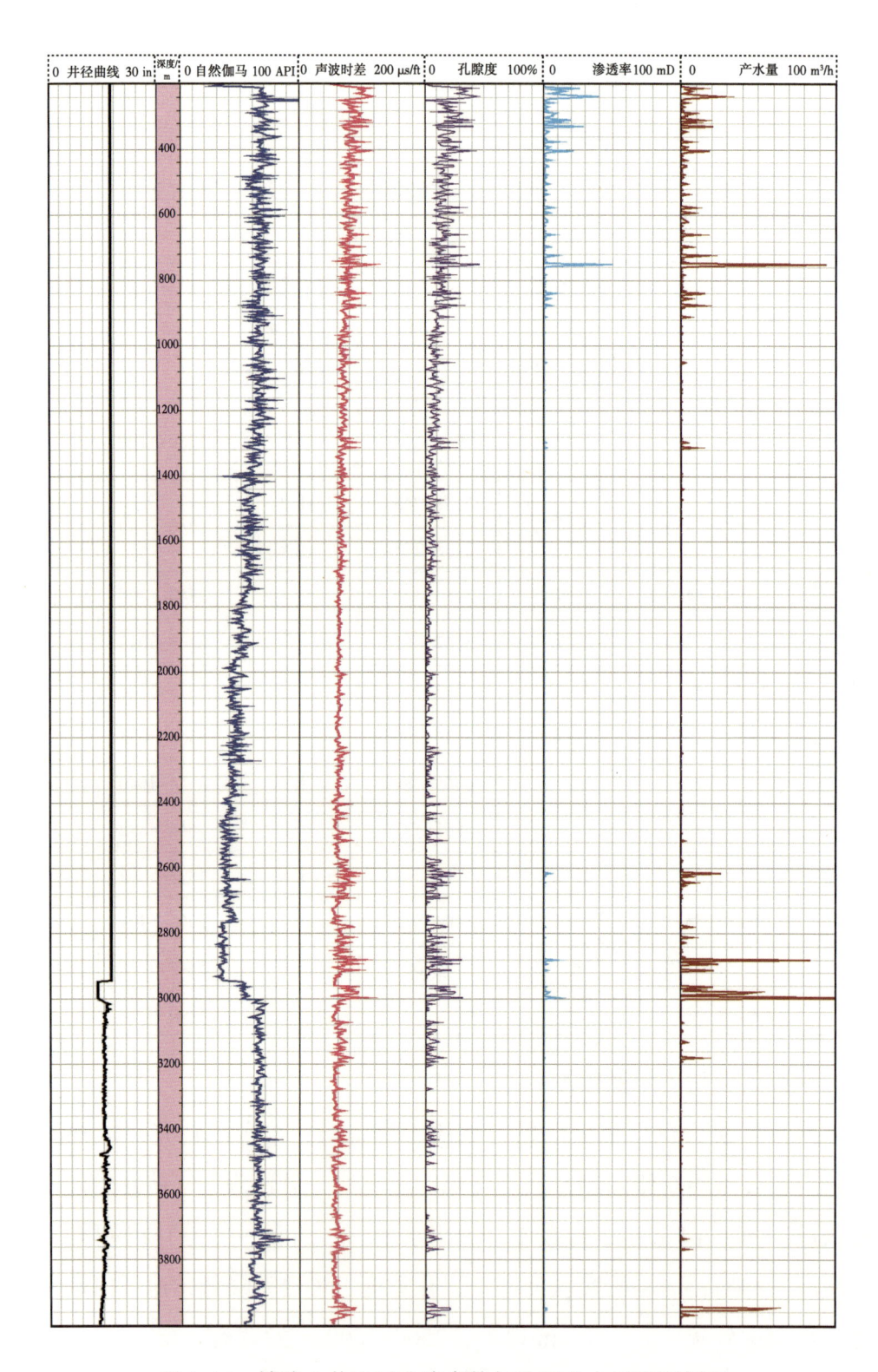

图 1-14　博孜 1 井地层孔渗参数与地层出水量预测剖面

同样，区块内其余15口井的出水量预测结果表明，4000 m以浅水层发育与空气钻井出水量纵向展布剖面，以及博孜区块不同构造位置水层发育与出水量纵向展布存在差异性。博孜1井区已完钻井预测结果表明，水层主要集中在浅部的西域组，库车组水层发育少，空气钻井出水可能性小。博孜2井、博孜7井和博孜8井区域水层发育少，空气钻井出水可能性小。随着靠近天山山脉，向博孜13井、博孜15井冲积扇扇根部位，水层发育明显增加，中深层见水层，判断空气钻井的出水风险大。

进一步分析连井剖面的出水量特征，图1-15为自西（博孜15井）向东（博孜24井）地层出水量的展布规律，博孜区块自西向东的地层埋深增加，岩体致密度逐渐增加，地层孔渗参数降低；中浅层（2500 m）以浅地层较为疏松、成岩性差，地层渗透性强，水层发育，空气钻井的出水风险较高，平均出水量在15 m³/h；西部（博孜15井、博孜13井和博孜1302井）3000 m附近存在水层，博孜1井以东3000 m以深未见明显水层，博孜101井（2767~4652 m）成功实施气体钻井。

地层出水量自北向南展布规律预测结果如图1-16所示，西域组孔隙度、渗透率普遍偏高，地层出水量高，空气钻井的出水风险高，平均出水量在10 m³/h；随着地层埋藏深度增加，地层致密程度增加，地层孔隙度与渗透率降低，库车组地层未见明显水层，自北（博孜18井）向南（博孜8井），库车组水层发育差异性不大，空气钻井的地层出水风险低。

3. 地层物性参数与出水量三维展布特征

作为区域化数据信息载体，三维地质模型的构建至关重要。三维地质模型的建立主要基于地震数据体中解释出的地质层位数据。地震解释工作以现代理论为指导，运用先进解释技术，收集各种资料，最大限度地从地震数据中获取地质信息，为油气勘探、开发、生产乃至油田（油藏）管理服务。地震解释的主要任务就是从地震数据体中获取博孜区块的地质层位信息，为三维地质建模做好数据基础。首先，地震数据体的某个剖面进行地质层位的构造解释；其次，对目标地质层位进行标定后，利用地震解释软件的三维自动追踪功能进行层位的初步解释；最后，对层位缺损等部位进行修补优化后，即可得到层位解释成果。

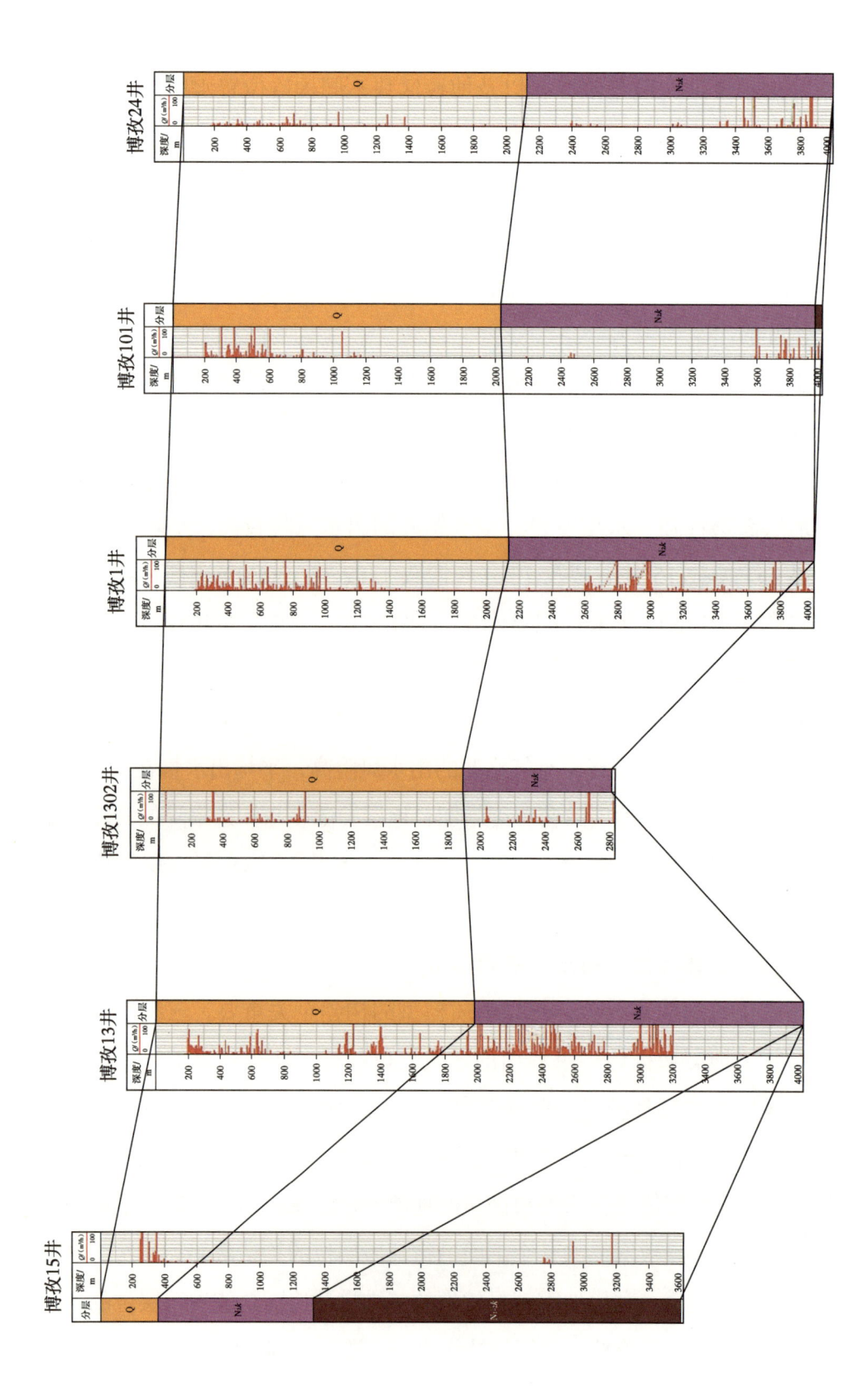

图1-15 地层出水量自西向东展布规律

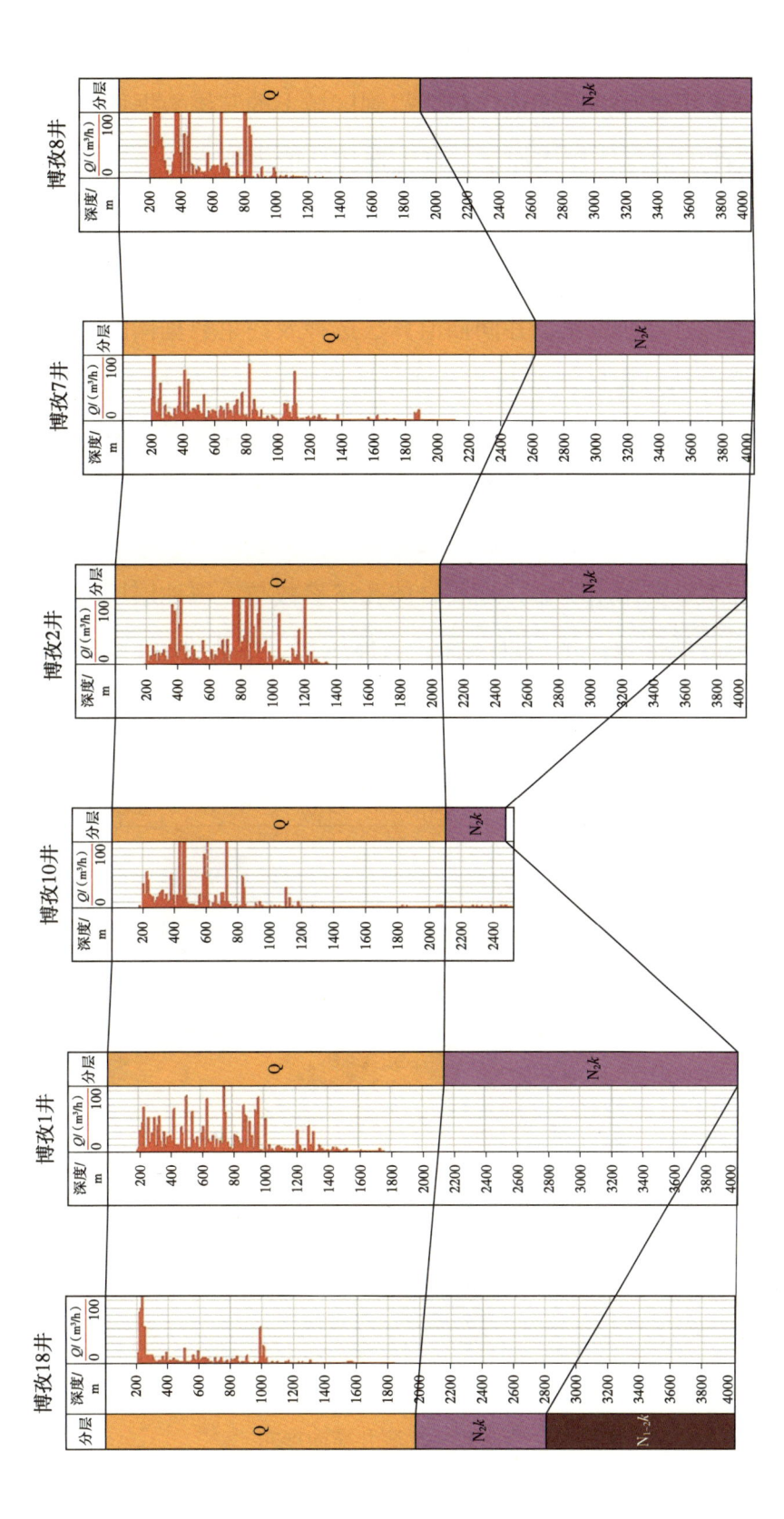

图1-16 地层出水量自北向南展布规律

单井地应力数据的区域化实现就是将单井粗化的数据在深度数据体的约束下使用序贯高斯模拟进行井间插值，最后得到区域上的三维数据体。岩石物性建模在 Petrel 软件中的具体操作如下：首先选择插值模拟方法为序贯高斯模拟（Sequential Gaussian Simulation），同时添加约束数据体作为井间插值趋势的约束，使得插值结果具有更高的可信度。

经过单井地应力数据粗化、井间插值算法选择及约束数据体的选择后，进行井间插值模拟得到目标区块的测井及地震解释数据三维模型，如图 1-17 至图 1-27 所示，整体而言，博孜西北部的声波速度小、岩体密度小，向东南地层埋深增加，岩体致密，声波速度大、岩体密度高。

博孜区块地质构造影响地层埋深，上覆地层压力差异性较大，东南部上覆地层压力高，岩体压实作用明显。地层岩体孔渗参数与上覆地层压力、地层埋深密切相关，构造低部位、地层埋藏深，岩体压实、成岩性好，地层孔隙度、渗透率低，空气钻井的地层出水风险低。

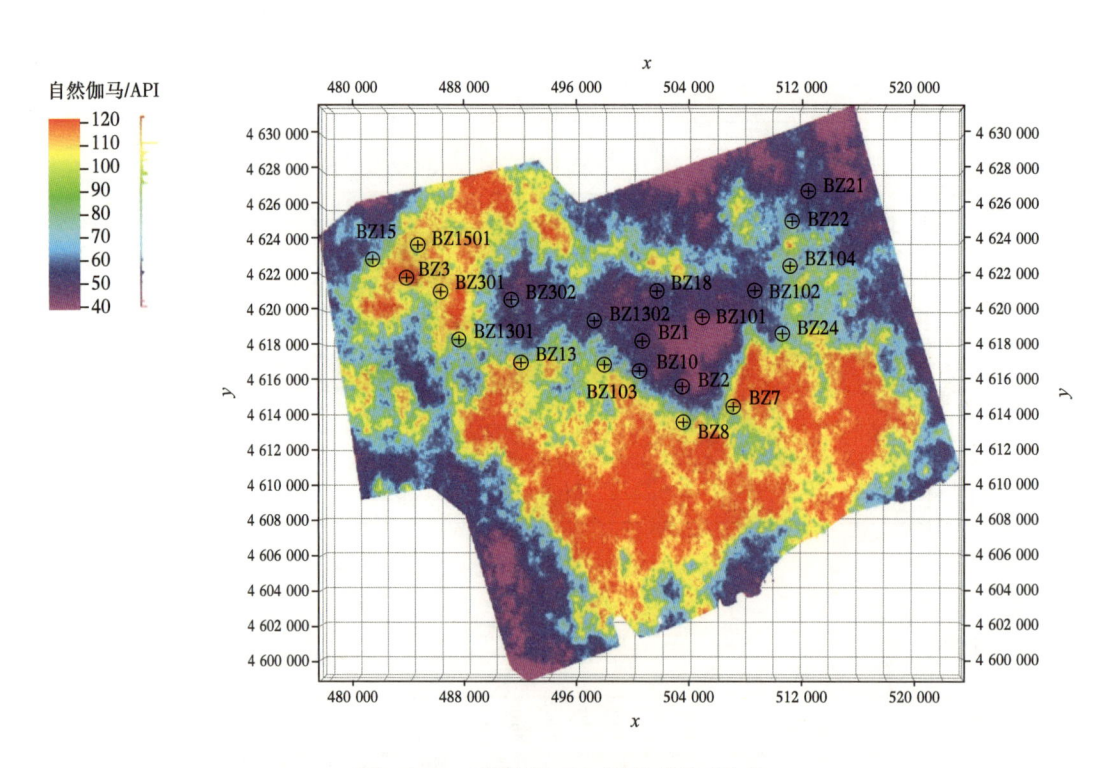

图 1-17 库车组 GR 测井横向展布

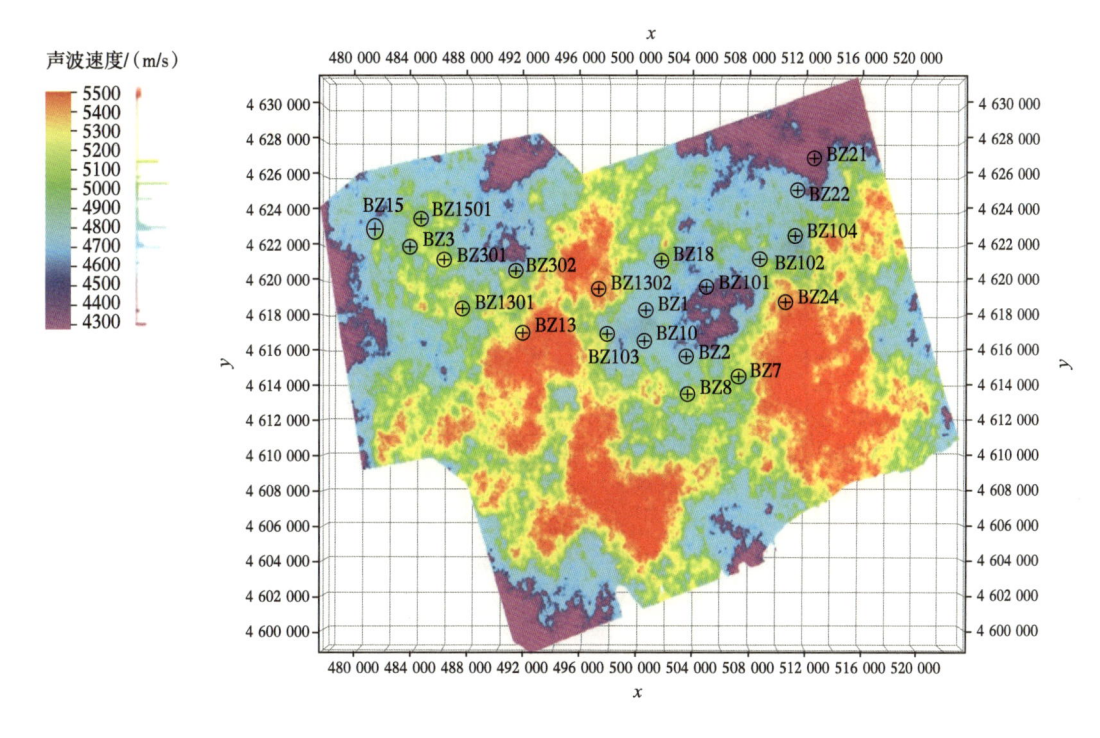

图 1-18　库车组声波速度横向展布

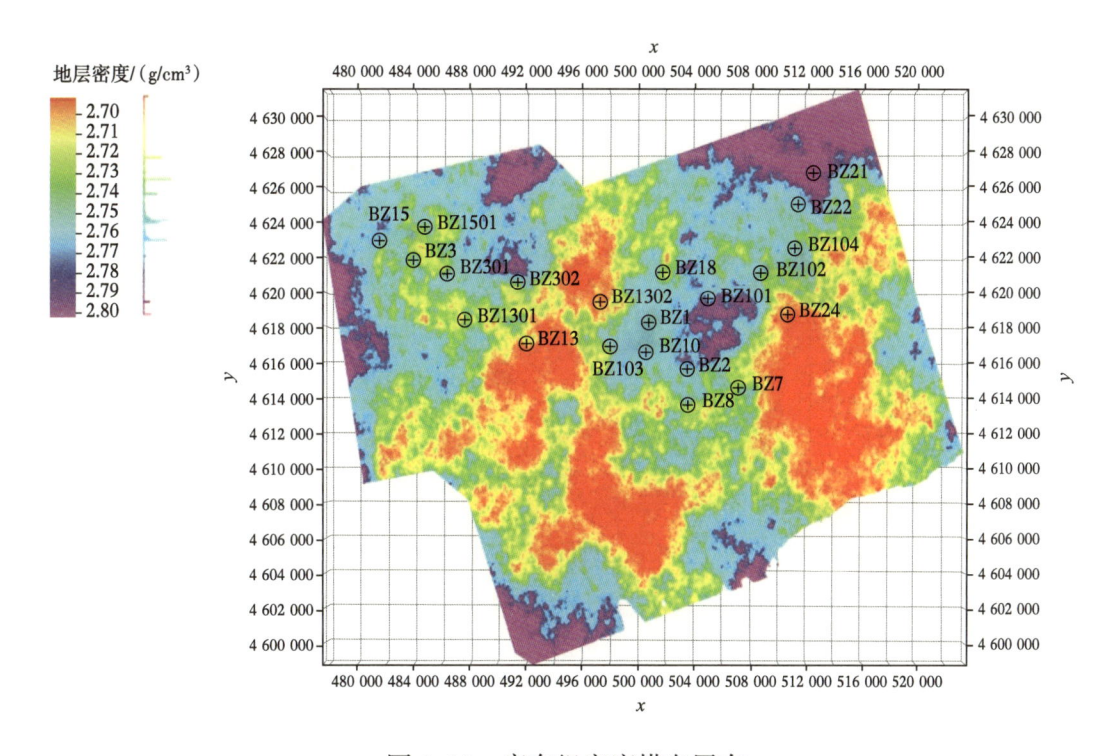

图 1-19　库车组密度横向展布

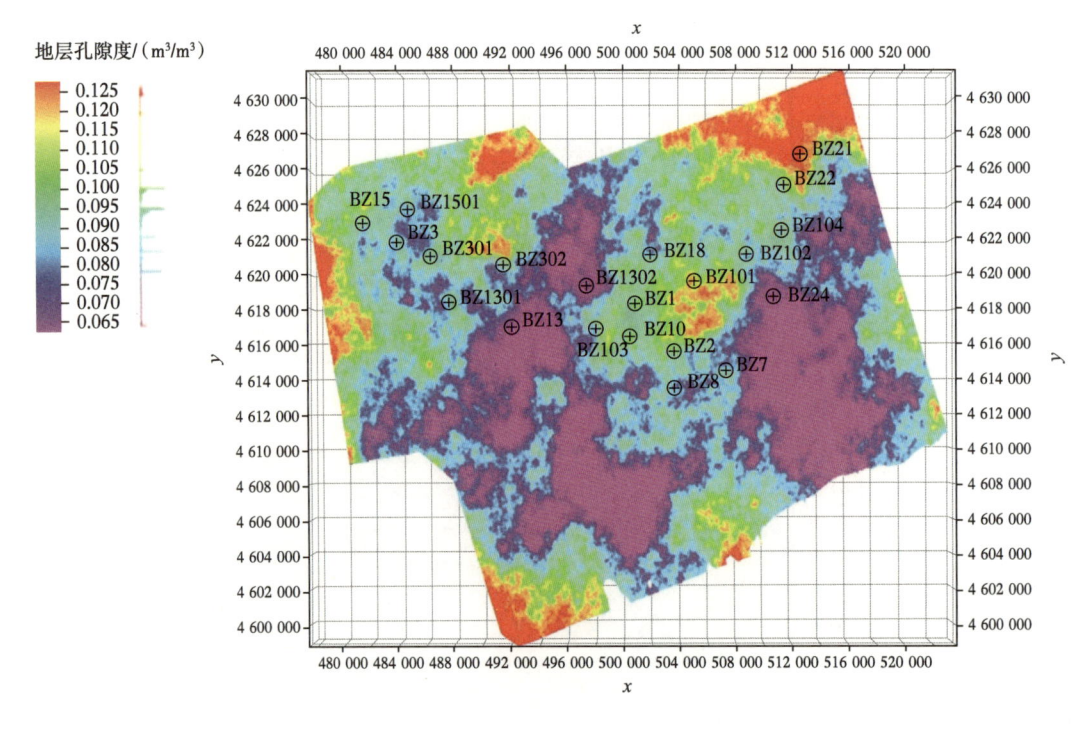

图 1-20　库车组孔隙度横向展布

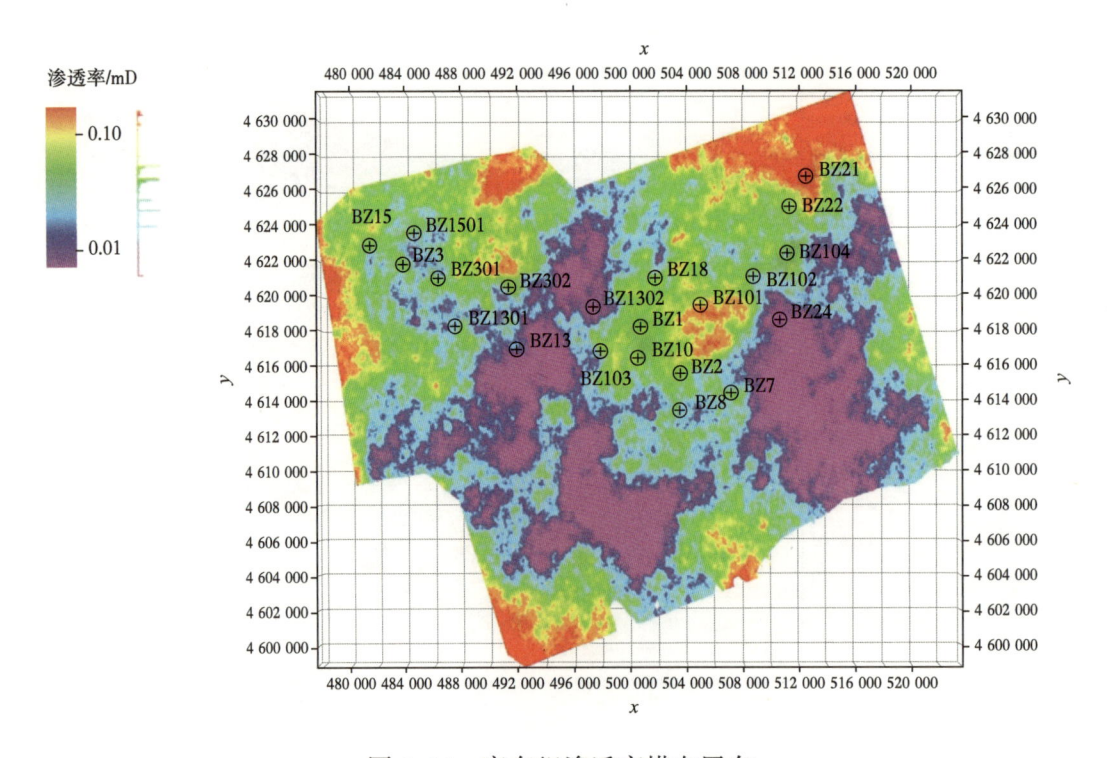

图 1-21　库车组渗透率横向展布

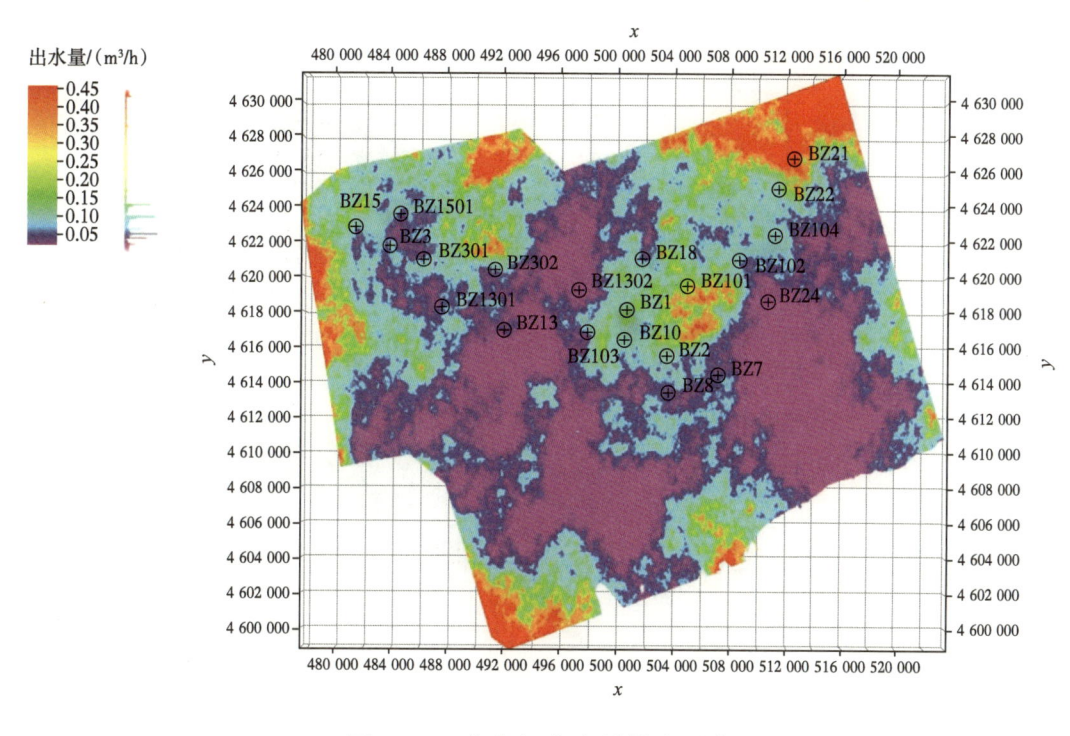

图 1-22　库车组出水量横向展布

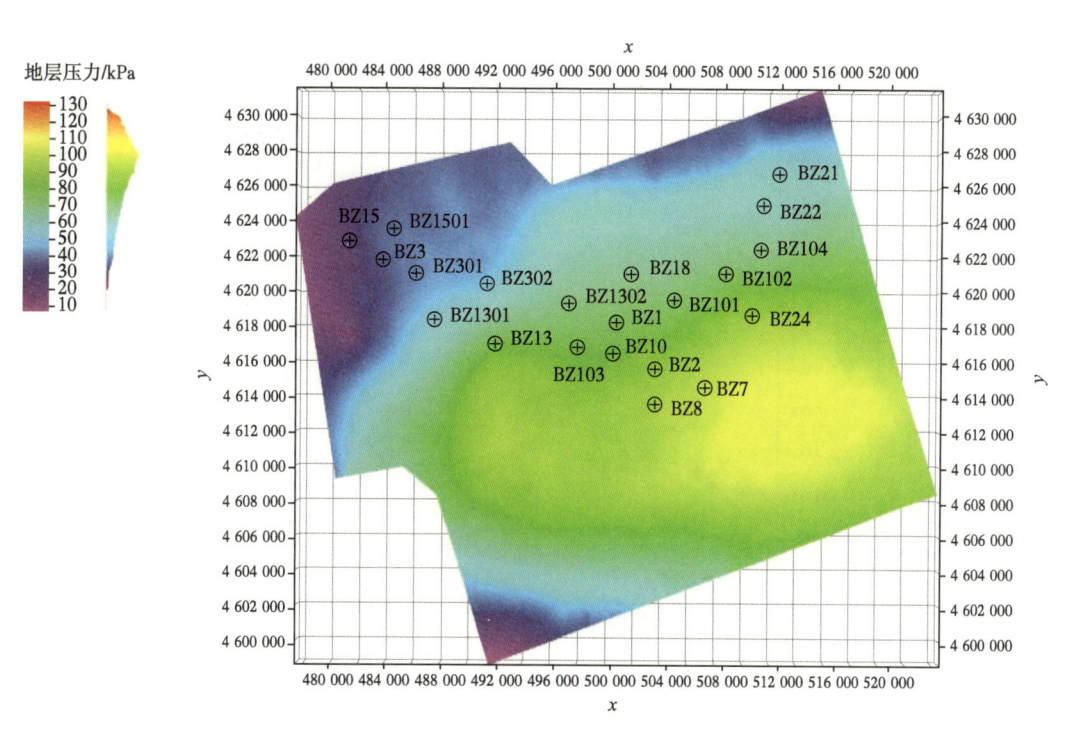

图 1-23　库车组上覆地层压力横向展布

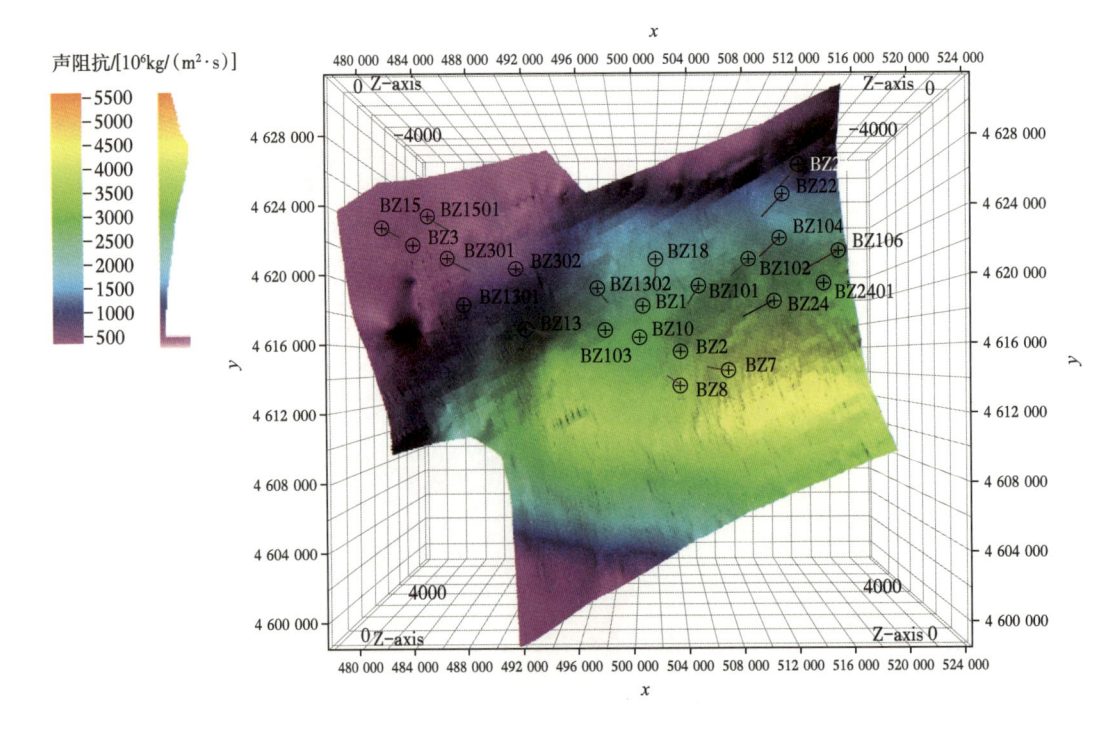

图 1-24 地震叠后反演声阻抗剖面

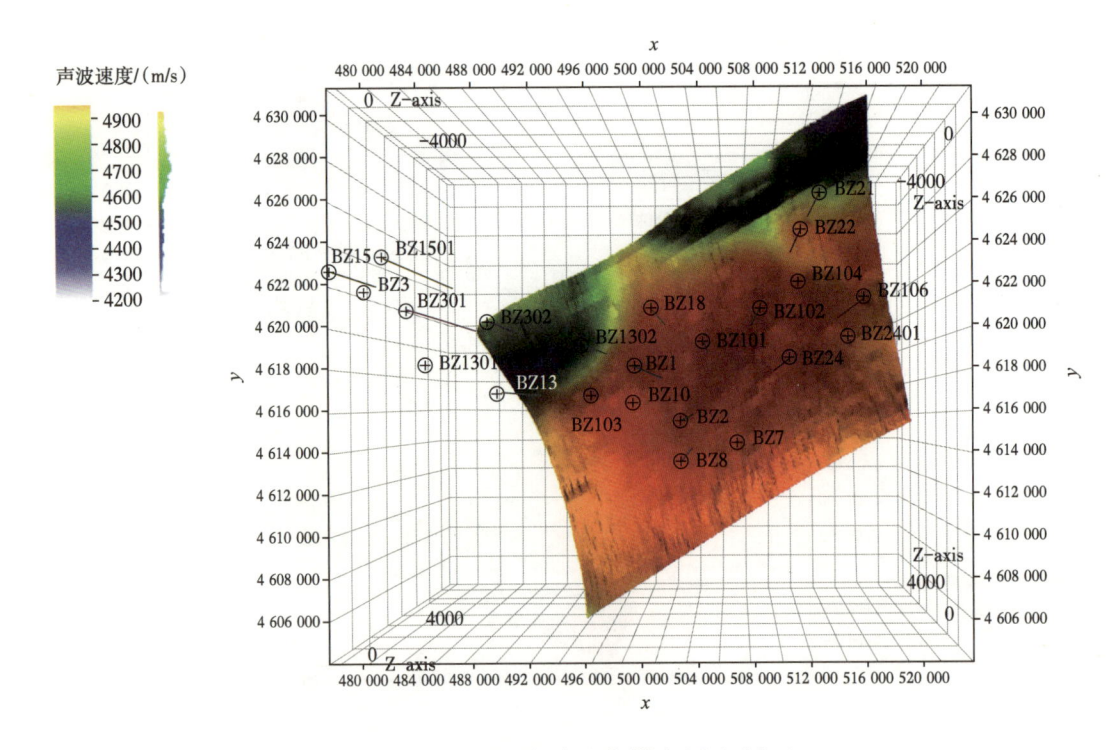

图 1-25 地层声波速度横向展布剖面

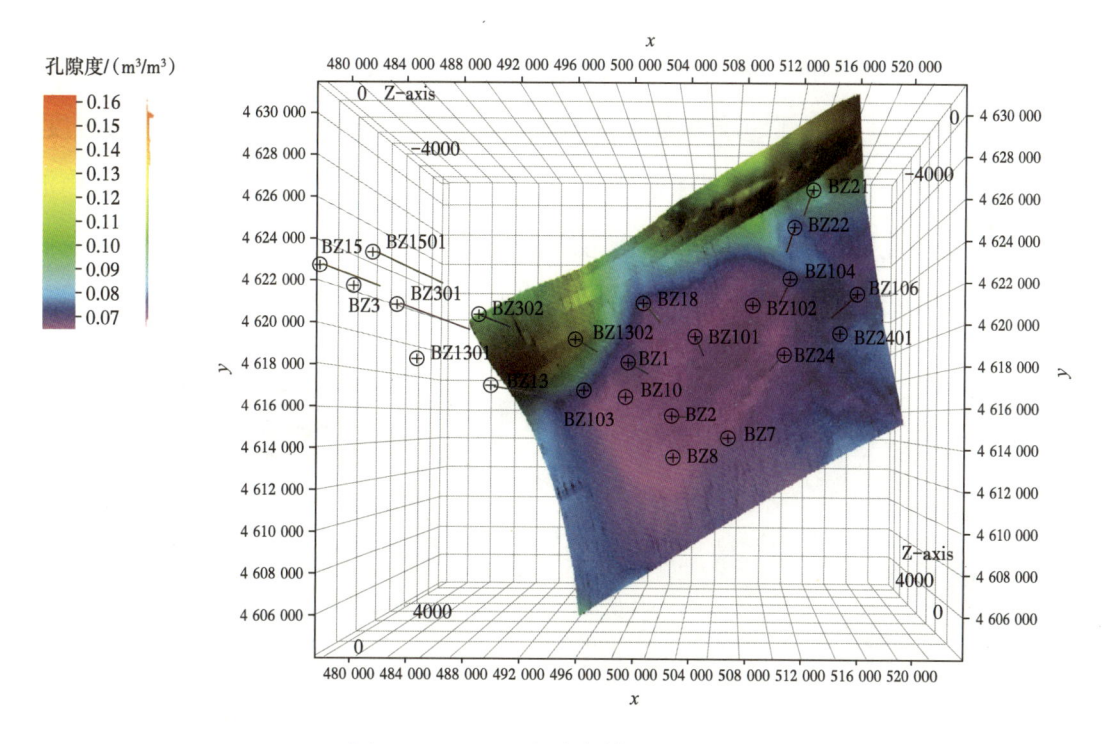

图 1-26　地层孔隙度横向展布剖面

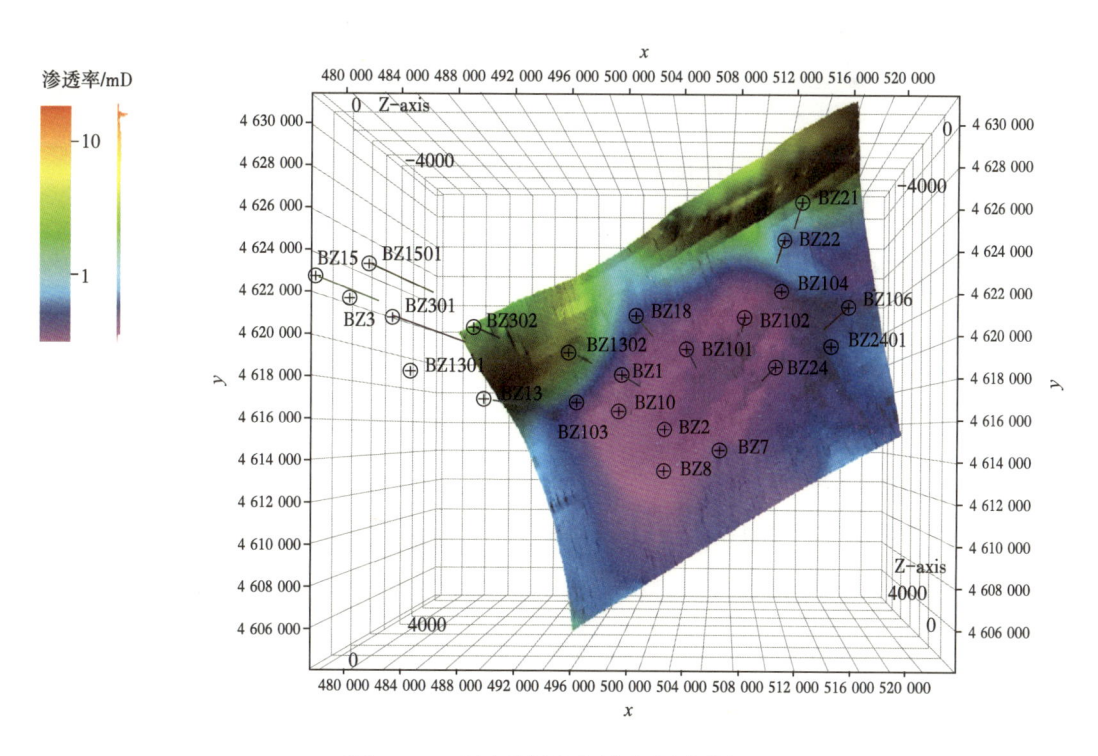

图 1-27　地层渗透率横向展布剖面

基于博孜区块三维地震叠后层速度反演数据，对比研究了博孜区块声波速度、孔隙度与渗透率横向展布规律。博孜区块构造起伏明显，西北部（博孜1501井和博孜301井）与北部地层埋藏浅，向南、西南地层埋深增大。地层压实程度、地层声波速度、孔渗特征与埋深密切相关；西北部与北部位置地层埋藏浅，声波速度低，地层孔隙度与渗透率高，地层出水风险高；南部、西南部地层埋藏深，岩石孔渗参数低，地层出水风险低。出水预测结果如图1-28所示。

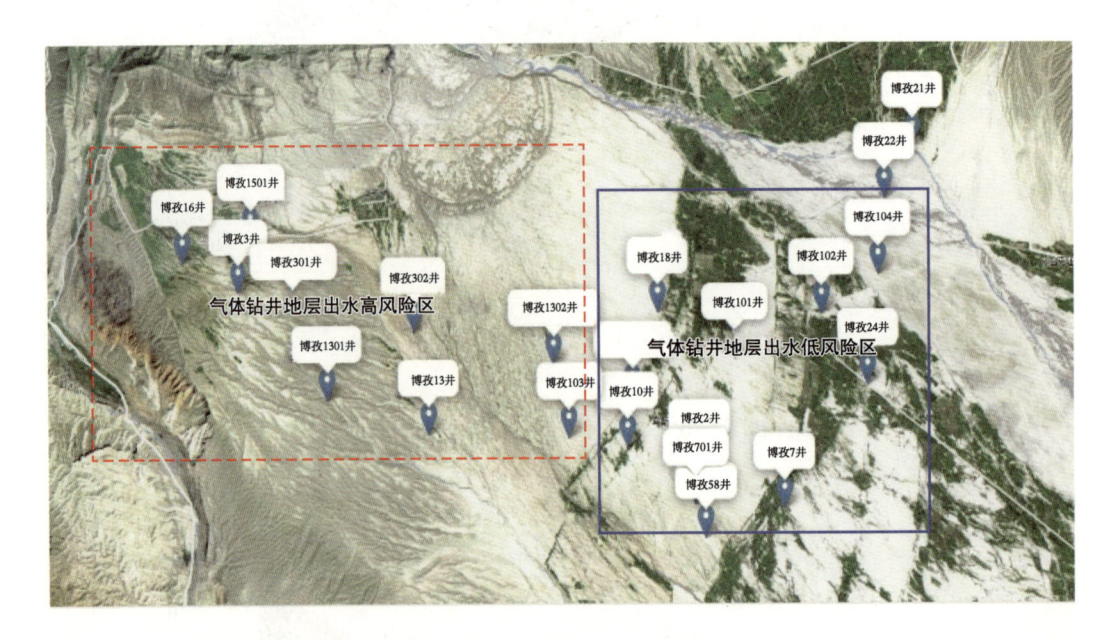

图1-28 预测出水位置

三、砾石层可钻性分析

准确判断砾石层的可钻性对于气体钻井适应性分析、钻井参数优化具有重要意义。为此，采用可钻性测试实验、回弹仪测试实验获取了砾石层的可钻性特征。

1. 可钻性测试实验

依据SY/T 5426—2016《石油天然气钻井工程岩石可钻性测定与分级》，对砾石层典型样品进行PDC和牙轮钻头可钻性实验，测试仪器采用全自动岩石可钻性测试仪，测试结果见表1-5。PDC钻头的岩石可钻性测试结果如图1-29所示，牙轮钻头的岩石可钻性测试结果如图1-30所示，PDC钻头的可钻性级值分布直方图如图1-31所示。

表 1-5　砾石层典型样品的 PDC 和牙轮钻头可钻性实验测试结果

地层	PDC 钻头钻时 / h/m	PDC 钻头可钻性级值	牙轮钻头钻时 / h/m	牙轮钻头可钻性级值
Q_1—N_2k（1）	12.0	3.6	18.9	4.2
Q_1—N_2k（2）	83.5	6.4	32.5	5.0
N_1k 中上	37.8	5.2	21.5	4.4
N_1k 中砾石（1）	664.0	9.4	115.0	6.8
N_1k 中砾石（2）	54.6	5.8	18.9	4.2
N_1j 上	104.5	6.7	25.7	4.7
N_1j 中	470.4	8.9	48.3	5.6
N_1j 底	76.1	6.3	29.4	4.9
N_1j 底（方形）	55.7	5.8	16.3	4.0
N_1j 上	未完钻		1826.9	10.8

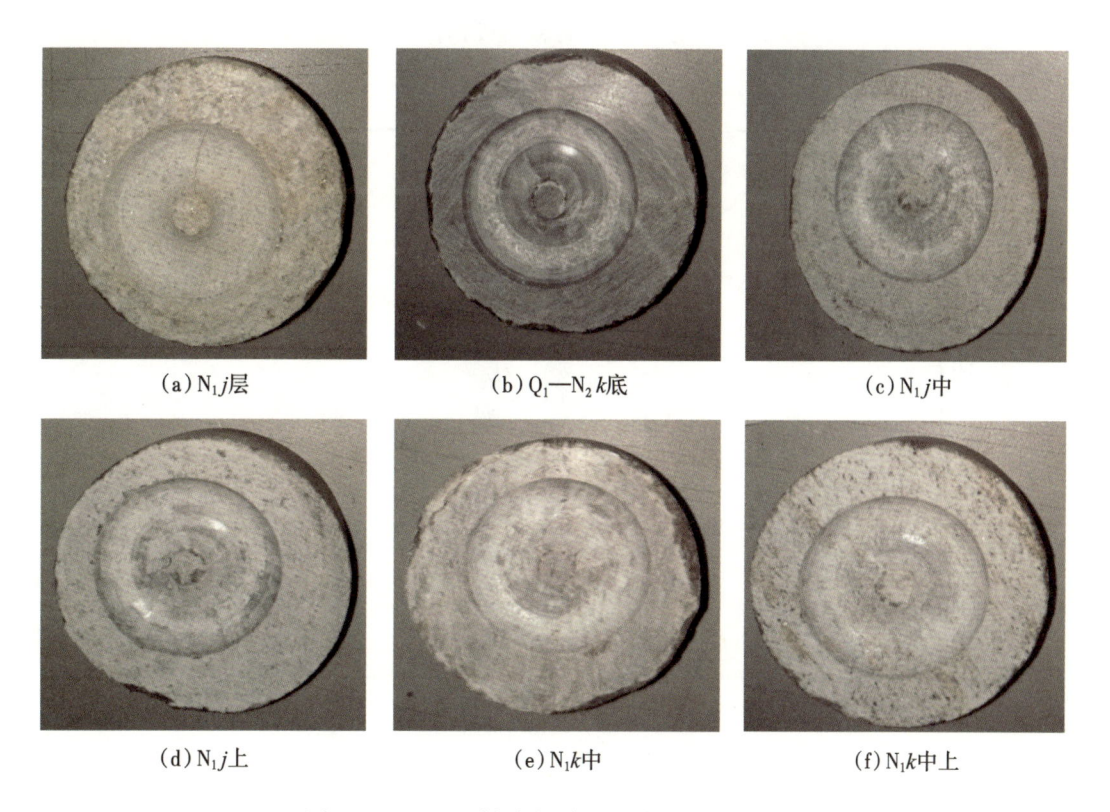

(a) N_1j 层　　(b) Q_1—N_2k 底　　(c) N_1j 中

(d) N_1j 上　　(e) N_1k 中　　(f) N_1k 中上

图 1-29　PDC 钻头的岩石可钻性测试结果

(a) N_1j中   (b) N_1j底   (c) Q_1—N_2k

(d) N_1k中   (e) N_1k中上   (f) N_1j上

图 1-30　牙轮钻头的岩石可钻性测试结果

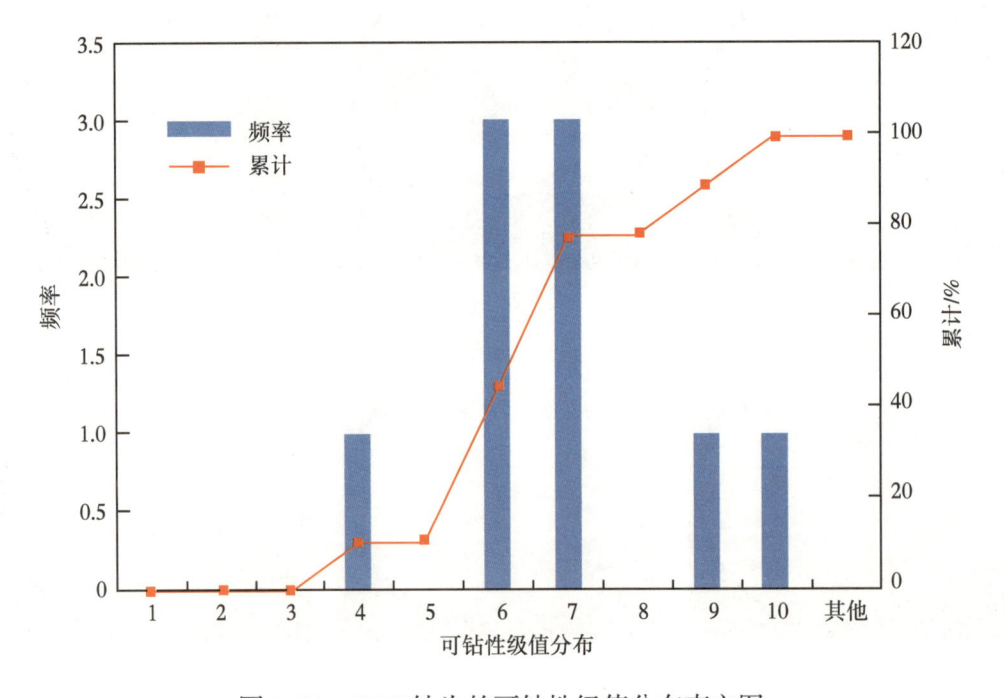

图 1-31　PDC 钻头的可钻性级值分布直方图

以上实验结果显示，博孜区块库车组、康村组和吉迪克组砾石层的 PDC 钻头可钻性主要分布在 5~7 之间，个别砾石的可钻性分布达到 8~9。牙轮钻头可钻性主要为 4~6，个别砾石的可钻性可达 10。

2. 回弹仪测试实验

1）回弹仪测试方法

施密特锤（图 1-32）是一种便携式回弹仪，具有使用与携带方便、易于获得大量数据等优点，因而被广泛应用于检验混凝土质量，根据国际岩石力学协会的建议，该仪器用于测试岩石力学强度也是非常有效的手段，在现场数据采集的过程中，使用该仪器来测定岩石的强度特征。图 1-33 为回弹仪在弹击后的纵向剖面结构示意图。

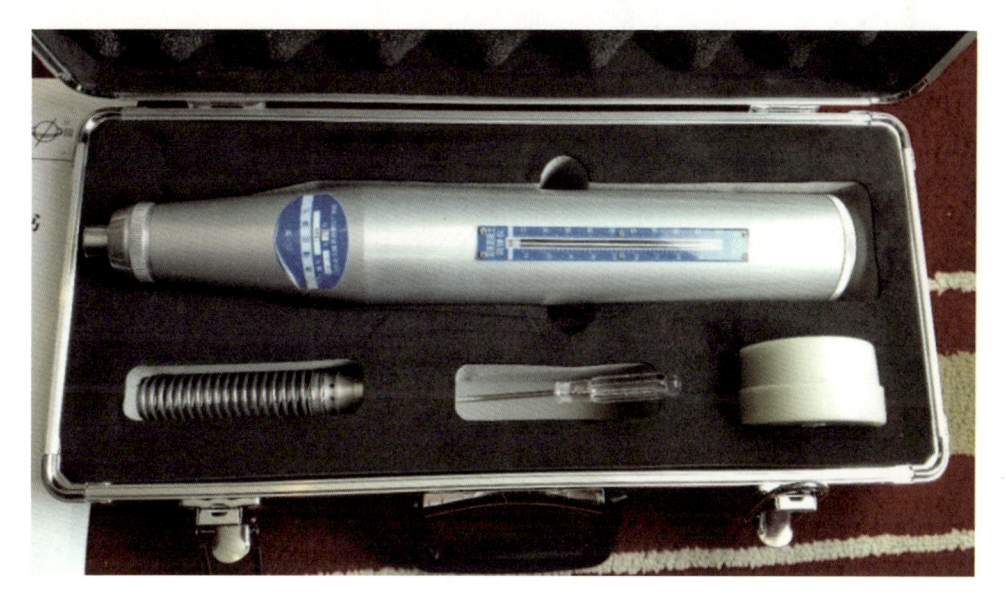

图 1-32　施密特锤

2）砾石可钻性实验结果

图 1-34 为单轴抗压强度直方图。由图 1-34 可知，砾石的单轴抗压强度约 80% 分布在 50~90 MPa，岩石的强度较高。利用单轴抗压强度与可钻性的关系，计算岩石的无围压条件下可钻性，如图 1-35 所示，由计算结果可知，砾石层的可钻性集中分布在 5~8，偶见级值在 9~10，砾石层的可钻性属于中等偏硬。

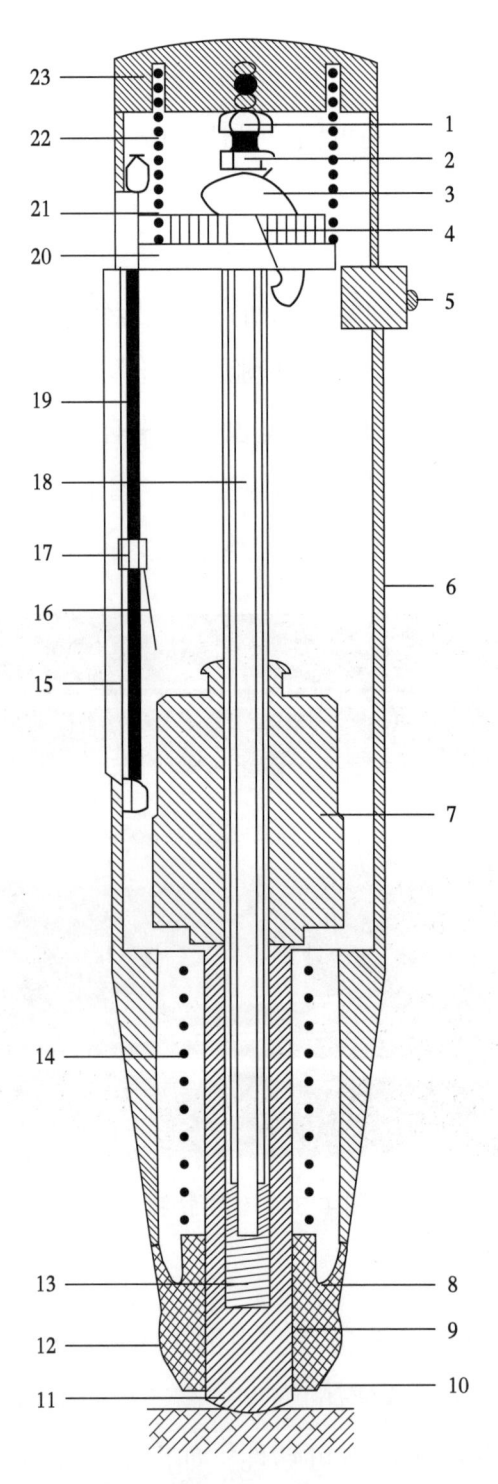

1—紧固螺母；2—调零螺钉；3—挂钩；4—挂钩销子；5—按钮；6—机壳；7—弹击锤；8—拉簧座；9—卡环；10—密封毡圈；11—弹击杆；12—盖帽；13—缓冲压簧；14—弹击拉簧；15—刻度尺；16—指针片；17—指针块；18—中心导杆；19—指针轴；20—导向法兰；21—挂钩压簧；22—压簧；23—尾盖。

图 1-33　回弹仪构造

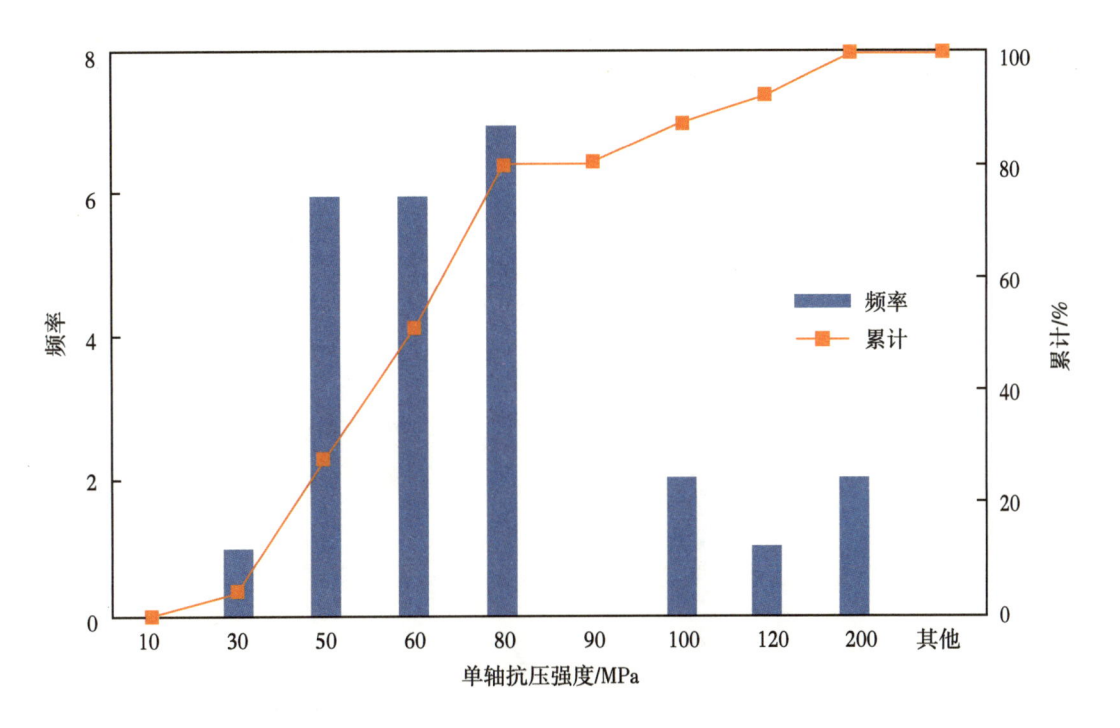

图 1-34 砾石可钻性实验的单轴抗压强度直方图

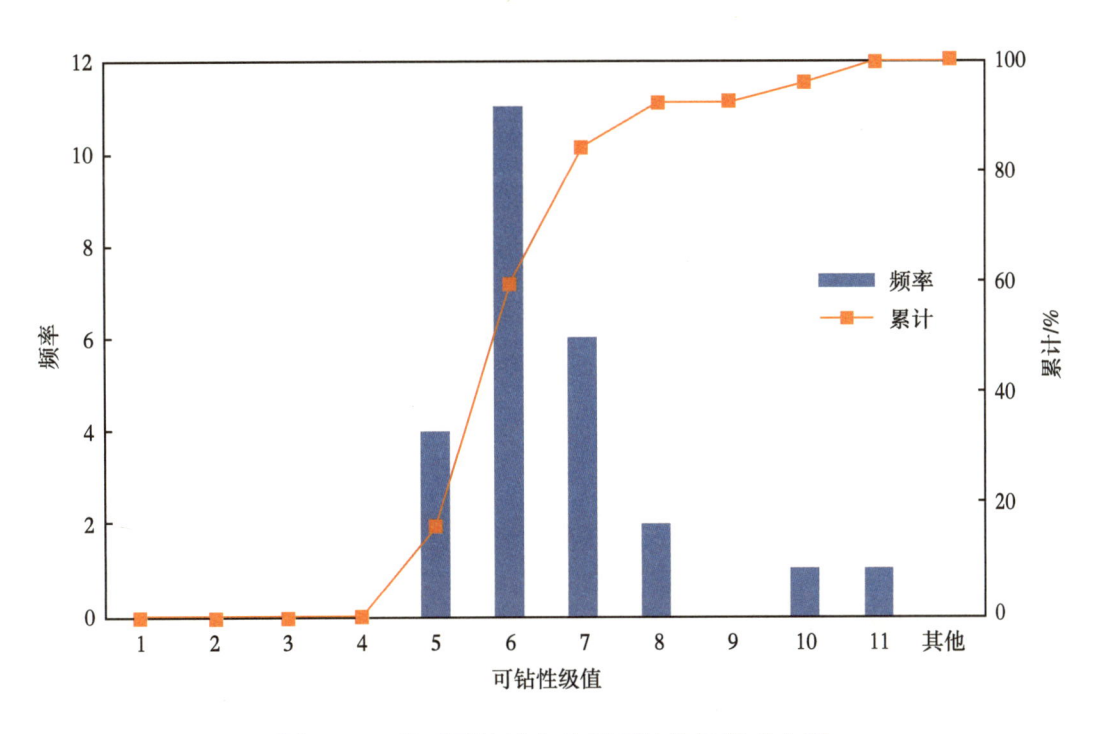

图 1-35 砾石可钻性实验的可钻性级值直方图

3）胶结物可钻性实验结果

对胶结物回弹值进行直方图统计，如图 1-36 和图 1-37 所示，胶结物的单轴抗压强度 85% 都分布在 20~40 MPa，可钻性级值的 83.3% 数据点都分布在 0~4，总体看来，胶结物强度较弱。

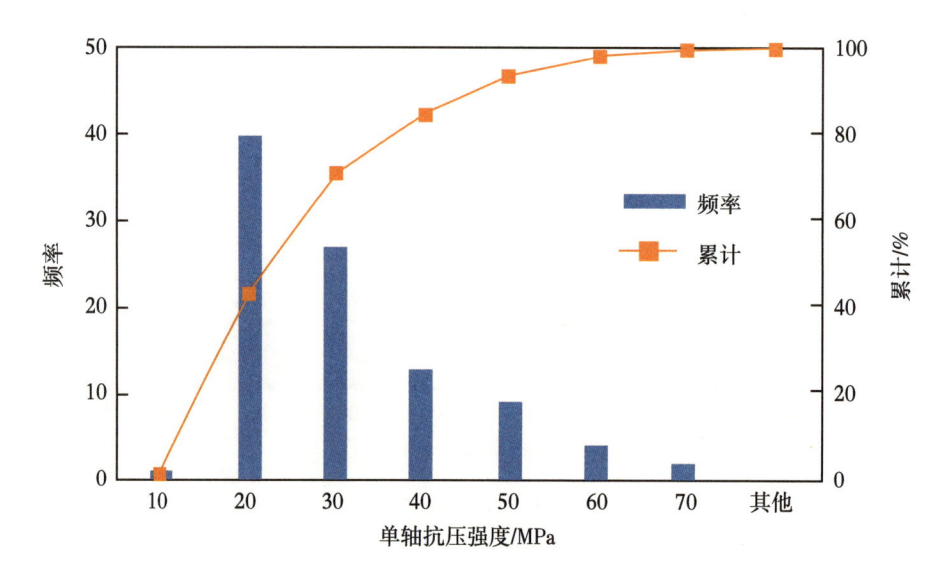

图 1-36　胶结物可钻性实验的单轴抗压强度分布

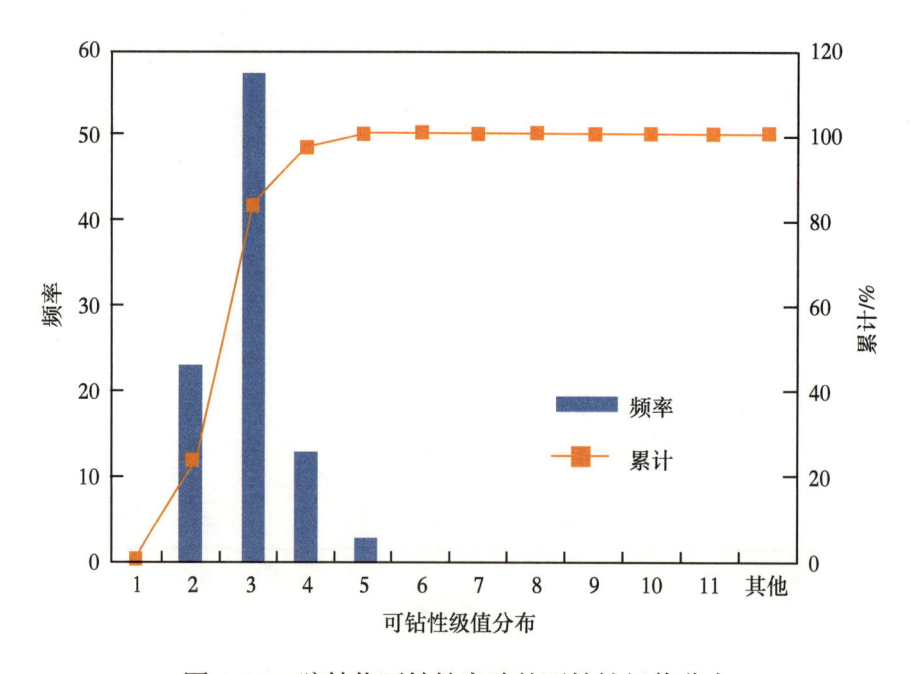

图 1-37　胶结物可钻性实验的可钻性级值分布

第三节 砾石层钻井提速面临的挑战

一、砾石层钻井提速难点

库车山前博孜—大北构造盐上地层分布巨厚砾石层,其可钻性差,机械钻速慢,钻井周期长。博孜构造在第四系—吉迪克组沉积巨厚砾石层,博孜1井区的砾石层厚度为4000~6000 m,平均厚度为4968 m,平均机械钻速为1.15 m/h;博孜3井区的砾石层厚度为2000~4000 m,平均厚度为2863 m,平均机械钻速为2.5 m/h。大北构造在第四系—康村组钻遇巨厚砾石层,厚度一般为1000~3000 m,受构造、物源等因素的影响,大北3、大北6、大北12、大北14等区块钻遇巨厚砾石层(实钻最厚4318 m—大北6井)。

统计博孜构造8口钻井液的钻井资料,平均井深为6828 m,平均钻井周期为405.5 d,博孜区块完成井的钻井指标统计如图1-38所示。砾石层的平均厚度为4475 m,平均钻井周期为215 d,平均机械钻速为1.34 m/h(行程钻速为0.93 m/h),平均单井使用钻头31只,日进尺29.5 m。

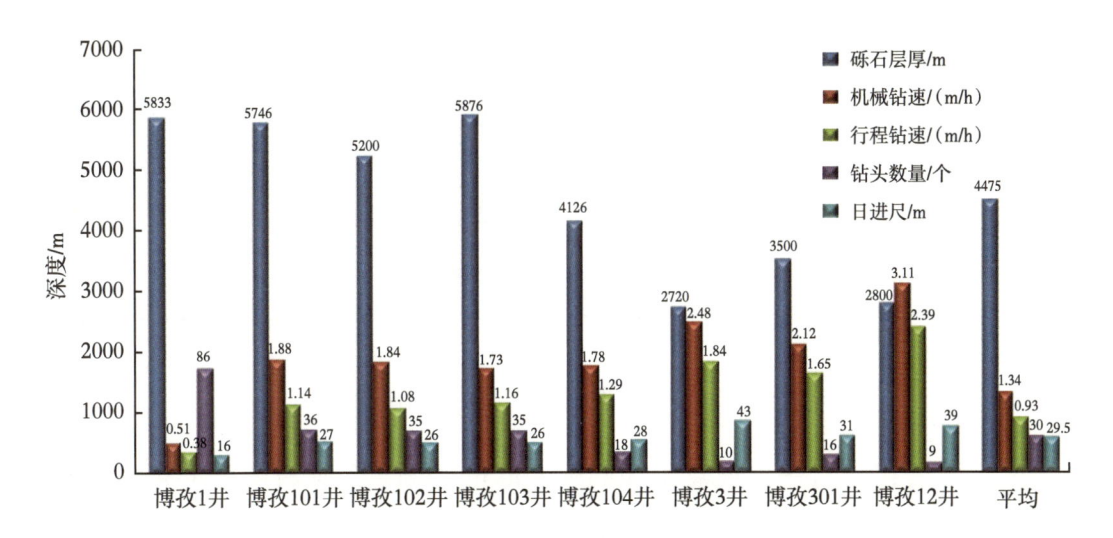

图1-38 博孜区块完成井的钻井指标统计

博孜1井区完成井的钻井指标统计如图1-39所示,博孜3井区完成井的钻井指标统计如图1-40所示。博孜1井区与博孜3井区相比,平均砾石层厚度为 2349 m；平均机械钻速、平均行程钻速为博孜 3 井区的 45% 左右；钻头数量为博孜 3 井区的 3.5 倍；日进尺少 13.4 m。

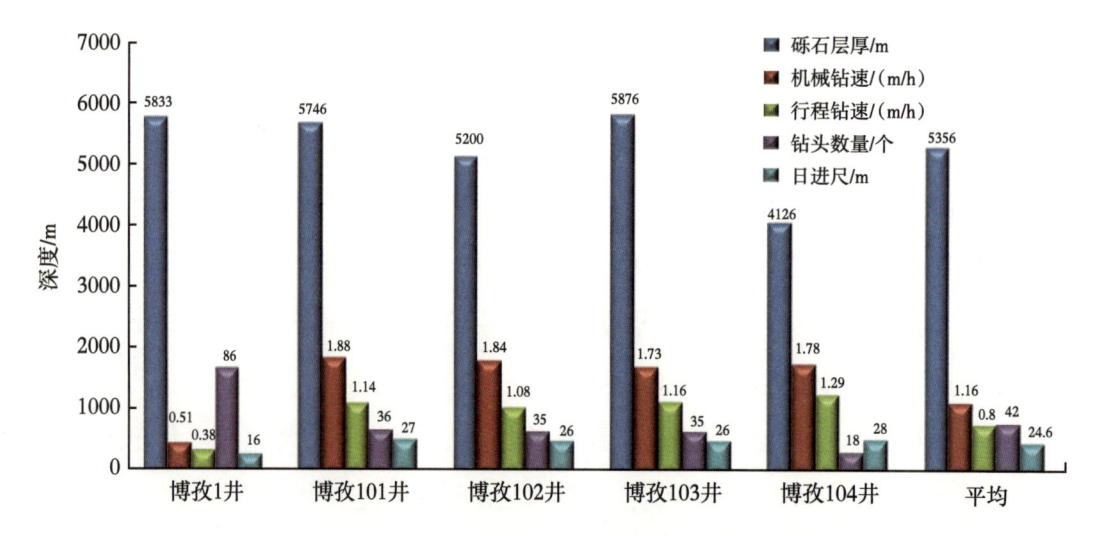

图 1-39　博孜 1 井区完成井的钻井指标统计

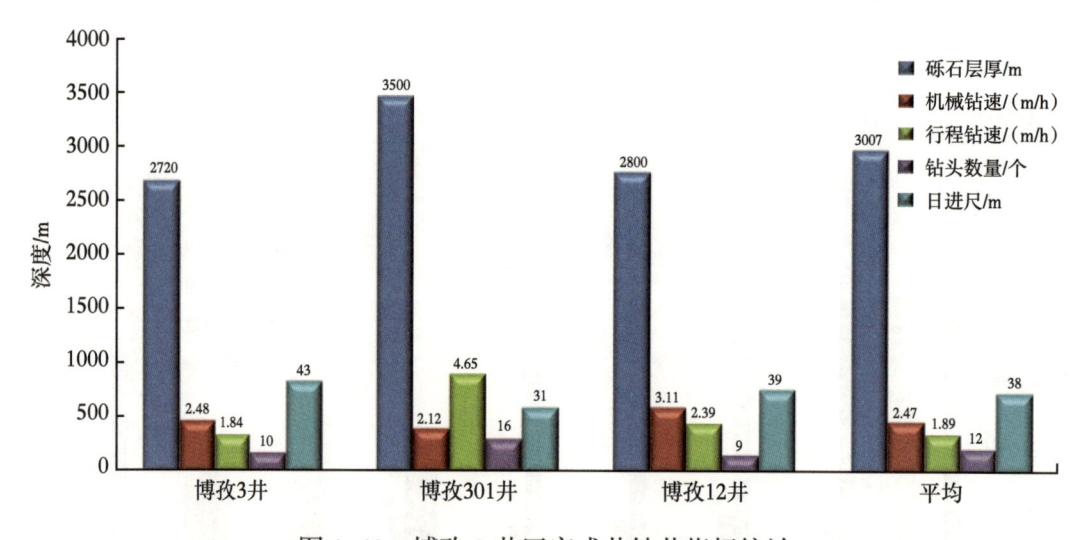

图 1-40　博孜 3 井区完成井钻井指标统计

大北构造在康村—吉迪克组 3000~5500 m 砾石 / 含砾石层段的可钻性差，平均机械钻速低，为 1.13 m/h，钻井周期长。统计大北构造 44 口井的完钻井资料，平均井深为 6227 m，平均钻井周期为 352 d，其中，盐上砾石层的平均钻井周期为 190 d，占总钻井周期的 54%。大北构造的钻井进度曲线如图 1-41 所示。

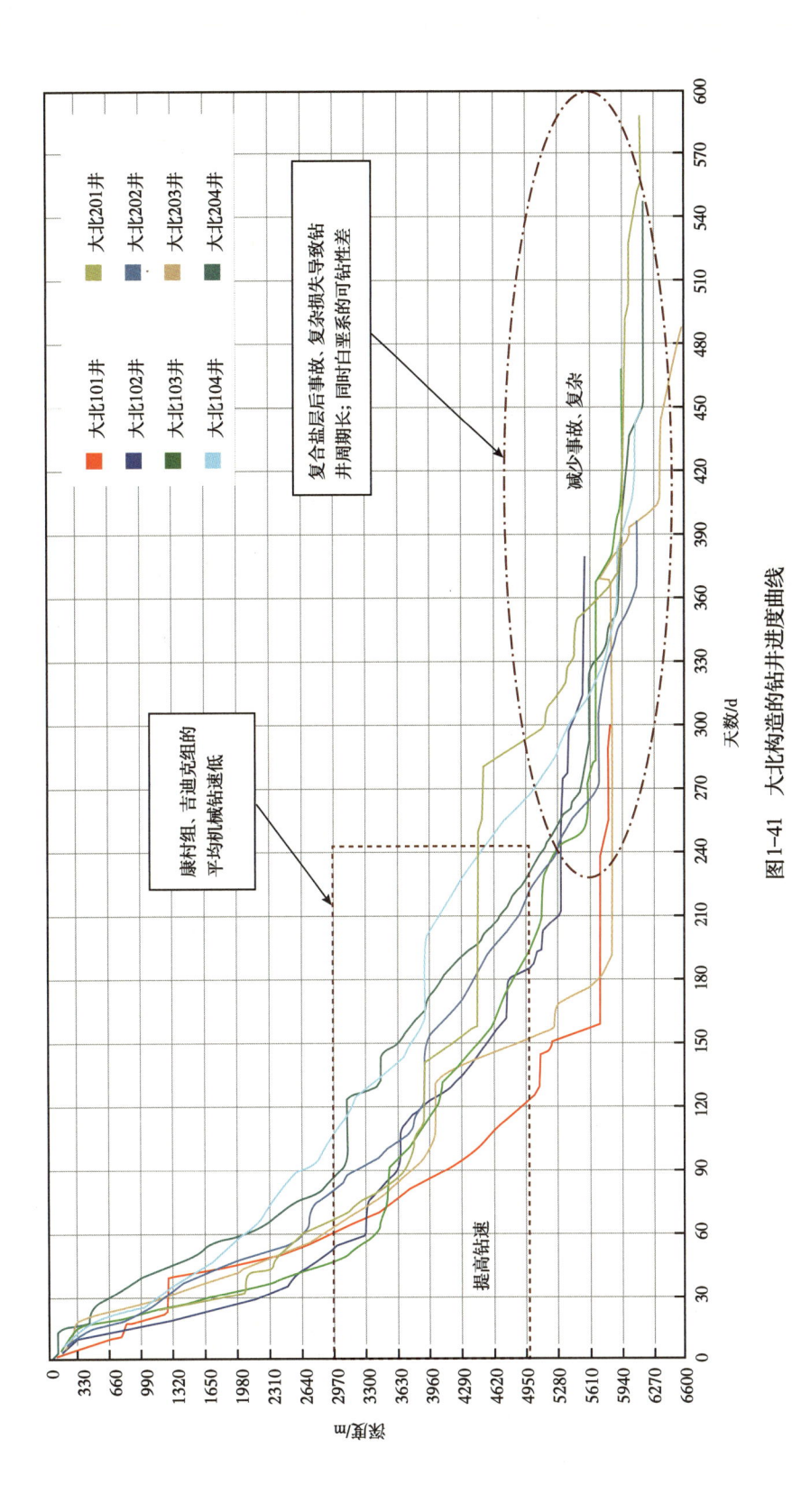

图1-41 大北构造的钻井进度曲线

二、气体钻井提速面临挑战

塔里木油田库车山前博孜—大北构造盐上巨厚砾石层钻井液钻井的可钻性差，机械钻速慢，钻井周期长，已严重制约了该区块的勘探开发进程，气体钻井在难钻地层的钻井提速方面有显著优势，库车山前砾石层采用气体钻井技术成为该区块提速提效的有效方式之一。结合库车山前砾石层地质特征，气体钻井面临以下难题。

1. 砾石层水层分布多，产水量大

库车山前博孜—大北构造的砾石层水层分布广，产水量大，例如大北204井在157.13~451.40 m 井段出水量达 60 m^3/h，被迫终止气体钻井。大北构造在1000 m 以上的地表水丰富，出水层段多，出水量大；1000~3000 m 层段的出水量中等，出水以淡水为主；3000 m 以深的地层出水量小，出水以盐水为主。博孜构造水层主要集中在2100 m 以上的砾石层段，2100~3000 m 准成岩段有少量水层分布，进入3000~5000 m 的成岩砾石层段后无水层分布。

2. 砾石层气体钻井井壁失稳风险高

库车山前博孜—大北构造砾石层井壁稳定性对气体钻井的成功实施具有决定性影响。博孜构造砾石层分为未成岩、准成岩和成岩段，普遍认为2500 m 以上的未成岩—准成岩上部砾石层的井壁稳定性较差，例如博孜X1井和博孜X2井，虽前期提高机械钻速2.35倍，但由于井壁垮塌失稳，行程钻速反而降低。2500 m 以深准成岩—成岩段砾石层强度逐步增加，井壁稳定性也随井深增加而变好；大北构造在第四系—库车组上部砾石层段胶结松散，砾石间以泥质充填为主，稳定性不好，加之地层出水，将加剧井壁失稳风险，库车组下部分布有长段泥岩，遇水稳定性差，康村组—吉迪克组的砾石成岩性好，胶结强度高，砾石间以钙质充填为主，稳定性好。

3. 井斜控制难度大

库车山前砾石层段地层倾角大，井斜控制难度大。大北构造地层倾角为15°~20°，博孜构造砾石层地层倾角为10°~15°，地层自然造斜能力强，同时因砾石层非均质性强，更加大了井斜控制难度。例如，博孜101井在三开初始阶

段，自 2505 m 开始，井斜迅速增加，到井深 2755 m 时，井斜达到 1.53°，增斜率达 0.47°/100 m。

4. 深井砾石层段钻井携砂困难

库车山前砾石层气体钻井具有作业井段深（2500~5000 m）、井眼尺寸大（ϕ333.4 mm/ϕ311.2 mm）特点，砾石密度显著高于砂泥岩，增加了气体钻井携砂难题，同时气体钻井作业井径存在一定扩大率，对携岩提出更高要求。

5. 砾石层气液转换困难

库车山前砾石层气体钻井作业完后，存在井壁失稳和井漏风险。一方面，井壁经气体高速运行后，存在大量的应力释放缝和层理发育不均质缝，在钻井液转换期间，在没有形成"滤饼"保护的情况下，钻井液中的自由水、胶体粒子、小尺寸颗粒会通过地层孔隙、裂缝进入砾石地层，对于泥质胶结砾石层而言，随着自由水的进入，易发生水化膨胀，导致井眼失稳；另一方面，液相进入砾石层中，使胶结物之间作用的"干摩擦力"变为"滑动摩擦力"，随着作用力的减小，砾石充填物易发生井壁失稳。加之砾石层地层水发育，产水量大，在钻井液的转换过程中，不利于滤饼的形成，加剧了钻井液进入地层的风险。砾石层自身存在有裂缝、孔隙、小溶洞和渗漏层，即气体钻井钻遇的水层为潜在漏层，在进行钻井液转换时易发生井漏。

第二章 库车山前巨厚砾石层气体钻井井壁稳定性评价

塔里木油田博孜—大北构造巨厚砾石层具有研磨性强、可钻性差等特点，常规钻井液钻井方式在该地质背景下表现出极低的钻进效率，严重阻碍了该地区的勘探开发进程。气体钻井作为一项钻井新技术，在提高机械钻速方面具有绝对优势。然而，在该地区实施气体钻井仍面临着诸多难题，如地层产水量大、井径扩大严重，导致井壁易失稳且携岩困难等。通过对该地区已实施气体钻井案例的深入研究，发现地层高产水导致水敏性砾石、泥岩垮塌失稳是造成气体钻井被迫终止的根本原因。因此，针对该地区的工程地质条件，本章旨在探究地层出水、弱结构面等因素对井壁稳定和携岩能力的影响，以科学评价博孜—大北构造气体钻井适应性地层，优化气体钻井施工方案。

第一节 砾石层气体钻井井壁稳定评价

钻井过程中，井壁的稳定性直接关系到钻井作业的安全性与效率。博孜102井三开ϕ431.8 mm井眼2502~3802 m库车组实施气体钻井，钻进过程中，井眼失稳，井底沉砂严重，上提钻具多处遇卡，多次反复划眼循环仍未解卡。大北6井ϕ311.2 mm井眼3902~5012 m设计实施雾化钻井，受限于顶驱频繁憋停，扭矩增大，上提下放钻具遇阻，最终被迫转换为常规钻井。因此，准确评价干燥、出水及转换条件下的井壁稳定性，构建不同条件下的井壁稳定性评价模型，对于砾石层气体钻井的安全钻进具有重要意义。

一、岩石强度破坏准则

地下岩石在未钻开时处于一种平衡状态,而钻开地层后,井眼周围岩石的力学、物理化学平衡环境发生了变化,原有的平衡关系被打破,如果井筒内的液柱压力不足以平衡井壁应力,在脆性岩石层段将产生坍塌,在塑性岩石层段将产生缩径;如果井筒内的液柱压力过高,又会出现漏失。由于下面讨论的是气体钻井条件下的井壁稳定问题,井内气柱压力很低,所以不用考虑地层破裂压力,只涉及井眼坍塌和缩径问题。下面的井壁稳定性分析主要围绕坍塌压力展开。一般计算地层坍塌压力剖面的主要因素有:探区地应力的现状,包括上覆应力和构造应力;井壁围岩的应力状态;泥页岩的组分和组构;岩石的力学参数,比如弹性模量和强度;地层的孔隙压力以及地层出水量的大小;岩石破坏准则的选择。下面分别对 Modified—Lade 准则、Mohr—Coulomb 准则和 Drucker—Prager 准则进行介绍。

1. Modified—Lade 准则

摩擦材料的破坏准则形式如下:

$$\left(\frac{I_1^3}{I_3} - 27\right)\left(\frac{I_1}{p_a}\right)^m = \zeta$$
$$I_1 = \sigma_1 + \sigma_2 + \sigma_3$$
$$I_3 = \sigma_1 \sigma_2 \sigma_3$$

(2-1)

对式(2-1)进行了修正,得出 Modified—Lade 准则:

$$\frac{(I_1'')^3}{I_3''} = \zeta + 27 \tag{2-2}$$

$$I_1'' = (\sigma_1 + S_1 - p_p) + (\sigma_2 + S_1 - p_p) + (\sigma_3 + S_1 - p_p) \tag{2-3}$$

$$I_3'' = (\sigma_1 + S_1 - p_p)(\sigma_2 + S_1 - p_p)(\sigma_3 + S_1 - p_p) \tag{2-4}$$

ζ 与 S_1 可用内聚力与内摩擦角公式求得

$$S_1 = \frac{C}{\tan\phi} \quad (2\text{-}5)$$

$$\zeta = 4\tan^2\phi \frac{9-7\sin\phi}{1-\sin\phi} \quad (2\text{-}6)$$

将式（2-3）、式（2-4）中的代求项 p_p 乘以 η 得

$$\begin{aligned} I_1'' &= (\sigma_1 + S_1 - \eta p_p) + (\sigma_2 + S_1 - \eta p_p) + (\sigma_3 + S_1 - \eta p_p) \\ I_3'' &= (\sigma_1 + S_1 - \eta p_p)(\sigma_2 + S_1 - \eta p_p)(\sigma_3 + S_1 - \eta p_p) \end{aligned} \quad (2\text{-}7)$$

将式（2-7）代入式（2-2），并设 $L = S_1 - \eta p_p$，则修正的 Lade 准则变为

$$(\sigma_1 + \sigma_2 + \sigma_3 + 3L)^3 = (\sigma_1 + L)(\sigma_2 + L)(\sigma_3 + L)(27 + \zeta) \quad (2\text{-}8)$$

最后整理得到坍塌压力（p）的计算式如下：

$$f(p) = (\sigma_1 + \sigma_2 + \sigma_3 + 3L)^3 - (\sigma_1 + L)(\sigma_2 + L)(\sigma_3 + L)(27 + \zeta) = 0 \quad (2\text{-}9)$$

式中　I_1、I_2、I_3——第一、第二和第三应力张量不变量，MPa；

　　　m——材料常数；

　　　p_a——归一化压力，Pa；

　　　ζ、S_1——材料参数；

　　　σ_1、σ_2、σ_3——最大主应力、中间主应力和最小主应力，MPa；

　　　I_1''、I_3''——修正第一、第三应力不变量，MPa；

　　　C——内聚力，MPa；

　　　η——应力非线性修正系数；

　　　ϕ——内摩擦角，(°)；

　　　p_p——孔隙压力，MPa。

式（2-9）可化成一个关于 p 的一元二次方程，求出这个方程的小根 p_1 就是坍塌压力。

2. Mohr—Coulomb 准则

Mohr—Coulomb 准则假设只有最大主应力和最小主应力对岩石的破坏有影

响。该理论认为同性材料抵抗破坏的剪切力等于沿潜在破坏面滑动时的摩擦阻力与内聚力之和:

$$\tau = C + \sigma' \tan\varphi \tag{2-10}$$

式(2-10)称为Mohr—Coulomb强度准则,可用两个以上不同围压的三轴压缩强度实验进行确定。用主应力表示的Mohr—Coulomb准则:

$$\sigma_1' = \frac{1+\sin\varphi}{1-\sin\varphi}\sigma_3' + \frac{2C_0\cos\varphi}{1-\sin\varphi} \tag{2-11}$$

式中 τ——剪切力,MPa;
　　　C——内聚力,MPa;
　　　σ'——修正主应力,MPa;
　　　σ_1'——修正最大主应力,MPa;
　　　σ_3'——修正最小主应力,MPa;
　　　φ——内摩擦角,(°);
　　　C_0——修正内聚力,MPa。

当岩石孔隙中有孔隙压力时,Mohr—Coulomb准则应用有效应力表示为

$$\sigma_1 - \alpha p_p = \frac{1+\sin\varphi}{1-\sin\varphi}(\sigma_3 - \alpha p_p) + \frac{2C_0\cos\varphi}{1-\sin\varphi} \tag{2-12}$$

式中 α——有效应力系数。

Mohr—Coulomb准则中没有考虑中间主应力 σ_2 的影响。如果计入 σ_2 的影响,有三维Mohr—Coulomb强度准则可利用,不过公式十分复杂不便应用。当切向应力与径向应力差最大时,可以利用Mohr—Coulomb求出维持井壁不坍塌的密度下限:

$$\rho_b = \frac{\eta(3\sigma_H - \sigma_h) - 2CK + \alpha p_p(K^2 - 1)}{K^2 + \eta} \times 100 \tag{2-13}$$

式中 σ_H——最大水平主应力,MPa;
　　　σ_h——最小水平主应力,MPa;

K——井眼偏心系数。

其中的内聚力 C 表示为

$$C = A_2 \rho^2 (1-2\nu_d) v_p^4 (1+0.78V_{cl}) \left(\frac{1+\nu_d}{1-\nu_d}\right)^2 \quad (2-14)$$

$$K = \cot\left(\frac{\pi}{4} - \frac{\varphi}{2}\right) \quad (2-15)$$

式（2-13）是保持井壁稳定时，地层不发生剪切坍塌的最低钻井液密度。对于气体钻井来说，井筒中没有液柱压力，即液柱压力近似于零。在这种情况下，井眼周围岩石的力学环境已不同于有钻井液的力学环境，井壁的稳定主要取决于地层岩石内聚力的临界值。式（2-13）中的 ρ_b 是保证井壁稳定的最低值，如果 ρ_b 为零，则平衡地层应力主要是岩石的内聚力，这个岩石内聚力实质上就是一个临界值，即：

$$C' = \frac{\eta(3\sigma_H - \sigma_h) + \alpha p_p (K^2-1)}{2K} \quad (2-16)$$

式中 σ_1、σ_2、σ_3——最大主应力、中间主应力和最小主应力，MPa；

C'——岩石的固有内聚力，MPa；

ρ_b——井壁稳定最小坍塌密度，g/cm³；

p_p——孔隙压力，MPa；

A_2——与岩石有关的常数；

v_p——纵波速度，m/μs；

V_{cl}——岩石的泥质体积分数，%；

ν_d——动态泊松比；

η——应力非线性修正系数；

α——有效应力系数。

气体钻井中，可用式（2-16）与式（2-14）作为井眼周围在受剪切应力时，井壁稳定的判断依据。当 $C > C'$ 时，井壁稳定；当 $C < C'$ 时，则井壁不稳定。

3. Drucker—Prager 准则

通过上面的分析,可以看出,Mohr—Coulomb 准则没有考虑中间主应力对剪切破坏作用的影响,但是 Drucker—Prager 准则认为中间主应力也是造成井壁剪切破坏的因素之一。下面介绍 Drucker—Prager 准则,其表达式如下:

$$\tau_{oct} = \tau_o + m(\sigma_{oct} - \eta p_p) \quad (2\text{-}17)$$

$$\tau_{oct} = \frac{1}{3}\sqrt{(\sigma_1 - \sigma_2)^2 + (\sigma_1 - \sigma_3)^2 + (\sigma_2 - \sigma_3)^2} \quad (2\text{-}18)$$

$$\sigma_{oct} = \frac{1}{3}(\sigma_1 + \sigma_2 + \sigma_3) \quad (2\text{-}19)$$

式中 τ_{oct}——八面体剪应力,MPa;

σ_{oct}——八面体正应力,MPa。

τ_0 和 m 为材料参数,可通过实验测定。在没有实验数据情况下,也可以用式(2-20)和式(2-21)求得

$$m = \frac{2\sqrt{2}\sin\phi}{3 - \sin\phi} \quad (2\text{-}20)$$

$$\tau_0 = \frac{2\sqrt{2}C\cos\phi}{3 - \sin\phi} \quad (2\text{-}21)$$

将式(2-18)、式(2-19)代入式(2-17),则 Drucker—Prager 准则变为

$$\sqrt{(\sigma_1 - \sigma_2)^2 + (\sigma_1 - \sigma_3)^2 + (\sigma_2 - \sigma_3)^2} = 3\tau_0 + m(\sigma_1 + \sigma_2 + \sigma_3 - 3\eta p_p) \quad (2\text{-}22)$$

将式(2-22)整理得

$$f(p) = \sqrt{(\sigma_1 - \sigma_2)^2 + (\sigma_1 - \sigma_3)^2 + (\sigma_2 - \sigma_3)^2} \\ - 3\tau_0 + m(\sigma_1 + \sigma_2 + \sigma_3 - 3\eta p_p) = 0 \quad (2\text{-}23)$$

式中 τ_0、m——材料参数;

σ_1、σ_2、σ_3——最大主应力、中间主应力和最小主应力，MPa；

C——内聚力，MPa；

ϕ——内摩擦角，(°)。

式（2-23）可以简化成一个关于 p 的一元二次方程，求出这个方程的小根 p_1 就是坍塌压力。从式（2-23）可以看出，岩石剪切破坏与否主要由岩石所受到的最大主应力和最小主应力控制，σ_1 与 σ_3 的差值越大，那么井壁越易坍塌。对于直井而言，当垂向应力为中间应力时，从井壁岩石受力状态分析中可以发现，岩石的最大主应力和最小主应力分别为周向应力和径向应力，这说明导致井壁失稳的关键是井壁岩石所受的周向应力 σ_θ 和径向应力 σ_r 之差。

二、干燥条件下的井壁稳定性

在纯气体钻井过程中，井壁的失稳形式主要为纯力学井壁失稳，可采用 Mohr—Coulomb 准则判断分析纯气体钻井剪切垮塌失稳。根据 Mohr—Coulomb 准则，可以得到井下地层的纯气体钻井坍塌密度和临界内聚力值分布情况，纯气体钻井坍塌密度可表示为

$$\rho_\mathrm{m}=\frac{\eta(3\sigma_{\mathrm{h}_1}-\sigma_{\mathrm{h}_2})-2C\cot\left(45°-\frac{\phi}{2}\right)+\alpha p_\mathrm{p}\left[\cot^2\left(45°-\frac{\phi}{2}\right)-1\right]}{\left[\cot^2\left(45°-\frac{\phi}{2}\right)+\eta\right]H}\times100 \quad (2\text{-}24)$$

纯气体钻井临界内聚力可表示为

$$C=\frac{\eta(3\sigma_{\mathrm{h}_1}-\sigma_{\mathrm{h}_2})+\alpha p_\mathrm{p}\left[\cot^2\left(45°-\frac{\phi}{2}\right)-1\right]}{2\cot\left(45°-\frac{\phi}{2}\right)} \quad (2\text{-}25)$$

式中　C——内聚力，MPa；

　　　α——有效应力系数；

　　　ϕ——内摩擦角，(°)；

　　　H——井深，m；

ρ_m——钻井液密度，g/cm³；

η——应力非线性修正系数；

σ_{h_1}、σ_{h_2}——最大水平主应力、最小水平主应力，MPa。

下面以大北 6 井二开井段为例，开展干气钻井砾石层的井壁稳定性评价分析。图 2-1 对比分析了大北 6 井二开井段井眼扩大率实测值与地层孔隙度间的关系。

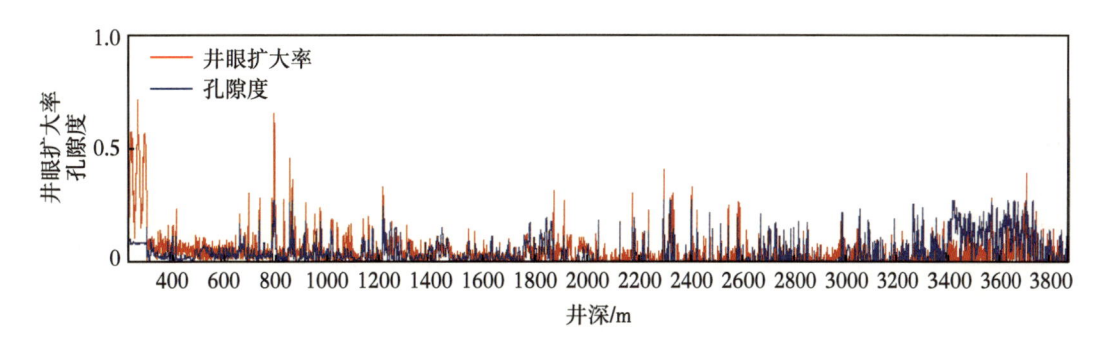

图 2-1　大北 6 井二开井段井眼扩大率与孔隙度对比图

从图 2-1 可以看出，大北 6 井二开井段井眼扩大率与孔隙度分布较为吻合，扩径较为明显，地层孔隙度相对偏高，而该地区孔隙度较高地层主要为微裂缝十分发育的砾石层段，砾石层的孔隙度越大，微裂缝越加发育，井壁稳定性越差。

结合常规测井数据去水化校正方法，首先对现场测井数据去水化校正，然后获得干气钻井条件下的原始地层力学强度、坍塌密度分布剖面，如图 2-2、图 2-3 所示。

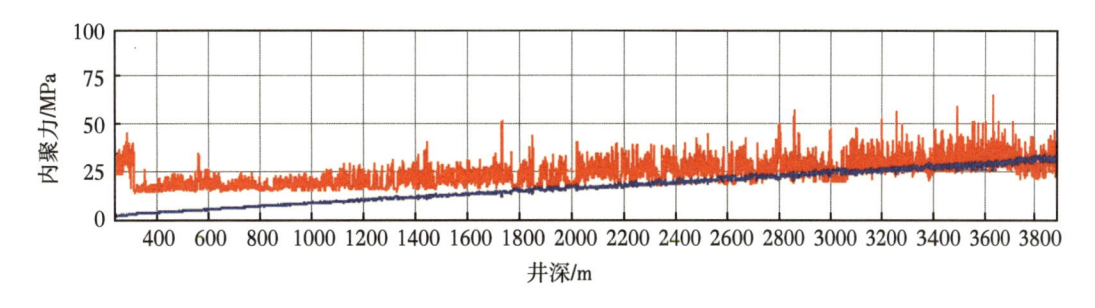

图 2-2　大北 6 井二开井段的原始地层内聚力对比图

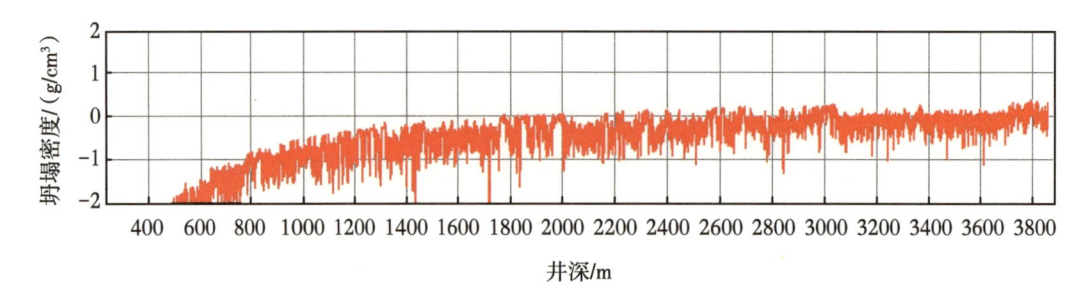

图 2-3 大北 6 井原始地层坍塌密度分布图

从图 2-2、图 2-3 可以看出，大北 6 井二开井段在地层不出水条件下，原始地层内聚力普遍高于干气钻井内聚力临界值，坍塌密度普遍低于干气钻井坍塌密度临界值，部分薄层干气钻井条件下存在轻微垮塌失稳，但不会造成干气钻井井下复杂卡钻事故。

三、出水条件井壁坍塌周期研究

1. 泥页岩水化应力的本构关系

假设泥页岩水化后近似为线弹性材料，水化后泥页岩应力 σ 应是水化前的应力 σ_f 与水化应力 σ_h 的线性叠加：

$$\sigma = \sigma_f + \sigma_h \tag{2-26}$$

式中 σ——水化后泥页岩总应力，MPa；

σ_f——水化前的应力，MPa；

σ_h——水化应力，MPa。

水化应力来源于泥页岩的双电层斥力、范德华力等黏土颗粒之间的作用力。黏土颗粒在泥页岩骨架内按一定的有序性随机分布，每个黏土颗粒在孔隙内的浓度改变后有膨胀趋势，产生膨胀趋势的原因是双电层斥力的改变。这种作用力作用于各黏土片，作用方向随黏土片而改变，不具连续性和方向的一致性。对于泥页岩空间内 A 点来说，在单位体积内的相邻黏土片之间总的作用力作用下都产生一个体积变形能。根据能量等效原理，此单位体积内总的变形能等效于 A 点某个应力条件下的体积变形能，这个应力即为水化应力：

$$\sigma_h = \begin{bmatrix} \sigma_{h_{11}} & \sigma_{h_{12}} & \sigma_{h_{13}} \\ \sigma_{h_{21}} & \sigma_{h_{22}} & \sigma_{h_{23}} \\ \sigma_{h_{31}} & \sigma_{h_{32}} & \sigma_{h_{33}} \end{bmatrix} \tag{2-27}$$

由于相邻黏土片之间的作用力是作用在黏土颗粒点上的某方向张力，它对总体积变形只产生正应变，而不产生切应变。因此，水化应力 $\sigma_h=0$（$i \neq j$），即：

$$\sigma_h = \begin{bmatrix} \sigma_{h_{11}} & 0 & 0 \\ 0 & \sigma_{h_{22}} & 0 \\ 0 & 0 & \sigma_{h_{33}} \end{bmatrix} \tag{2-28}$$

式中　$\sigma_{h_{11}}$、$\sigma_{h_{22}}$、$\sigma_{h_{33}}$——沿 x、y、z 方向的法向应力，MPa；

　　　$\sigma_{h_{12}}$、$\sigma_{h_{21}}$——xy 平面上的剪应力分量，MPa；

　　　$\sigma_{h_{13}}$、$\sigma_{h_{31}}$——xz 平面上的剪应力分量，MPa；

　　　$\sigma_{h_{23}}$、$\sigma_{h_{32}}$——yz 平面上的剪应力分量，MPa。

同样，水化后泥页岩应变 ε 是水化前的应变 ε_f 与水化膨胀应变 ε_h 的线性叠加：

$$\varepsilon = \varepsilon_f + \varepsilon_p \tag{2-29}$$

式中　ε——水化后泥页岩应变；

　　　ε_f——水化前的应变；

　　　ε_p——水化膨胀应变。

根据实验，平行地层层理方向吸水产生的应变与垂直地层层面吸水产生的应变是不相等的，垂直井在均匀地应力下地层对水化效应的反应呈各向异性，可用各向异性比值 m 来表示，m 的定义见式（2-30）（m 的取值范围为 $0 < m < 1$）：

$$m = \varepsilon_h / \varepsilon_v \tag{2-30}$$

式中　ε_h——水平吸水应变；

　　　ε_v——垂直吸水应变。

于是，地层吸水膨胀后产生的应变：

$$\varepsilon_h = \begin{bmatrix} \varepsilon_h & 0 & 0 \\ 0 & \varepsilon_h & 0 \\ 0 & 0 & \varepsilon_v \end{bmatrix} = \begin{bmatrix} m\varepsilon_v & 0 & 0 \\ 0 & m\varepsilon_v & 0 \\ 0 & 0 & \varepsilon_v \end{bmatrix} \quad (2\text{-}31)$$

已知泥页岩地层遇水后处于广义平面应变状态，为线弹性材料，其应力应变关系可表示：

$$\varepsilon_r = \frac{1}{E}\left[\sigma_r - v(\sigma_\theta + \sigma_z)\right] + \varepsilon_h \quad (2\text{-}32)$$

$$\varepsilon_\theta = \frac{1}{E}\left[\sigma_\theta - v(\sigma_r + \sigma_z)\right] + \varepsilon_h \quad (2\text{-}33)$$

$$\varepsilon_z = \frac{1}{E}\left[\sigma_z - v(\sigma_\theta + \sigma_r)\right] + \varepsilon_v = 0 \quad (2\text{-}34)$$

由式（2-34）可得式（2-35）：

$$\sigma_z = v(\sigma_\theta + \sigma_r) - E\varepsilon_v \quad (2\text{-}35)$$

将式（2-35）代入式（2-32）得到：

$$E\varepsilon_r = \sigma_r - v\sigma_\theta - v^2\sigma_r - v^2\sigma_\theta + Ev\varepsilon_v + E\varepsilon_h \quad (2\text{-}36)$$

将式（2-36）代入式（2-33）得到：

$$E\varepsilon_\theta = \sigma_\theta - v\sigma_r - v^2\sigma_r - v^2\sigma_\theta + Ev\varepsilon_v + E\varepsilon_h \quad (2\text{-}37)$$

将式（2-36）、式（2-37）整理得到：

$$E\varepsilon_r = (1-v^2)\sigma_r - (v+v^2)\sigma_\theta + Ev\varepsilon_v + E\varepsilon_h \quad (2\text{-}38)$$

$$E\varepsilon_\theta = (1-v^2)\sigma_\theta - (v+v^2)\sigma_r + Ev\varepsilon_v + E\varepsilon_h \quad (2\text{-}39)$$

然后，将式（2-36）×（1-v）+式（2-38）×v整理得到：

$$\sigma_r = \frac{E}{(1-2v)(1+v)}\left[(1-v)\varepsilon_r + v\varepsilon_\theta - (m+v)\varepsilon_v\right] \quad (2\text{-}40)$$

将式(2-37)×v+式(2-39)×(1-v)整理得到：

$$\sigma_\theta = \frac{E}{(1-2v)(1+v)}[(1-v)\varepsilon_\theta + v\varepsilon_r - (m+v)\varepsilon_v] \qquad (2-41)$$

再由式(2-40)结合式(2-41)代入式(2-35)可以得到：

$$\sigma_z = \frac{E}{(1-2v)(1+v)}[v\varepsilon_r + v\varepsilon_\theta - (1-v+2vm)\varepsilon_v] \qquad (2-42)$$

式中 ε_r、ε_θ、ε_z、ε_v——径向应变、周向应变、轴向应变和体积应变；

m——各向异性应变比；

σ_r、σ_θ、σ_z——径向应力、周向应力和轴向应力，MPa；

v——泊松比；

E——弹性模量，GPa。

2. 泥页岩水化数学模型

井壁岩石属于三维应力状态，并且由于井眼一般很长，井口位置在钻井过程中不会发生移动，纵向上的应变不考虑。因此，可以把井壁周围的应力状态看作一个广义的平面应变问题。在上述条件下，建立水敏性泥页岩的力学本构方程。在广义平面应变条件下的平衡方程为

$$\begin{cases} \dfrac{\partial \sigma_r}{\partial r} + \dfrac{1}{r}\dfrac{\partial \tau_{r\theta}}{\partial \theta} + \dfrac{\sigma_r - \sigma_\theta}{r} = 0 \\ \dfrac{\partial \tau_{r\theta}}{\partial r} + \dfrac{1}{r}\dfrac{\partial \sigma_\theta}{\partial \theta} + \dfrac{2\tau_{r\theta}}{r} = 0 \end{cases} \qquad (2-43)$$

几何方程为

$$\begin{cases} \varepsilon_r = \dfrac{\partial U_r}{\partial r} \\ \varepsilon_\theta = \dfrac{1}{r}\dfrac{\partial U_\theta}{\partial \theta} + \dfrac{U_r}{r} \\ \varepsilon_z = \dfrac{\partial U_z}{\partial z} = 0 \\ \gamma_{r\theta} = \dfrac{\partial U_\theta}{\partial r} + \dfrac{1}{r}\dfrac{\partial U_r}{\partial \theta} - \dfrac{U_\theta}{r} \end{cases} \qquad (2-44)$$

通过以上的平衡方程、几何方程和应力—应变关系，可得到用径向位移表达的井眼周围岩石的平衡状态方程：

$$\frac{d^2v}{dr^2}+\left[\frac{1}{E}\frac{dE}{dr}-\frac{1}{1-v}\frac{dv}{dr}+\frac{1+4v}{(1-2v)(1+v)}\frac{dv}{dr}+\frac{1}{r}\right]\frac{dv}{dr}+$$
$$\left[\frac{1}{1-v}\frac{dv}{rdr}\frac{v}{(1-v)E}\frac{dE}{dr}+\frac{(1+4v)v}{(1-2v)(1-v^2)r}\frac{dv}{dr}+\frac{1}{r^2}\right]v= \quad (2-45)$$
$$\frac{m+v}{1-v}\left\{\left[\frac{1}{m+v}\frac{dv}{dr}+\frac{1}{E}\frac{dE}{dr}+\frac{1+4v}{(1-2v)(1+v)}\frac{dv}{dr}\right]\varepsilon_v+\frac{d\varepsilon_v}{dr}\right\}$$

由含水量和垂向应变的关系式，可以得出：

$$\frac{d\varepsilon_v}{dW}=K_1+2K_2(W-W_0) \quad (2-46)$$

由含水量和弹性模量的关系式，可以得出：

$$\frac{dE}{dW}=-\frac{E_1E_2}{2\sqrt{W-W_0}}e^{-E_2\sqrt{W-W_0}} \quad (2-47)$$

由含水量和泊松比的关系式，可以得出：

$$\frac{dv}{dW}=K_4 \quad (2-48)$$

式中　$\gamma_{r\theta}$——剪应变分量；

　　　U_r——径向位移，m；

　　　W——当前含水率，%；

　　　W_0——初始含水率，%。

所有系数均通过实验得到，代入式（2-45）就可以简化方程，边界条件表示为：

（1）边界条件为在 $r=\infty$ 的井眼半径处，$\sigma_r=p_i$（井内压力）；

（2）在 $r\rightarrow\infty$ 处，$\sigma_r=\sigma_{H_1}=\sigma_{H_2}$（均匀的远场水平地应力）。

3. 出水及转换条件下的井壁稳定性

在气体钻井地层出水后或水基钻井液置换过程中，水溶液在压力势差、化学势差和毛细管力作用下向地层渗流运移，一方面导致近井壁地带的孔隙压力及有效应力分布发生改变，另一方面引起井壁表面的岩石力学强度降低，最终导致井壁垮塌失稳。水溶液的浸泡作用影响的严重程度与浸泡时间有关，随着浸泡时间的增加，水溶液侵入地层的深度和侵入量逐渐增加，近井壁地带的地层坍塌压力不断变化，产水及转换条件下的井壁存在坍塌周期。

对于大北地区的砾石和泥岩地层，砾石微裂缝十分发育，主要为贴粒缝，粒间胶结物含有黏土矿物，该类地层一旦与水接触之后，水溶液在各种作用力下沿微裂缝向地层渗流，同时会引起黏土矿物的水化膨胀作用。该地区的泥岩主要为硬脆性泥岩，水化膨胀能力较弱，但含有微裂缝，水溶液沿微裂缝侵入泥岩地层，导致泥岩地层沿裂缝面剥落掉块。因此，评价地层出水或水基转换条件下的砾石、泥岩坍塌周期，需要研究水溶液在裂缝中的渗流运移情况。

评价分析水溶液在地层中的渗流运移规律，可采用多孔介质线性单向渗流基本方程评价水溶液在地层中的渗流规律：

$$\frac{\phi \mu_\mathrm{f} C_\mathrm{t}}{K_\mathrm{f}} \frac{\partial p}{\partial t} = \frac{1}{r} \frac{\partial}{\partial r}\left(r \frac{\partial p}{\partial r}\right) \qquad (2-49)$$

式中 p_w——环空压力，MPa；

p_0——地层初始孔隙压力，MPa；

p——孔隙压力，MPa；

r——径向位置，m；

t——时间，s；

r_w——井筒半径，m；

ϕ——孔隙度，%；

μ_f——流体黏度，mPa·s；

C_t——流体压缩系数，MPa^{-1}；

K_f——渗透率，mD。

边界条件为 $r=r_\mathrm{w}$，$p=p_\mathrm{w}$，$r=\infty$，$p=p_0$。

气体钻井地层产水后，产出水在毛细管力的作用下向地层渗流运移，一方面导致近井壁地带孔隙压力增加，另一方面，黏土矿物水化膨胀作用导致岩石力学强度降低，图 2-4 给出了气体钻井地层产水后，近井壁地带的孔隙压力分布情况。气体钻井地层产水后，近井壁地带的孔隙压力略有增加，其增加大小等于井底压力加毛细管力，孔隙压力增加将导致地层坍塌压力当量密度增加。

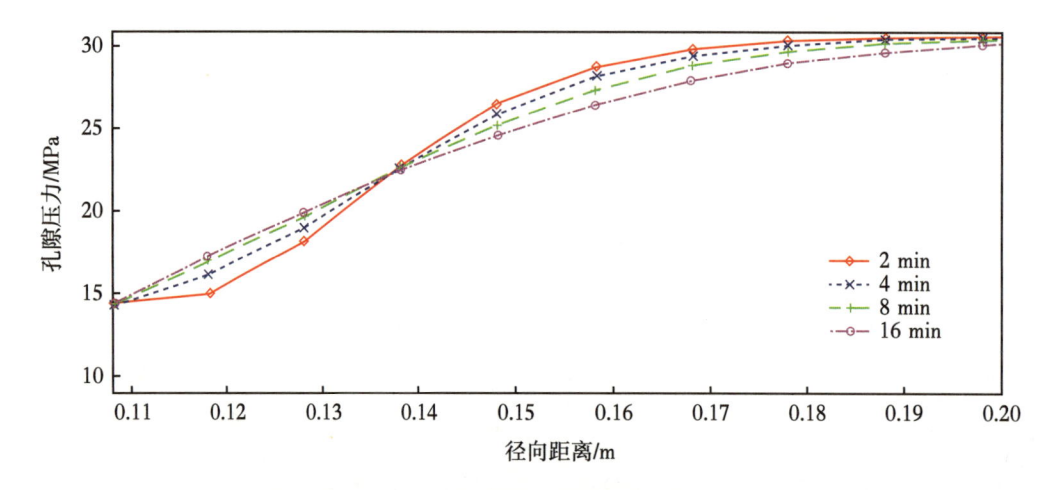

图 2-4　气体钻井地层产水后的近井壁地带的孔隙压力分布情况

图 2-5 为气体钻井地层产水后，井壁表面岩石坍塌压力当量密度的变化情况。气体钻井地层产水后，随着地层与产出水接触时间的增加，井壁表面岩石坍塌压力当量密度不断增加，增长幅度大概在 0.2 g/cm³ 左右。气体钻井无法继续钻进时，则需要考虑将其转换为常规水基钻井，在转换过程中，水基转换液在各种作用下沿微裂缝向砾石、泥岩地层渗流，引起地层孔隙压力的快速增加、井壁稳定性的下降。

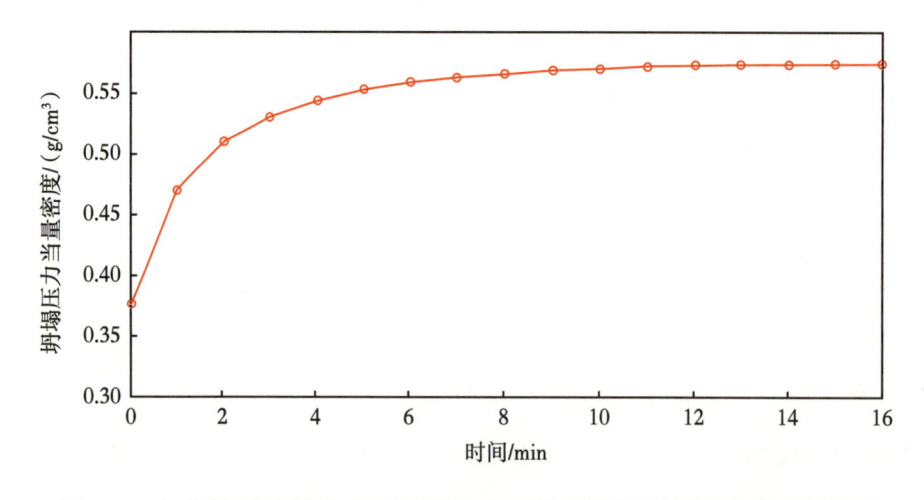

图 2-5　气体钻井地层产水后的井壁表面的岩石坍塌压力当量密度变化

图 2-6 为在水基钻井液的置换过程中，砾石、泥岩近井壁地带的地层孔隙压力变化情况。随着时间的增加，近井壁地带的孔隙压力不断增加，井壁表面岩石孔隙压力等于井筒压力。在水基钻井液的置换过程中，井壁表面的岩石孔隙压力增加，将会导致井壁表面岩石稳定性的下降和坍塌压力当量密度的增加，如图 2-7 所示。

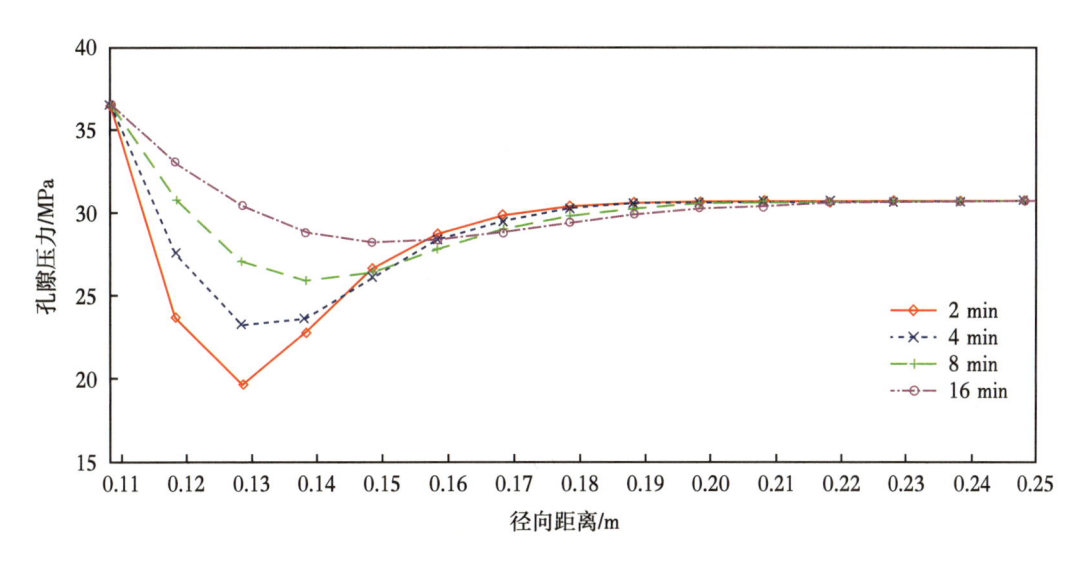

图 2-6　水基钻井液置换过程中近井壁地带的孔隙压力变化情况

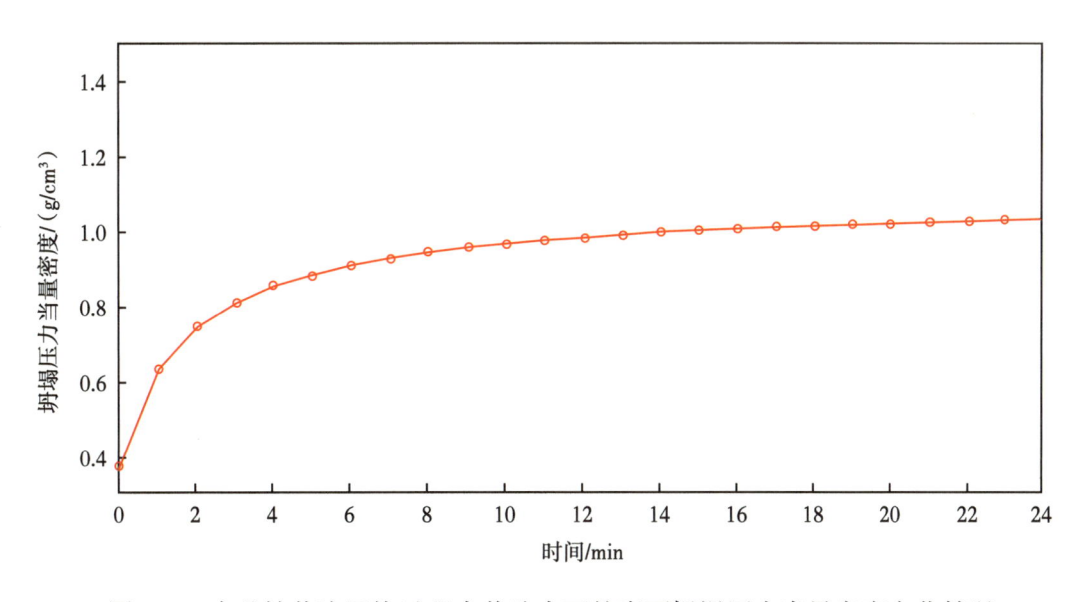

图 2-7　水基钻井液置换过程中井壁表面的岩石坍塌压力当量密度变化情况

第二节　砾石层岩石力学参数及水理化性能测试

在石油钻井过程中，井壁岩石破坏的主要方式包括压缩破坏、剪切破坏和拉伸破坏，所涉及的岩石弹性参数及力学强度有弹性模量、泊松比、单轴抗压强度、内聚力、内摩擦角和抗拉强度等。目前，石油工程上用于确定地层岩石力学参数的方法分为两种：一种方法是利用室内岩石力学参数测试仪器设备确定井下压力、温度环境下岩石的力学参数，为了研究现场钻井液或不同工况条件下的岩石力学性质，在开展岩石力学参数测试之前，需要采用适当的措施方法制备满足一定特殊要求的室内标准岩样，例如将岩心浸泡在现场钻井液中、沿某一特定方向钻取岩心等；另一种方法是利用现场常规测井资料，并依据室内实验数据拟合的经验公式，确定评价区块评价井段的岩石力学参数剖面。

一、岩石力学参数

1. 弹性模量与泊松比

任何固体在外力作用下都要发生形变，当外力的作用停止时，形变随之消失，这种形变称为弹性形变。在石油工程上，主要利用杨氏弹性模量（E）和泊松比（ν）描述岩石弹性形变，衡量岩石抵抗变形的能力和程度。杨氏弹性模量主要是岩石张变弹性强度的标志。设长为 L、截面积为 S 的岩石，在纵向上受到力 F 作用，其伸长或缩短 ΔL，则杨氏弹性模量表示为

$$E = \frac{F/S}{\Delta L/L} \qquad (2\text{-}50)$$

式中　S——横截面积，m^2；

　　　ΔL——伸长量或压缩量，m；

　　　F——轴向拉力，N；

　　　L——原始长度，m。

要同时具有纵波和横波的声波测井资料才可以确定上述参数，现场的横波

测量结果通常是根据纵波测量结果来估算，砂岩地层用于横波估算的公式为

$$\Delta t_{\mathrm{s}} = \frac{\Delta t_{\mathrm{p}}}{1-1.15\left(\dfrac{1/\rho+1/\rho^{3}}{\mathrm{e}^{1/\rho}}\right)} \quad (2\text{-}51)$$

式中　Δt_{s}——横波时差，μs/m；

　　　Δt_{p}——纵波时差，μs/m；

　　　ρ——地层密度，kg/m³。

采用测井资料计算岩石力学参数方便且经济可靠，通过纵横波时差和密度测井曲线可以计算得到岩石的泊松比和弹性模量，动态弹性模量可表示为纵波速度、横波速度，它们可由纵波时差、横波时差计算获得，换算公式如下：

$$v_{\mathrm{p}} = \frac{1}{\Delta t_{\mathrm{p}}} \times 10^{6} \quad (2\text{-}52)$$

$$v_{\mathrm{s}} = \frac{1}{\Delta t_{\mathrm{s}}} \times 10^{6} \quad (2\text{-}53)$$

结合声波测井及密度测井数据，便可计算动态弹性模量，可表示为

$$E_{\mathrm{d}} = \rho_{\mathrm{b}} v_{\mathrm{s}}^{2} \left(3 v_{\mathrm{p}}^{2} - 4 v_{\mathrm{s}}^{2}\right) / \left(v_{\mathrm{p}}^{2} - 2 v_{\mathrm{s}}^{2}\right) \quad (2\text{-}54)$$

式中　v_{p}——纵波波速，m/s；

　　　v_{s}——横波波速，m/s；

　　　Δt_{s}、Δt_{p}——地层横波时差、纵波时差，μs/m；

　　　ρ_{b}——地层体积密度，g/cm³；

　　　E_{d}——动态杨氏模量，GPa。

泊松比（v），又称为横向压缩系数，静态泊松比表示为横向相对压缩与纵向相对伸长的比值。假设岩样长 L，直径为 d，在受到压应力时，岩样长度缩短 ΔL，直径增加 Δd，那么，静态泊松比则可表示为

$$v = \frac{\Delta d / d}{\Delta L / L} \tag{2-55}$$

动态泊松比与声波测井数据之间的关系可表示为

$$v_d = \left(v_p^2 - 2v_s^2 \right) / 2 \left(v_p^2 - v_s^2 \right) \tag{2-56}$$

式中 v——泊松比；

Δd——试样横向变形量，m；

d——初始横向尺寸，m；

ΔL——试样轴向变形量，m；

L——岩样长度，m；

v_d——动态泊松比。

在预测地层的坍塌压力和破裂压力的过程中，需要掌握地层的弹性模量和泊松比，利用纵横速度确定的地层动态弹性模量和动态泊松比反映的是地层在瞬间加载时的力学性质，与地层所受载荷为静态的不符，因而不能直接应用于实际。通过室内岩石力学动、静弹性参数的同步测试试验，建立砂岩的动、静弹性参数的转换关系式为

$$v_s = A_1 + B_1 v_d \tag{2-57}$$

$$E_s = A_2 + B_2 E_d \tag{2-58}$$

式中 v_s、v_d——静态和动态泊松比；

E_s、E_d——静态和动态弹性模量，Pa；

A_1、B_1、A_2、B_2——转换系数。

2. 抗压强度与抗拉强度

抗压强度是指岩石在轴向压应力作用下达到岩体破坏的极限强度，数值上等于岩体破坏时的最大压应力。围压为零（无围压）时获得的岩石抗压强度称为单轴抗压强度，围压不为零时获得的岩石抗压强度则称为三轴抗压强度。岩石的抗压强度通常在压力机上进行，将样品置于压力机承压板之间，轴向加载

荷，记载样品破坏时的载荷 F，结合岩样横截面积 A，岩石抗压强度（σ_c）则表示为

$$\sigma_c = F/A \quad (2\text{-}59)$$

式中 σ_c——岩石抗压强度，MPa；

F——轴向作用力，N；

A——受力横截面积，m²。

砂泥岩的单轴抗压强度、动态杨氏模量以及岩石的泥质百分含量 V_{cl} 之间的关系：

$$\sigma_c = (0.0045 + 0.1135 V_{cl}) E_d \quad (2\text{-}60)$$

式中 σ_c——单轴抗压强度，MPa；

E_d——动态弹性模量，MPa；

V_{cl}——泥质含量，取值为 0~1。

对于高压致密地层，当用低密度钻井或欠平衡钻井时，井壁表面岩石容易发生拉伸崩落失稳。钻井液密度过高会导致作用在井壁表面岩石上的周向应力由压应力转换为拉应力，发生拉伸破裂，导致地层漏失。而在这些井壁稳定性的评价过程中，需要确定地层的抗拉强度。结合现场测井数据计算地层岩石抗拉强度，抗拉强度值可以由式（2-61）近似求得

$$S_t = 3.75 \times 10^{-4} E_d (1 - 0.78 V_{cl}) \quad (2\text{-}61)$$

另外，抗拉强度也可取为

$$S_t = \sigma_c / k \quad (2\text{-}62)$$

式中 k——抗压—抗拉强度比值系数，取值范围为 8~20，应根据不同区块和岩性而定；

E_d——动态弹性模量，MPa；

σ_c——单轴抗压强度，MPa；

V_{cl}——泥质含量，取值为 0~1。

3. 内聚力与内摩擦角

在评价井壁岩石剪切垮塌失稳的过程中,除了采用单轴抗压强度,还需确定岩石的内聚力和内摩擦角。通常利用室内三轴岩石力学实验机获取不同围压条件下的岩石抗压强度,然后利用莫尔圆确定岩石内聚力和内摩擦角,如图 2-8 所示。

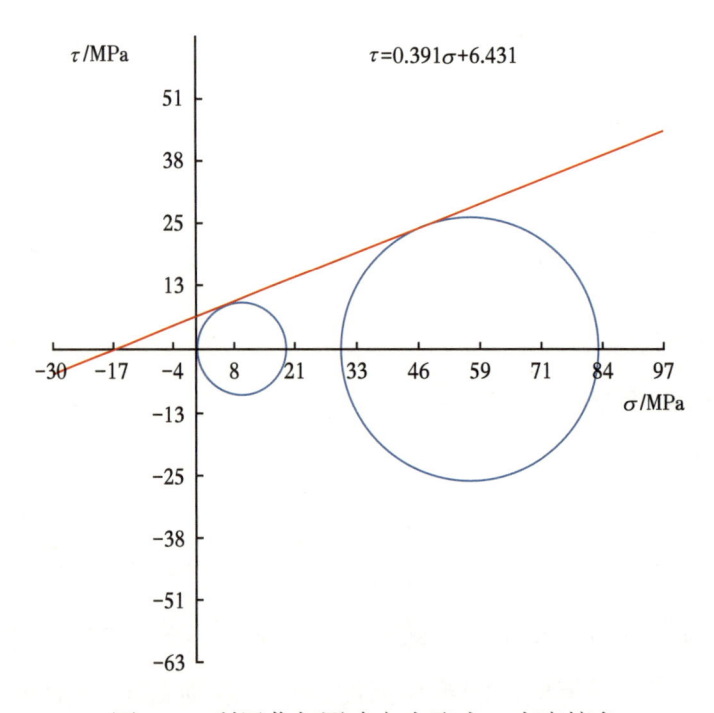

图 2-8 利用莫尔圆确定内聚力、内摩擦角

同时,也可利用现场测井资料确定地层岩石内聚力大小。沉积岩的内聚力 C 和单轴抗压强度 σ_c 的经验关系式:

$$C = 3.625 \times 10^{-6} \sigma_c K_d \tag{2-63}$$

对式(2-63)进行修正,以适应不同探区,修正结果如下:

$$\sigma_c = a(0.004\ 5 + 0.003\ 5 K_d) E_d \tag{2-64}$$

将式(2-64)代入式(2-63)中得

$$C = b(0.004\ 5 + 0.003\ 5 K_d) E_d K_d \tag{2-65}$$

式中　a、b——修正系数，根据试验确定；

　　　σ_c——单轴抗压强度，MPa；

　　　K_d——岩石的体积压缩模量；

　　　C——内聚力，MPa；

　　　E_d——动态弹性模量，MPa。

内摩擦角的确定对于研究井壁稳定性问题具有十分重要的意义。通过试验发现，岩石的内摩擦角与岩石的内聚力存在着一定的对应关系，其相关关系的建立可以根据试验数据的回归来实现。西南石油大学岩石力学实验室对岩心的实测强度参数值进行了回归分析，得到了砂泥岩地层内摩擦角与内聚力之间的相关关系式：

$$\phi = a\lg\left[N + \left(N^2+1\right)^{\frac{1}{2}}\right] + b \qquad (2\text{-}66)$$

$$N = a_1 - b_1 \times C$$

式中　a、b、a_1、b_1——与岩石有关的常数；

　　　ϕ——内摩擦角值；

　　　N——归一化内聚力参数。

4. 有效应力系数

对于沉积岩石多孔介质，其孔隙中含有一定的压力流体，因此，地层孔隙压力对岩石的强度会产生明显的影响。一般说来，地层孔隙压力越大，岩石骨架所受到的有效应力和强度也越小，但其影响的程度取决于其孔隙度的大小、孔隙间的连通情况、渗透率，以及进入孔隙的流体的化学性质。假设对岩石施加正应力和地层孔隙压力时，沙土的骨架实际上承受的有效应力为两者之差值，即：

$$\sigma_e = \sigma - p_p \qquad (2\text{-}67)$$

式中　σ_e——有效应力，MPa；

　　　σ——总应力，MPa；

p_p——孔隙压力，MPa。

对式（2-65）进行修正以适用泥页岩地层，修正结果如下：

$$\sigma_e = \sigma - \alpha p_p \qquad (2\text{-}68)$$

$$\alpha = 1 - \frac{C_r}{C_b} \qquad (2\text{-}69)$$

式中　C_r——岩石骨架的体积压缩率；

　　　C_b——岩石的容积压缩率。

其中，α 为有效应力系数（Biot 系数），对于多数沉积岩来说，$\varphi \leqslant \alpha \leqslant 1$。

岩石的有效应力系数 α 在岩石井壁力学稳定性研究方面是一个十分重要的参数，只有当岩石的孔隙度和渗透率足够大时，才可以近似地取为 $\alpha=1$，对于孔隙度和渗透率较小的致密岩石，可以采用声波方法测定 α 值的大小。用声波仪分别测出泥页岩、砂岩、板岩及石英的纵横波传播速度，并测出两者的密度值，则可用式（2-70）计算系数 α 值：

$$\begin{cases} C_r = 10^9 \rho \left(v_p^2 - \dfrac{4}{3} v_s^2 \right) \\ C_b = 10^9 \rho_g \left(v_{pg}^2 - \dfrac{4}{3} v_{sg}^2 \right) \\ \alpha = 1 - \dfrac{C_r}{C_b} \end{cases} \qquad (2\text{-}70)$$

式中　C_r——岩石骨架的体积压缩率；

　　　C_b——岩石的容积压缩率；

　　　α——有效应力系数；

　　　ρ、ρ_g——岩石及岩石骨架密度，g/cm³；

　　　v_{pg}、v_{sg}——地层岩石骨架的纵、横波速度，m/s；

　　　v_p、v_s——地层的纵、横波速度，m/s。

以博孜 1 井为例，基于测井解释的岩石力学参数如图 2-9 所示。

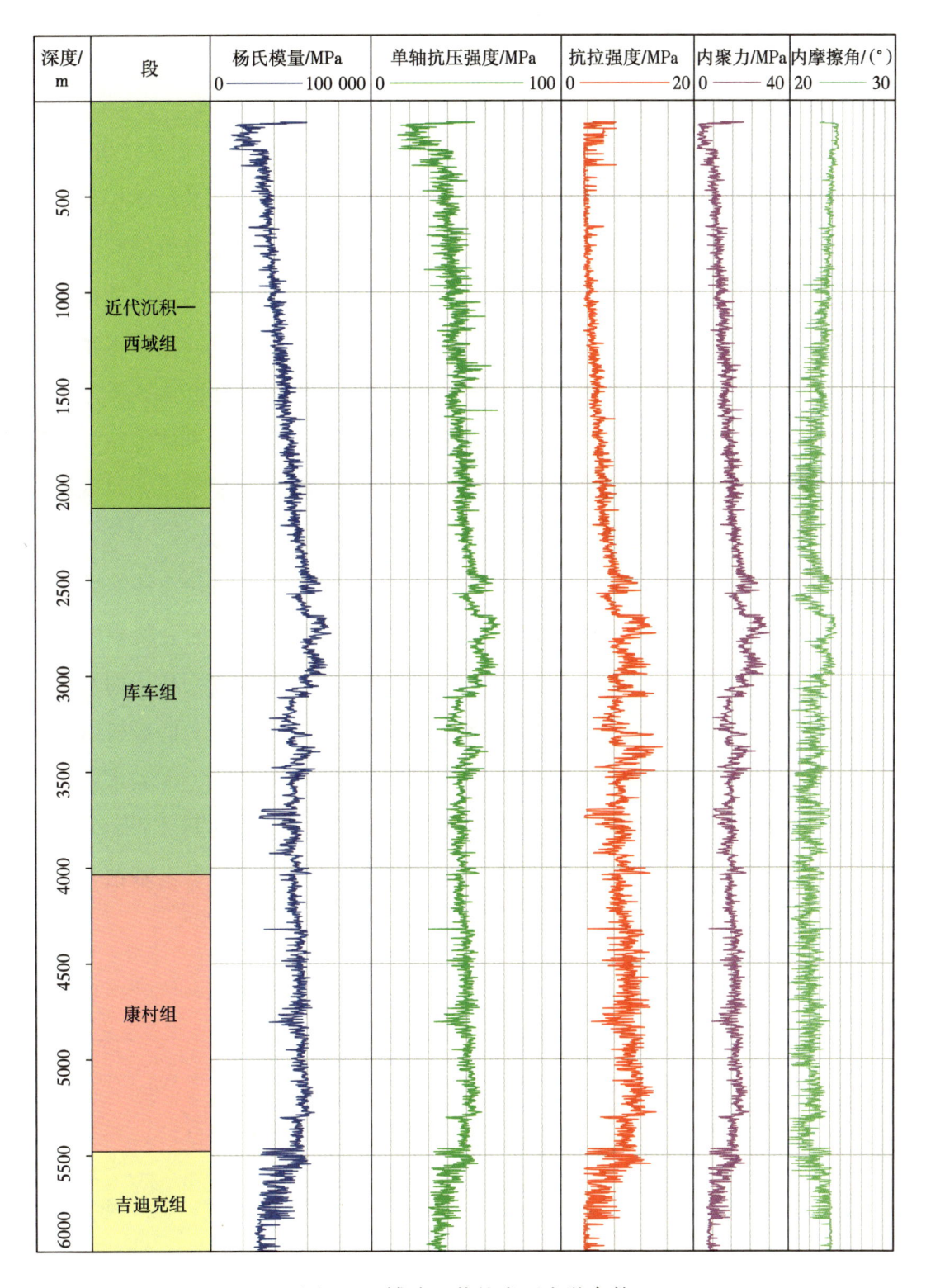

图 2-9　博孜 1 井的岩石力学参数

二、水理化性能测试

1. 声波实验评价

在开展气体钻井产水后及水基钻井液置换过程中的井壁稳定性评价之前，首先要开展地层产水及水基钻井液置换过程中的岩石力学特性及声学特性变化规律研究，其主要技术方法就是借助室内相关仪器设备，对比分析钻井液浸泡前后现场岩样的岩石力学强度和声波速度的变化情况，结合室内实验数据，对现场常规测井资料开展去水化反演，分别确定干气钻井、地层产水及水基钻井液置换过程中的岩石力学参数剖面，为坍塌密度计算提供岩石强度参数。

岩石纵波速度对比实验主要是借助室内声波速度测试仪分别测定钻井液浸泡前后岩石的纵波速度变化情况，并利用室内拟合得到的经验关系式对现场常规测井资料进行去水化校正。

图 2-10 为第四系、库车组、康村组和吉迪克组岩石在钻井液浸泡后的纵波速度衰减幅度，由图 2-10 可以看出，库车组岩样纵波速度的衰减幅度明显高于康村组和吉迪克组，库车组砂质泥岩的纵波速度衰减较为明显，而钙质含量较高的钙质泥岩、砂岩及底部细砾石的纵波速度变化不明显。而康村组、吉迪克组泥岩的纵波速度变化不明显，主要是因为钙质含量增加，泥岩水敏性不明显，部分细砾石的纵波速度有轻微变化。由此可认为，该地区上部地层（第四系、库车组中上部）泥岩、砾石的水敏性较强，地层出水后及水基钻井液转

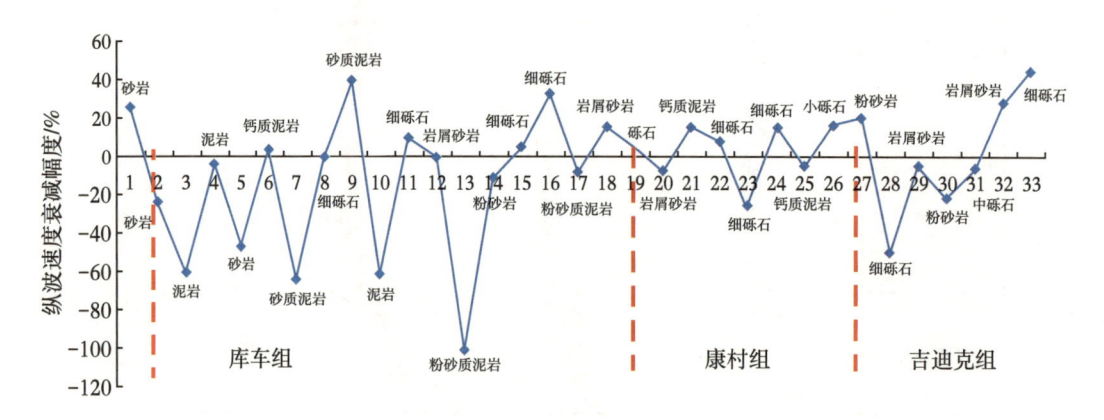

图 2-10 岩石在钻井液浸泡后的纵波速度衰减幅度分布图

换过程中的井壁稳定性较差，随着深度的增加，砾石、泥岩的钙质含量增加，岩石强度增加，水敏性不明显。

对比分析博孜构造库车组、康村组和吉迪克组砾石、泥岩在钻井液浸泡前后的纵波速度，并拟合两者之间的关系式，如图2-11和图2-12所示，分析发现，库车组、康村组和吉迪克组砾石、泥岩岩心在钻井液浸泡前后的声波速度有良好的相关性，库车组砾石、泥岩在钻井液浸泡后的声波速度衰减较为明显，而康村组、吉迪克组砾石、泥岩的声波速度衰减幅度小于库车组。

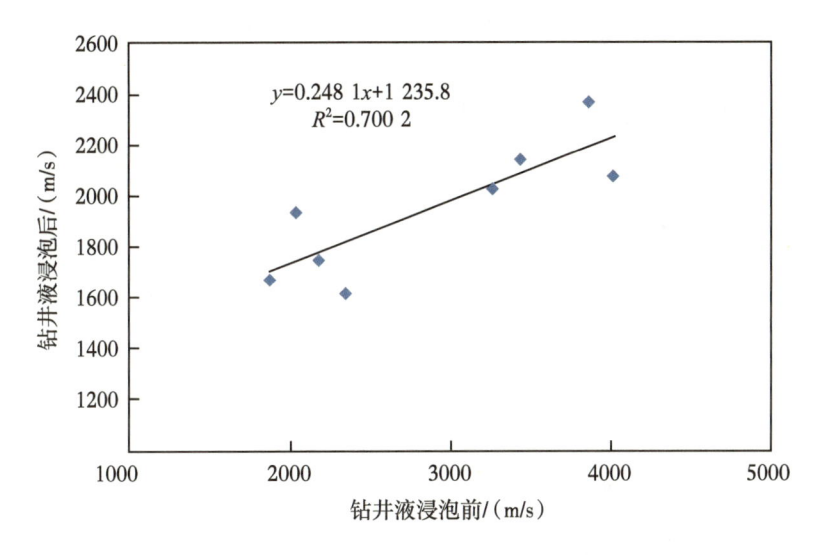

图2-11　库车组砾石、泥岩的声波速度对比图

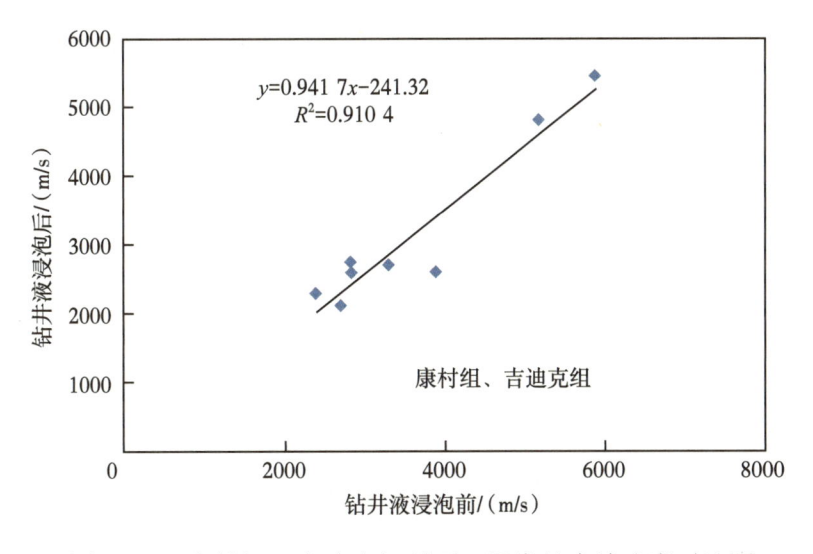

图2-12　康村组、吉迪克组砾石、泥岩的声波速度对比图

2. 测井数据去水化校正

开展气体钻井井壁稳定性评价，首先要确定气体钻井条件下的岩石力学参数剖面，通常利用现场测井资料计算岩石力学参数剖面，但现场测井数据均在常规水基钻井液条件下获取，水基钻井液浸泡作用对岩石测井响应有影响，尤其是对泥岩、砾石。因此，需要校正水化作用对测井数据的影响，然后确定原始地层的岩石力学参数。

基于泥页岩微组构、微组分的分布情况，并结合扩散双电层理论和范德华理论，泥页岩水化膨胀应变可表示为

$$\varepsilon = 2\sum_{j}\left(h_j - h_j^0\right)n_j^{\frac{1}{3}}(M)\int_0^\pi p_{j\alpha_i}(M,\alpha_i)\cos\alpha_i \mathrm{d}\alpha_i + \\ 2\sum_{j=m}\left(h_j - h_j^0\right)n_m n_j^{\frac{1}{3}}(M)\int_0^\pi p_{j\alpha_i}(M,\alpha_i)\cos\alpha_i \mathrm{d}\alpha_i \tag{2-71}$$

式中　h_j、h_j^0——水化作用前后 j 类黏土片或黏土晶片之间的距离，nm；

ε——膨胀应变；

M——外部溶液环境因子；

n_j、n_j^0——单位体积内 j 类黏土片个数，每个蒙脱石黏土片含有黏土晶片的个数；

α_i——j 类黏土片或黏土晶片法线方向与 i 方向之间的夹角，(°)；

$p_{j\alpha_i}(M, \alpha_i)$——泥页岩单位体积 M 内 j 类黏土片或黏土晶片法线方向与 i 方向夹角为 α_i 的概率。

水化作用导致岩石弹性模量降低，其改变量可表示为

$$\Delta E = \sum_{j} n_j^{\frac{1}{3}}(M)\left[\frac{\mathrm{d}F_j(h_j^0)}{\mathrm{d}h_j} - \frac{\mathrm{d}F_j^0(h_j^0)}{\mathrm{d}h_j}\right]\int_0^\pi p_{j\alpha_i}(M,\alpha_i)(\cos\alpha_i)^2 \mathrm{d}\alpha_i + \\ \sum_{j=m} n_j^{\frac{1}{3}}(M)n_{mm}\left(\frac{\mathrm{d}F_j(h_j^0)}{\mathrm{d}h_j} - \frac{\mathrm{d}F_j^0(h_j^0)}{\mathrm{d}h_j}\right)\int_0^\pi p_{j\alpha_i}(M,\alpha_i)(\cos\alpha_i)^2 \mathrm{d}\alpha_i \tag{2-72}$$

式中　$F_j(h_j)$、$F_j(h_j^0)$——水化作用前后相邻 j 类黏土片或黏土晶片之间的双电层斥力，MPa。

水化作用对泥页岩静态泊松比的影响可表示为

$$\Delta v = \varepsilon \sum_j h_j n_j^{\frac{1}{3}} \left[\int_0^\pi \int_0^\pi \frac{\cos \alpha_2}{\cos \alpha_1} p_{j\alpha_1} p_{j\alpha_2} \mathrm{d}\alpha_1 \mathrm{d}\alpha_2 + \int_0^\pi \int_0^\pi \frac{\cos \alpha_3}{\cos \alpha_1} p_{j\alpha_1} p_{j\alpha_3} \mathrm{d}\alpha_1 \mathrm{d}\alpha_3 \right] + \\ \varepsilon \sum_{j=m} h_m n_m^{\frac{1}{3}} n_{mm} \left[\int_0^\pi \int_0^\pi \frac{\cos \alpha_2}{\cos \alpha_1} p_{j\alpha_1} p_{j\alpha_2} \mathrm{d}\alpha_1 \mathrm{d}\alpha_2 + \int_0^\pi \int_0^\pi \frac{\cos \alpha_3}{\cos \alpha_1} p_{j\alpha_1} p_{j\alpha_3} \mathrm{d}\alpha_1 \mathrm{d}\alpha_3 \right] \quad (2\text{-}73)$$

水化作用对泥页岩纵横波速度的影响可表示为

$$\begin{cases} \rho_{\mathrm{hd}} = \dfrac{\rho_1 - \rho_2 \varepsilon^3}{(1-\varepsilon)^3} \\ v_{\mathrm{p}} = \sqrt{\dfrac{(E_{\mathrm{d}} + \Delta E_{\mathrm{d}})[1-(v_{\mathrm{d}} + \Delta v_{\mathrm{d}})]}{\rho_{\mathrm{hd}}[1+(v_{\mathrm{d}} + \Delta v_{\mathrm{d}})][1-2(v_{\mathrm{d}} + \Delta v_{\mathrm{d}})]}} \\ v_{\mathrm{s}} = \sqrt{\dfrac{(E_{\mathrm{d}} + \Delta E_{\mathrm{d}})}{2\rho_{\mathrm{hd}}[1+(v_{\mathrm{d}} + \Delta v_{\mathrm{d}})]}} \end{cases} \quad (2\text{-}74)$$

式中 E_d、ΔE_d——水化后的动态弹性模量，由水化作用引起的动态弹性模量改变量，MPa；

v_d、Δv_d——水化后的动态泊松比，由水化作用引起的动态泊松比改变量；

ρ_hd、ρ_1、ρ_2——原始地层密度、水化后地层密度和钻井滤液密度，g/cm³。

图 2-13 对比分析了常规测井数据去水化校正前后的变化情况，从图 2-13 可以看出，常规测井数据去水化校正主要针对受水化作用影响较为明显的泥岩、砾石，在测井数据上显示为部分薄层，去水化作用校正后，薄层声波时差有明显减小，声波速度增加。

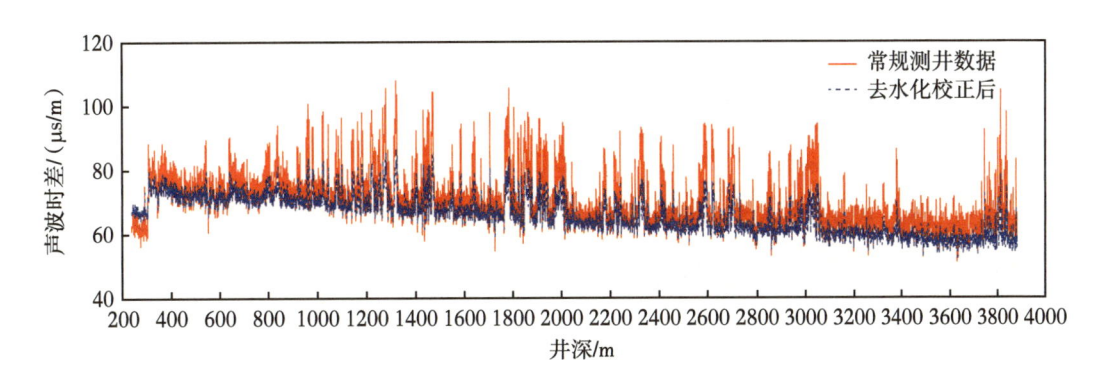

图 2-13 常规测井数据去水化校正前后对比图

结合去水化作用校正后的测井数据，便可获得原始地层的岩石力学参数剖面，如图 2-14 所示。从图 2-14 可以看出，对于泥岩、砾石，在气体钻井条件下的岩石力学强度要高于常规水基钻井条件下的岩石力学强度。

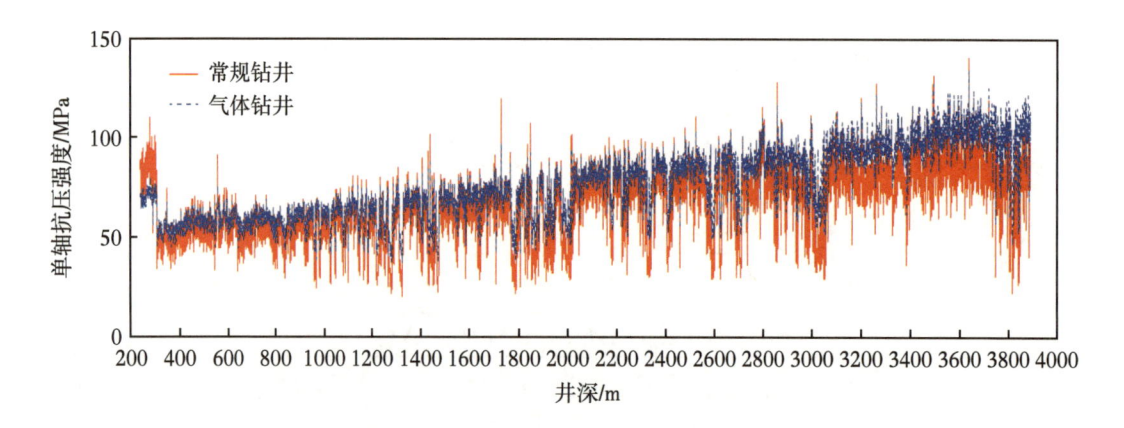

图 2-14　常规钻井、气体钻井条件下的岩石力学强度对比图

3. 强度参数的处理

水溶液的侵入对水敏性岩石强度的影响程度取决于岩石矿物组分及相对含量分布、地层水和水基钻井液离子组分及摩尔浓度分布情况等。水化作用对泥页岩力学强度影响的评价方法包括理论模拟和室内实验方法。水化作用对泥页岩力学强度的影响可表示为

$$\Delta\sigma = 2\sum_j n_j^{\frac{2}{3}} \left[F\left(h_j^0\right) - F^0\left(h_j^0\right) \right] \int_0^\pi p_{j\alpha_i}(M,\alpha_i)\cos\alpha_i \mathrm{d}\alpha_i \quad (2-75)$$

$$\begin{cases} \sigma_t = \sigma_t^0 + k_1 \Delta\sigma \\ S_t = S_t^0 + k_2 \Delta\sigma \\ C = C_0 + k_3 \Delta\sigma \end{cases} \quad (2-76)$$

式中　σ_t^0、S_t^0、C_0——水化作用后的泥页岩地层抗压强度、抗拉强度和内聚力，MPa；

σ_t、S_t、C——原始地层抗压强度、抗拉强度和内聚力，MPa；

k_1、k_2、k_3——系数，由室内实验测定。

三、水基液体的影响

1. 水基液体对砾石层岩石力学参数的影响

水基液体与砾石层之间的作用机理大体可分为两部分：第一部分为砾石颗粒与颗粒间的胶结物之间存在贴粒缝。胶结物与砾石颗粒表面接触不紧密，存在较为明显的贴粒缝，胶结物与砾石颗粒之间的连接强度较低，贴粒缝相互贯通，大大降低了砾石层的岩体整体强度。水基液体与砾石层接触后，沿裂缝快速、大量地向地层渗透，一方面导致砾石层近井壁地带的孔隙压力增加，弱化了井筒内液体对井壁的有效支撑作用，另一方面，水基液体在裂缝面上形成水膜，引起裂缝扩展，裂缝面之间的摩擦系数减小。第二部分为砾石颗粒之间的胶结物较为疏松，富含孔洞，黏土岩屑含量较高，自身胶结强度较低，黏土岩屑含膨胀性蒙脱石、伊蒙混层。

图 2-15 为库车组砾石层雾化基液浸泡后的照片。库车组砾石在现场雾化基液中浸泡几分钟后，迅速分散成小砾石颗粒。水基钻井液的侵入导致砾石颗粒之间的胶结物软化，强度降低，膨胀性蒙脱石、伊/蒙混层水化膨胀，产生附加膨胀应力，加剧了砾石颗粒的脱落、分散。

(a) 细砾石　　　　　(b) 小砾石　　　　　(c) 含泥砾石

图 2-15　库车组砾石层雾化基液浸泡后照片

2. 水基液体对泥岩层岩石力学参数的影响

由前面室内黏土矿物的组分分析结果可知，泥岩主要以伊利石、高岭石为主，含有膨胀性蒙脱石，岩石硬而脆，为硬脆性泥页岩。该类岩石强度普遍较高，往往含有微裂缝，由于该类岩石硬脆，在外力作用下容易形成人工微裂缝。水基液体对硬脆性泥岩的作用机理可分为两类：第一类为泥岩含有微裂缝，容易在外力作用下形成人工缝。水基液体一旦与泥岩接触，在各种作用力下沿微裂缝向地层渗流，一方面导致泥岩地层近井壁地带的孔隙压力增加，降低循环介质对井壁的支撑作用，另一方面，水基液体在裂缝表面形成水膜，引起微裂缝扩展，降低裂缝面间的连接强度，润滑裂缝面，减弱裂缝之间的摩擦系数。第二类为微裂缝间存在膨胀性蒙脱石，遇水后剧烈膨胀，引起微裂缝进一步扩展。该类泥岩地层遇水后，沿微裂缝滑移脱落失稳，脱落岩块具有较高的强度。

图2-16为库车组泥岩雾化基液浸泡后的照片，从图2-16可以看出，库车组泥岩在雾化基液中短时间浸泡后，泥岩沿裂缝面分散成片状泥岩，片状泥岩具有一定的硬度，这也说明，该类泥岩主要是由于微裂缝面的存在，导致泥岩井壁稳定性的降低。

图2-16 库车组雾化基液浸泡后泥岩照片

第三节 砾石层气体钻井井壁坍塌机理与定性定量评价

一、软弱岩体与破碎岩体力学失稳机理

在地层不产流体的情况下，气体钻井井壁稳定性主要取决于地层岩石力学强度是否足以支撑没有液柱压力平衡条件下的井壁。多数类型的地层岩石在气体钻井条件下井壁稳定，但塑性泥岩和盐岩等软弱岩体，以及黏土化较为严重的玄武岩和胶结疏松的砾石等破碎性岩体是最易失稳的岩石类型。在失去井筒液柱压力支撑的条件下，软弱岩体井壁失稳主要表现为缩径、坍塌，破碎性岩体井壁失稳则主要表现为崩落、掉块和大面积扩径坍塌，同时钻具的碰撞作用和高速气固两相流的冲刷也会加剧失稳程度。

库车组上部及西域组砾石层的成岩性差，胶结疏松，砾石颗粒之间主要为疏松的黏土质，胶结强度低。砾石抗压强度主要取决于砾石及胶结物的胶结强度。砾石本身的强度通常较高，但胶结物的胶结强度低，因此，砾石的破坏方式表现为沿胶结面扩展的劈裂破坏，其影响范围与砾石粒径特征有关。由于胶结物降低了砾石的抗压强度，同时气体钻井对井壁的支撑作用弱，砾石层井壁失稳易产生掉块崩落。尤其是对于大粒径的砾石地层，砾石周围的弱胶结面范围更大，砾石周围的弱胶结面相互扩展、连通，井周失稳区域延伸范围更广，井壁失稳更为严重。

图 2-17 为温宿剖面西域组的砾石层图片，西域组砾石层胶结十分疏松，容易垮塌分散，成岩性差。博孜 1 井测井解释如图 2-18 所示。博孜 1 井第四系、库车组、康村组和吉迪克组的自然伽马变化趋势明显，随着井深的增加，自然伽马值减小，泥质含量减小，也说明随着井深的增加，砾石粒间的灰质胶结物含量增加。结合测井资料解释结果，西域组及库车组上部透水性强，

图 2-17 温宿剖面西域组砾石层

水层发育，且水层产水量大，西域组、库车组上部砾石层一旦遇水，水相沿着胶结面侵入地层，进一步降低了颗粒胶结面的强度，井壁更加趋于垮塌失稳。

博孜 101 井在空气钻井过程未见地层出水，但频繁出现井壁力学失稳掉块现象。在砾石层空气钻井及划眼过程中，井壁有剥落掉块现象，井眼椭圆特征十分明显，主要在最小主应力方向垮塌掉块。三开由固井所注水泥浆量可计算三开井段 2502~3602 m 平均井径在 24 in 左右，平均井眼扩大率在 39.7% 左右，四开由所替钻井液量可计算四开井段 3602~4652 m 平均井径在 19 in 左右，平均井眼扩大率在 46.3% 左右。由于测井径仪器所能测的最大井径为 22 in，当井径大于 22 in 时则无法测量，导致三开井径曲线呈现出台阶状。由三开 3 条井径曲线可见，在空气钻井条件下，大段砾石层存在很明显的非均匀地应力特征，椭圆井眼特征十分明显，地层主要在最小主应力方向垮塌掉块，而二开钻井液钻井条件下，由于有钻井液的支撑，椭圆井眼特征不明显。

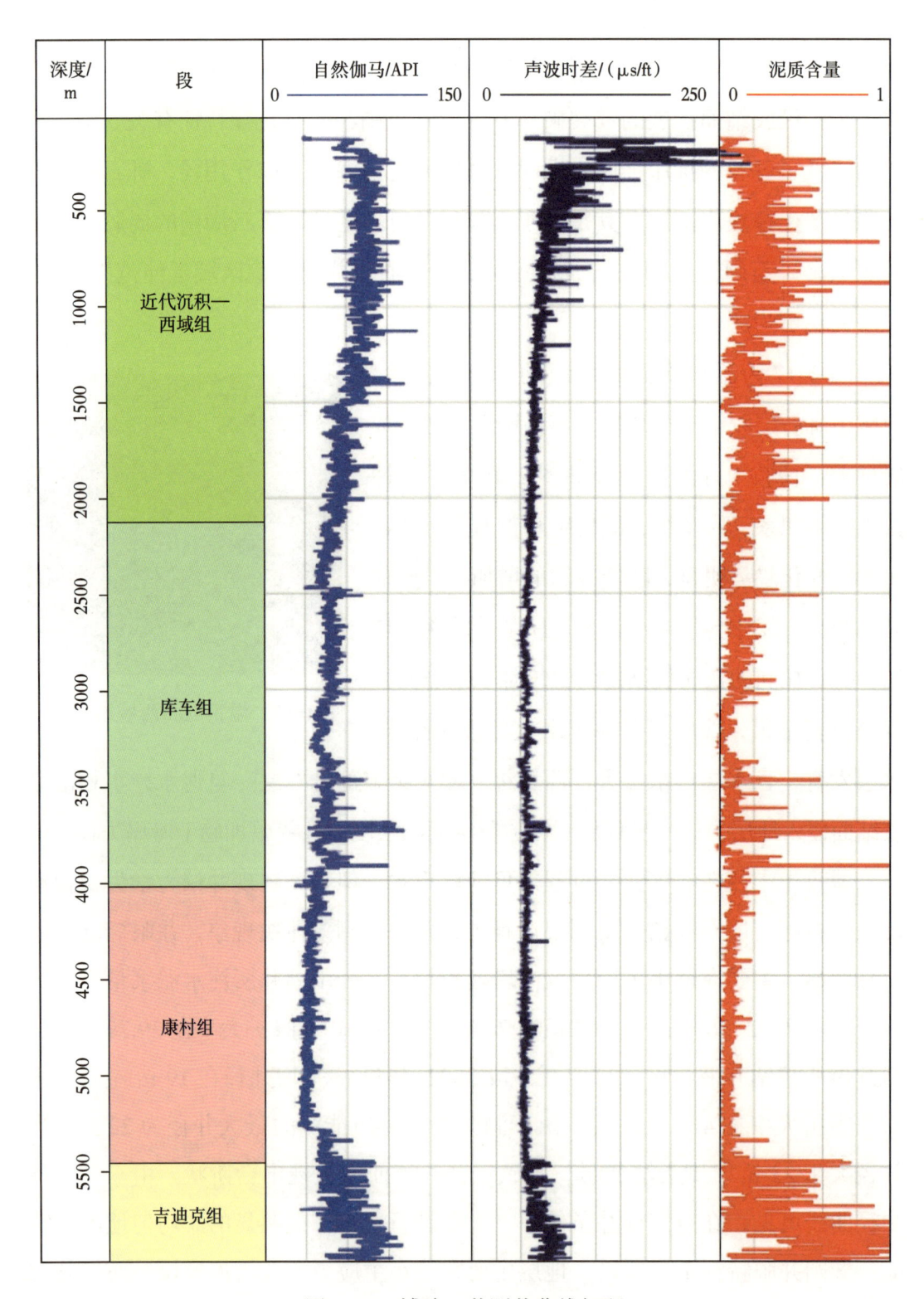

图 2-18　博孜 1 井测井曲线解释

二、产液条件下的力学—化学耦合失稳机理

气体钻井由于井筒与地层之间存在巨大的负压差,且几乎不存在固液相地层伤害,地层流体更易产出,并对井壁稳定造成严重影响。在钻遇产液地层后,已经钻过的裸眼段液体敏感性地层,如泥岩在产出液体或人为注入液体的作用下产生物理化学反应,导致岩石力学强度降低,引起井壁失稳,即力学—化学耦合失稳,地层液体产出不仅导致产液层和上部地层的岩石力学性质变化,还将引起孔隙压力和地应力的重新分布,这也是导致井壁失稳的重要原因。

1. 地层出水对砾石层井壁稳定性的影响

结合砾石层地面露头室内实验测试结果及黏土矿物学相关基础知识,对博孜构造自上而下砾石层的力学性能参数及井壁稳定性有了初步的认识。

博孜构造砾石层分布较为广泛,但不同层位砾石层粒间胶结物的矿物组分、微观结构、理化性能参数及力学参数分布有着明显的变化。上部第四系、库车组砾石层粒间胶结物主要为黏土矿物,胶结强度普遍较低,水溶液浸泡后,砾石颗粒迅速分散为细小颗粒,说明该类砾石的水化作用强,遇水后,砾石力学强度为零,地层一旦出水,空气钻井井壁稳定性降低,井下将出现垮塌遇阻等复杂。下部康村组、吉迪克组砾石粒间胶结物的钙质含量增加,胶结强度高于黏土胶结,水溶液浸泡不分散,浸泡后岩样的力学强度有一定幅度降低,但砾石颗粒仍具有一定强度,水化作用对砾石力学强度的影响不明显,说明该类砾石的水化作用弱,地层出水后,空气钻井井壁稳定性优于上部以黏土胶结为主的砾石,且下部地层主要为盐水层,矿化度高,下部以钙质胶结为主的砾石具备实施空气钻井的条件。

结合前文水基液体对砾石岩石力学参数影响的室内实验测试分析结果,认为水溶液对砾石层井壁稳定性影响的作用机理可分为两部分:(1)砾石颗粒与粒间胶结物之间存在大量贴粒缝,贴粒缝的存在弱化了砾石颗粒的整体力学强度。大北构造砾石层颗粒之间主要为岩屑胶结物,胶结物与砾石颗粒表面接触不紧密,存在较为明显的贴粒缝,胶结物与砾石颗粒之间的连接强度较低,贴粒缝相互贯通,大大降低了砾石层的岩体整体强度。水基液体与砾石层接触

后，在各种势能梯度作用下，水溶液沿裂缝快速、大量地向地层渗流运移，一方面，导致砾石层近井壁地带的孔隙压力增加，弱化了井筒内液体对井壁的有效支撑作用，另一方面，水基液体在裂缝面上形成水化膜，引起裂缝扩展，润滑裂缝面，降低了裂缝面之间的摩擦系数，最终影响砾石层的力学强度。（2）砾石颗粒之间胶结物较为疏松，富含孔洞，黏土岩屑含量较高，自身胶结强度较低，黏土岩屑含膨胀性蒙脱石、伊/蒙混层。水基钻井液的侵入，导致砾石颗粒之间的胶结物软化，强度降低，膨胀性蒙脱石、伊/蒙混层水化膨胀，产生附加膨胀应力，加剧了砾石颗粒的脱落、分散。

2. 地层出水对泥岩层井壁稳定性的影响

综合前文扫描电镜的综合分析，该地区泥岩主要以伊利石和高岭石为主，含有膨胀性蒙脱石矿物，岩石硬而脆，为硬脆性泥页岩。该类岩石的强度普遍较高，往往含有微裂缝，由于该类岩石硬脆，在外力作用下容易形成人工微裂缝。水基液体对硬脆性泥岩的作用机理可分为两方面：（1）泥岩含有微裂缝，容易在外力作用下形成人工缝。水基液体一旦与泥岩接触，在各种作用力下沿微裂缝向地层渗流，一方面，导致泥岩地层近井壁地带的孔隙压力增加，降低循环介质对井壁的支撑作用，另一方面，水基液体在裂缝表面形成水膜，引起微裂缝扩展，降低裂缝面间的连接强度，润滑裂缝面，减弱裂缝面之间的摩擦系数。（2）微裂缝间存在膨胀性蒙脱石，遇水后剧烈膨胀，引起微裂缝进一步扩展。该类泥岩地层遇水后，沿微裂缝滑移脱落失稳，脱落岩块具有较高的强度。

三、砾石层空气钻井井壁坍塌机理

下面针对不同层位砾石层的具体情况，分析空气钻井井壁坍塌机理。不同层段空气钻井的主要失稳机理见表2-1。

1. 第四系（Q_1x）

砾石胶结物以泥质—灰泥质胶结为主，地层欠压实，胶结疏松，胶结物的碳酸钙含量较少，胶结强度低。第四系西域组的出水量较大，其中，博孜1井和博孜101井的出水量相对而言较大，博孜102井、博孜103井和博孜104井的出水量相对较小，即自西向东呈先增加后减小的趋势。由于第四系西域组的黏土含量高，胶结强度低，且遇水易分散，因此在气体钻井条件下，既表现为沿胶结面扩展的力学性劈裂破坏，同时又表现为在出水条件下，流体沿贴粒缝侵入造成的力学—化学性失稳。与此同时，第四系西域组夹中厚层状泥岩，出水条件下的泥岩水化膨胀也表现为力学—化学多场耦合失稳。

表 2-1　不同层段空气钻井的主要失稳机理

区域地层层位	岩性特征	胶结情况	地层压实状况	出水情况	主要失稳机理
第四系（Q_1x）	细砾石、小砾石（以粒径为 5 cm 左右的砾石颗粒为主）；砾石颗粒分布密度较大，分布杂乱	泥质胶结（黏土含量高），胶结物的碳酸钙含量较少，胶结疏松、强度低	欠压实—压实	地层出水量较大，自西向东呈先增加后减小的趋势	泥质胶结，胶结强度低，遇水易水化分散；颗粒间的岩屑充填物与砾石颗粒表面存在贴粒缝，连接强度极弱，气体钻井易发生沿胶结面扩展的力学性劈裂破坏；在钻井地应力的微扰动作用下，胶结物易脱离砾石，贴粒缝扩大并相互贯通，流体沿贴粒缝侵入造成力学—化学性失稳
库车组（N_2k）	以砂砾石、细砾石、小砾石为主（以小粒径 1~3 cm 的砾石颗粒为主）；砾石颗粒分布密度减小，分布较为有序	上部主要为泥质胶结，向中下部逐渐过渡到泥灰质胶结，胶结趋于致密；胶结物的碳酸钙含量自西向东逐渐减少	压实	地层出水的可能小	上部主要为力学—化学性失稳，遇水软化降强；下部为力学性失稳，主要源于砾石层的胶结物强度低，但扩建掉块较少，井壁稳定性较好
康村组（$N_{1-2}k$）	灰质泥岩、含泥、含砾细—中砂岩（粒径以 3~5 cm 为主）；成岩性好，岩体致密，砾石排列较为有序	砾石粒间胶结物的钙质含量明显增加，胶结致密，胶结强度高	压实	地层出水的可能小	由康村组上部的泥质胶结逐渐过渡为下部的灰质胶结，胶结趋于致密，地层压实；虽然该组的下部层位可能少量出水，但高强度的致密钙质胶结使得井壁力学稳定性良好，贴粒缝周围的胶结物强度降低程度有限，贴粒缝不易相互贯通，井壁稳定性良好

续表

区域地层层位	岩性特征	胶结情况	地层压实状况	出水情况	主要失稳机理
吉迪克组（N_1j）	以砂砾石、小砾石为主，夹灰质泥岩、灰质粉砂岩（粒径主要以3 cm为主）；成岩性好，岩体致密，砾石分布密度低于康村组，砾石排列有序	砾石层致密，力学强度高，砾石颗粒间的灰质胶结明显增加	压实	地层出水的可能小	胶结物的碳酸钙含量较上部康村组进一步增加，砾石层致密，力学强度高，砾石颗粒间的灰质胶结明显增加，地层压实，贴粒缝不发育，相互之间无法贯通成缝网，上部的力学稳定性好，少量出水对井壁稳定的影响较小，下部有高压盐水层，气体钻井风险大

2. 新近系库车组（N_2k）

库车组上部以泥灰质胶结为主，有少部分为泥质胶结，地层为欠压实—压实过渡，胶结疏松；中下部逐渐过渡到泥灰质胶结，胶结程度趋于致密胶结，地层压实。相对而言，西部博孜103井胶结物的碳酸钙含量最高，东部博孜104井次之，中间博孜1井和博孜102井相对较少，即自西向东呈先减小后增加的趋势。库车组（N_2k）的中上部可能出水，分析预计的结果表明出水量较小，库车组的中下部出水的可能性较小。因此，认为库车组其他钻井的井壁失稳主要表现为力学性失稳，主要源于砾石层胶结物强度低，但扩建掉块较少，井壁稳定性较好。

3. 康村组（$N_{1-2}k$）

康村组以砂砾石、细砾石、小砾石为主，砾石分布密度减小，排列较为有序；胶结物的碳酸钙含量较上部库车组明显增加，由康村组上部的泥质胶结逐渐过渡为下部的灰质胶结，胶结趋于致密，地层压实；虽然该组下部层位可能少量出水，但高强度的致密钙质胶结使得井壁力学稳定性良好，贴粒缝周围胶结物强度降低程度有限，贴粒缝不易相互贯通，井壁稳定性良好。

4. 吉迪克组（N_1j）

吉迪克组以砂砾石、小砾石为主，夹灰质泥岩、灰质粉砂岩，成岩性好，岩体致密，砾石分布密度低于康村组，砾石排列有序；胶结物的碳酸钙含量较上部康村组进一步增加，砾石层致密，力学强度高，砾石颗粒间的灰质胶结明显增加，地层压实；贴粒缝不发育，相互之间无法贯通成缝网，上部的力学稳定性好，少量出水对井壁稳定的影响较小，下部有高压盐水层，气体钻井风险大。

第三章　砾石层气体钻井携带能力影响

博孜—大北构造库车组上部发育大套砾石，泥质含量高，总体上胶结一般，成岩性较差，尤其在第四系，松散砾石堆积极易发生井壁失稳。实施气体钻井可提高该井段的钻井速度，达到防漏治漏的效果。开展气体钻井需要进行气体钻井参数的优化设计研究，形成有利于井筒携岩、携水和降低环空液柱压力的气体钻井参数优化设计方法，为现场试验设备配套和优化施工参数提供设计依据。

第一节　扩径段井筒携岩规律研究

一、扩径段岩屑颗粒运移实验

通过自主研制的气体钻井扩径段岩屑运移实验架，进行扩径段岩屑运移规律研究。观察描述气体钻井扩径段岩屑颗粒的动态悬浮现象，通过数据测定不同粒度、不同注入气量下的岩屑颗粒运移情况，对岩屑颗粒运移机理模型进行验证。

1. **实验装置**

根据气体钻井扩径段的特点，自主研制气体钻井扩径段岩屑运移实验架。实验架主要包括实验管段、空气压缩机、储气罐等。

实验管段为可视化环空管道，环空外壁（即模拟裸眼井壁）由透明可视化有机玻璃管组成，环空外壁总高 2000 mm，底部未扩径段高 1000 mm，内径为 55 mm。扩径斜坡段坡度为 8°，高 200 mm，内径为 55~90 mm。扩径段高

300 mm，内径为 90 mm。顶部未扩径段高 300 mm，内径为 55 mm。环空内壁（即模拟钻杆）由 PVC 管组成，环空内壁外径为 40 mm，其具体装置示意图及工程图如图 3-1 所示。

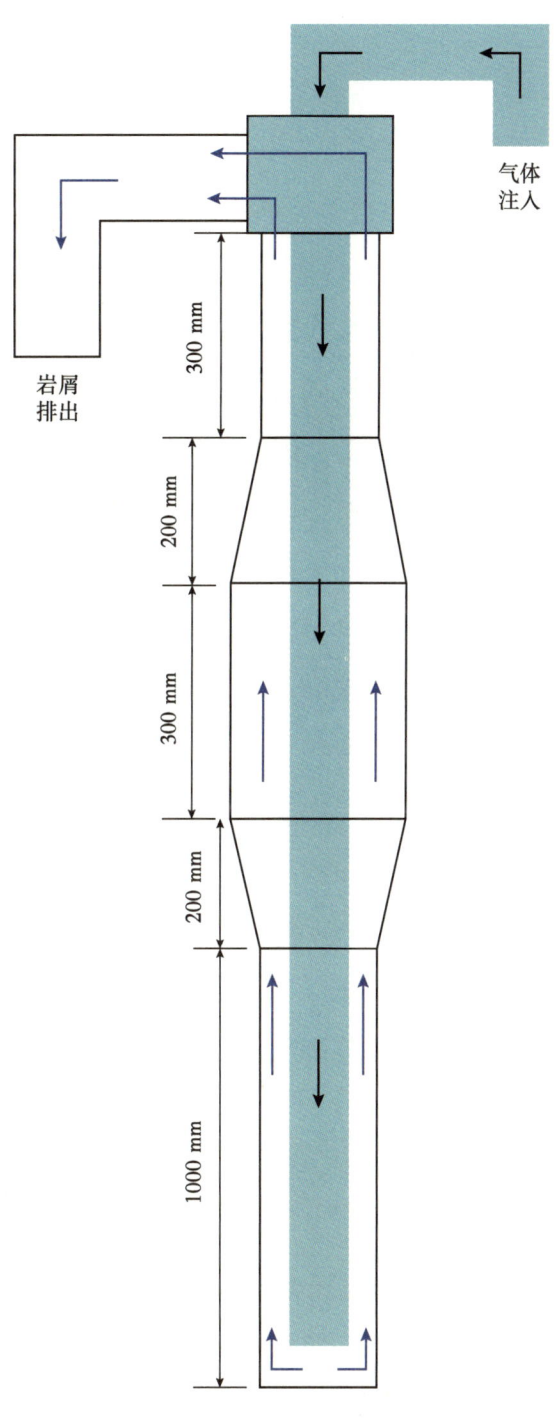

图 3-1 实验管段装置示意图

实验室现有空压机较多，能够满足不同排量需要。考虑到本实验气固两相流动，由于气固密度差异较大，所以本次实验选用实验室现有博莱特螺杆压缩机，相关参数如下：型号BLT-120A/W，排气压力为0.8 MPa，排气量为16.90 m^3/min，功率为90 kW。

实验现象采集及记录：本次实验采用高速摄像机记录现象，通过透明管段拍摄高速气流中的岩屑颗粒运移情况，利用透明管线外的标尺记录岩屑颗粒的运移位移情况。环空管线顶端设置有岩屑返出口，通过返出口收集的岩屑颗粒特征，得到岩屑返出情况，即可获得该环空段的岩屑颗粒情况。

实验数据的收集记录：注气管线装有智能气体涡轮流量计，能够记录注入实验管段的气体流量。考虑到气固流动实验是常温常压下的流动实验，高2.2 m的管线内的空气压力变化很小，因此不设置压力记录装置。

2. 实验原理

实验管段外附有标尺，可以用来观测岩屑颗粒的运移高度位置。实验开始前，预先向井筒内放入一定数量特定粒度的岩屑颗粒，为了便于空气作用于岩屑颗粒，预先放置的岩屑颗粒需高出钻具底端；实验开始，记录注入气体相应的气体流量，利用高速摄像仪记录岩屑运移情况，观察其在扩径段环空中的运移情况。逐渐增大气量，观察岩屑颗粒在均匀井径段、扩径段的运移现象，并记录不同实验现象的注入气量。实验结束后，通过计算机对视频数据进行处理，可以记录岩屑颗粒位置，分析该粒度岩屑的运移情况（即能否顺利运移，能否通过扩径段），通过不同注气量条件下的不同粒度岩屑运移情况检测应用模型的准确性。实验装置实物图如图3-2所示，气体流量计实物图如图3-3所示。

3. 实验结果分析

采用粒度分别为2 mm、4 mm和6 mm的岩屑颗粒进行扩径段环空岩屑运移实验，注气量由小到大，岩屑颗粒群经历了底部未扩径井段起运及运移、扩径井段悬浮及运移、顶部未扩径段运移及返出，得到如图3-4所示的实验结果。

(a)实验管段 　　　　　(b)空气压缩机和气罐

图 3-2　实验装置实物图　　　　　图 3-3　气体流量计实物图

(a) 6 mm岩屑颗粒运移情况 　　(b) 4 mm岩屑颗粒运移情况 　　(c) 2 mm岩屑颗粒运移情况

图 3-4　底部未扩径段岩屑的运移情况

在注入气量为 2.1 m³/min 的情况下,岩屑颗粒群开始翻转、起运。黑色颗粒的粒度较大、蓝色颗粒的粒度较小,蓝色颗粒的最大位移高度较大、黑色颗粒的最大位移高度相对较小,即在相同注入气量、相同管径的情况下,岩屑颗

粒的粒度越小，颗粒的运移高度越高。

扩径段下部岩屑的运移情况如图 3-5 所示。当注入气量为 3.2 m³/min 时，岩屑颗粒群基本运移至环空扩径段。该段中的蓝色颗粒相对较少，而黑色颗粒较多，产生此现象的主要原因在于黑色颗粒的粒度较大，满足其运移至扩径段的注气条件足以将蓝色颗粒运移到更高的位置。

(a) 情况1　　　　　　　　(b) 情况2

图 3-5　扩径段下部岩屑的运移情况

扩径段上部岩屑的运移情况如图 3-6 所示，当注入气量达到 4.2 m³/min 时，足以将部分蓝色颗粒运移出扩径部分，而其他岩屑部分则在扩径段动态悬浮。如图 3-6(a) 所示，部分颗粒上升至环空上部分。图 3-6(b) 相比于图 3-6(a)，更多的颗粒运移上来。如图 3-6(c) 所示，大部分岩屑颗粒运移至扩径上部，某些岩屑已经进入均匀井段。如图 3-6(d) 所示，粒度小的颗粒运移出扩径段，粒度偏大的颗粒回落到扩径段进行岩屑动态悬浮。

本实验用于模拟岩屑颗粒的材料主要有两种：(1) 蓝色颗粒，颗粒成分为玻璃，密度为 2600 kg/m³，粒度范围为 2~4 mm；(2) 黑色颗粒，颗粒成分为玻璃，密度为 2600 kg/m³，粒度范围为 4~6 mm。实验主要通过测试不同气量下的两种岩屑颗粒的运移情况，对岩屑运移机理模型进行测试评价。表 3-1 即为实验数据情况。

(a)情况1　　　(b)情况2　　　(c)情况3　　　(d)情况4

图 3-6　扩径段上部岩屑的运移情况

表 3-1　实验数据记录表

注气量 / m³/h	扩径管段运移情况				岩屑返出情况	
	黑色颗粒		蓝色颗粒			
	运移情况	高度 / m	运移情况	高度 / m	返出成分	粒度 / mm
55~60	井底跳动，无法运移	< 0.4	井底起运，部分颗粒到扩径段	< 1.0	破碎玻璃、蓝色颗粒	≤ 0.5
75~80	井底跳动，无法运移	< 0.6	井底起运，扩径段悬浮	0.6~1.2	破碎玻璃、蓝色颗粒	≤ 0.8
90~95	井底起运，未达到扩径段	≤ 0.9	全部起运，动态悬浮	0.8~1.4	蓝色颗粒	≤ 1.3
110~115	井底起运，扩径段悬浮	0.8~1.4	扩径段悬浮，部分颗粒移出管段	1.2~2.2	蓝色颗粒	≤ 2.4
135~140	扩径段悬浮，部分颗粒移出管段	0.9~1.6	大部分颗粒移出管段	1.2~2.2	蓝色颗粒、黑色颗粒	≤ 3.9
175~180	全部颗粒运移出井段	2.2	全部颗粒运移出井段	2.2	蓝色颗粒、黑色颗粒	≤ 6.0

二、扩径段岩屑运移特性仿真

1. 扩径段岩屑运移特性

根据前文的环空流场模拟结果，在环空流场中设置分散颗粒群模型，本节计算选用 20 m/s 的气体入口速度，根据计算得到的湍流强度为 0.03，水力半径为 0.02 m。岩屑颗粒则选取 3 mm、6 mm、9 mm 和 12 mm 颗粒分别进行模拟。本节选用扩径段 F 进行岩屑在扩径段的运移轨迹重点研究，该段井深为 4923~4927 m，长度为 4 m，扩径率为 1.10~1.53。分别选取 3 mm、6 mm、9 mm 和 12 mm 4 种不同粒度的岩屑颗粒进行模拟。环空内外壁示意图及综合颗粒运移轨迹图如图 3-7 和图 3-8 所示。

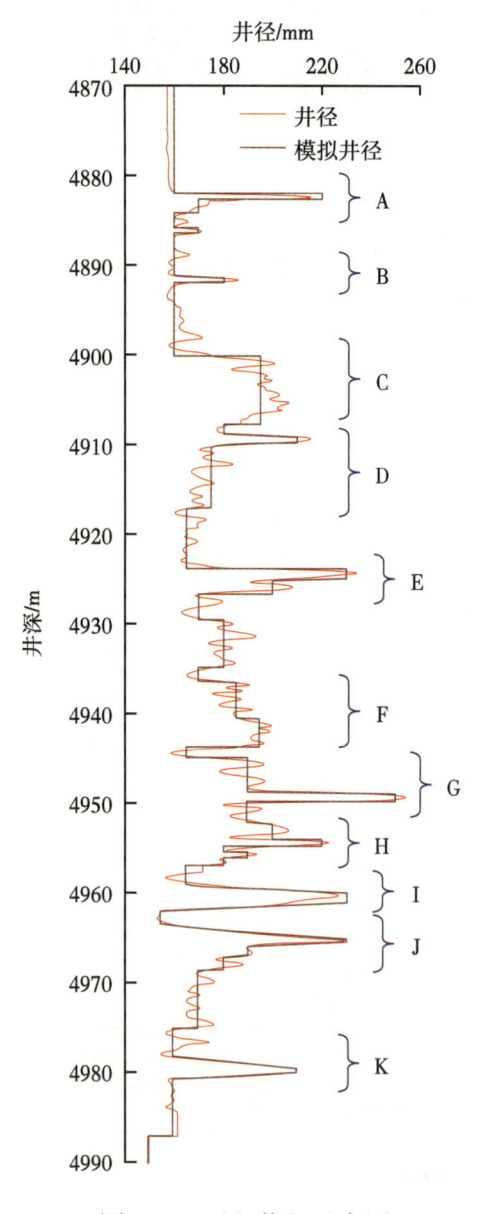

图 3-7 环空井径示意图

如图 3-8 所示，颗粒运移轨迹图中的不同颜色代表不同颗粒粒度，4 种不同粒度的岩屑颗粒分别设置 4 颗置于环空入射面处。由模拟轨迹图可知，该扩径段在 20 m/s 的注气速度条件下，对于 16 颗不同粒度的岩屑颗粒，只有粒度为 3 mm 的 4 颗岩屑颗粒能够顺利运移出去，其余 12 颗粒度为 6 mm、9 mm 和 12 mm 的岩屑颗粒未能运移出该扩径段。颗粒的运移情况如图 3-9 所示。

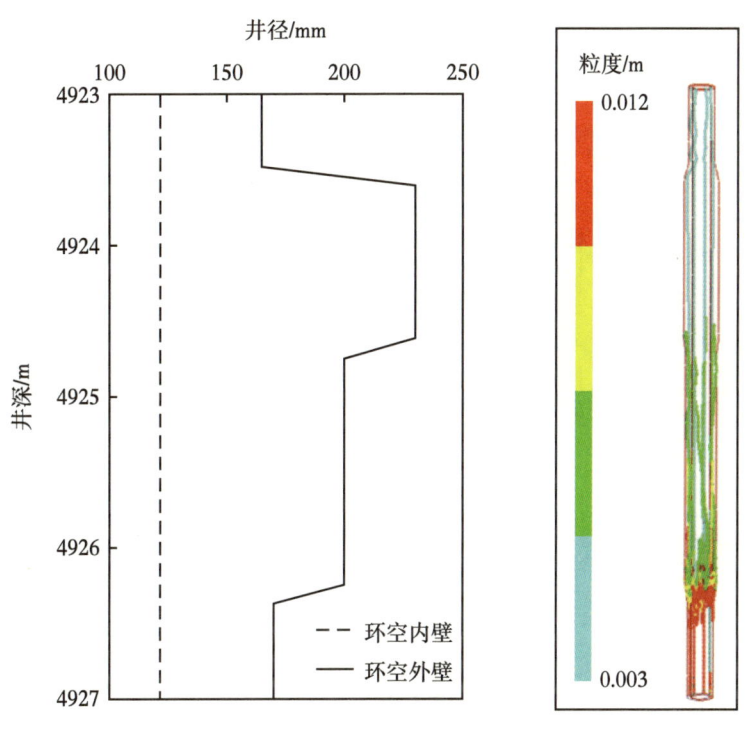

图 3-8　颗粒运移轨迹图

由图 3-9 可知，在未扩径段的岩屑颗粒均能顺利运移，当颗粒到达扩径段时，井径扩大、流体流量不变导致流体流速显著减小，流速的变化将直接影响岩屑颗粒在环空段的运移情况。其中，粒度为 12 mm 的岩屑颗粒进入扩径段后，所受合力向下，开始做向上的减速运动，当速度减为零之后，便开始做向下的加速运动，当再次进入未扩径井段时，所受合力向上导致其做向下的减速运动，速度减为零之后，开始做向上的加速运动，再次进入扩径段 1，如此循环，该颗粒即发生动态悬浮现象；粒度为 9 mm 和 6 mm 的岩屑颗粒跟粒度为 12 mm 的岩屑颗粒相同，最终在扩径段 1 处动态悬浮；粒度为 3 mm 的岩屑颗粒进入扩径段后做减速运动，但在速度减为零之前运移出扩径段，上部扩径段的气动阻力能够将其顺利运移出整个井段。

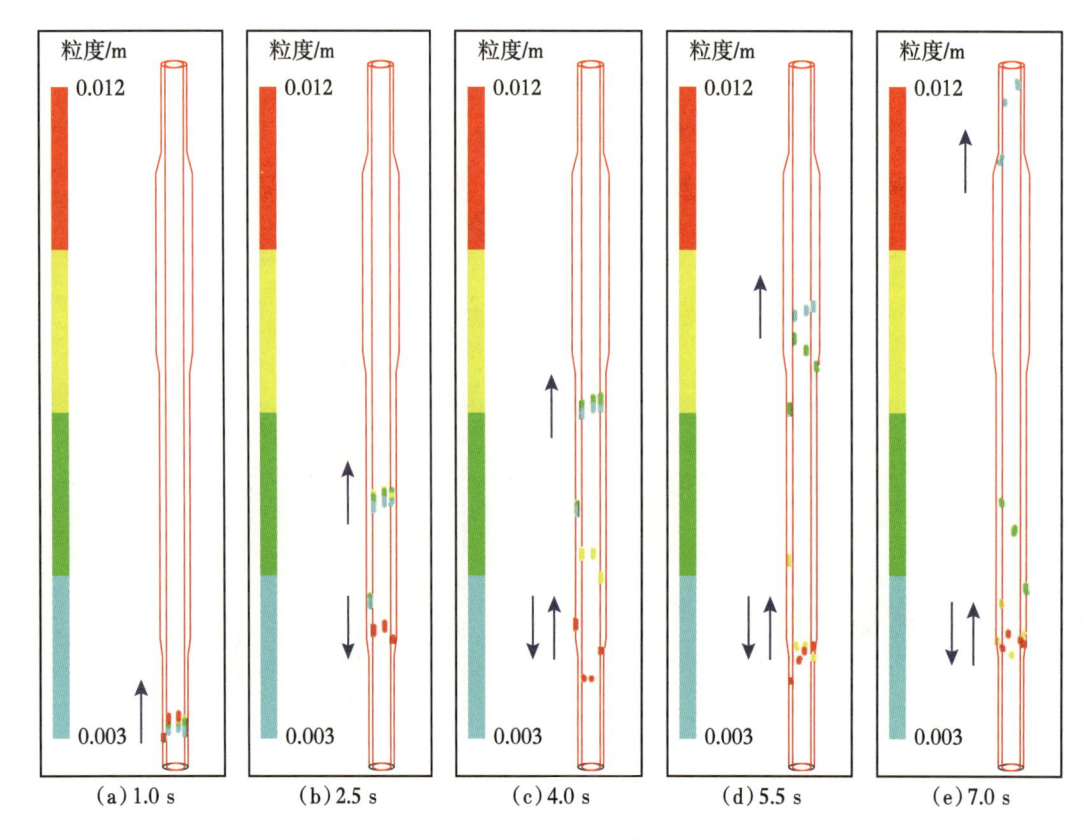

粒度/m	粒度/m	粒度/m	粒度/m	粒度/m
0.012	0.012	0.012	0.012	0.012
0.003	0.003	0.003	0.003	0.003
(a) 1.0 s	(b) 2.5 s	(c) 4.0 s	(d) 5.5 s	(e) 7.0 s

图 3-9　颗粒运移情况

图 3-10 为两种粒径颗粒的运移速度图，粒度为 3 mm 的岩屑颗粒沿 y 轴方向，其速度始终为正，即一直沿 y 轴做正方向的运动，而粒度为 9 mm 的岩屑颗粒沿 y 轴方向的速度在 0 上下波动，速度时而为正，时而为负，即沿 y 轴发生动态悬浮。

图 3-11 为两种粒径的岩屑颗粒运移位移图，是相对于入口处的位移。由图 3-11 可知，粒度为 3 mm 的岩屑颗粒由入口直接运移至出口，而粒度为 9 mm 的岩屑颗粒运移到 1.6 m 的高度开始回落，继而进入动态悬浮状态，动态悬浮高度为 0.7 m。

对关键点井段 N 同样进行了岩屑运移轨迹模拟分析，分别选取 3 mm、6 mm、9 mm 和 12 mm 4 种不同粒度的岩屑颗粒进行模拟。关键点处井径示意图及颗粒运移轨迹图如图 3-12 所示。

(a) 3 mm 颗粒　　　　　　　　　　　(b) 9 mm 颗粒

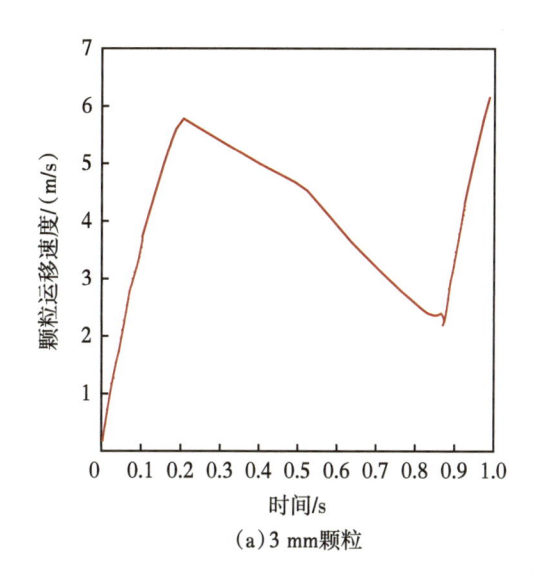

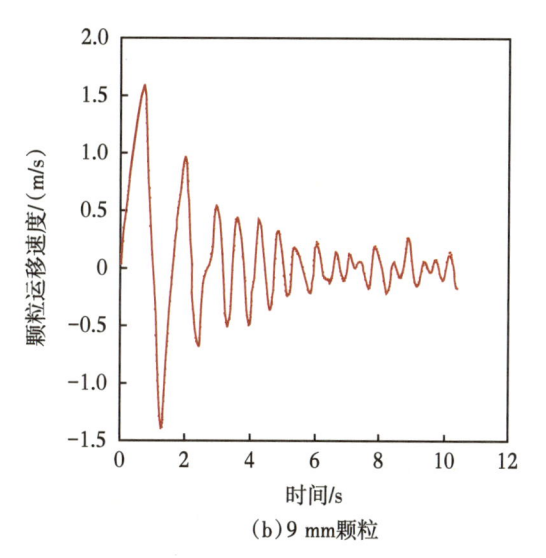

图 3-10　岩屑颗粒运移速度图

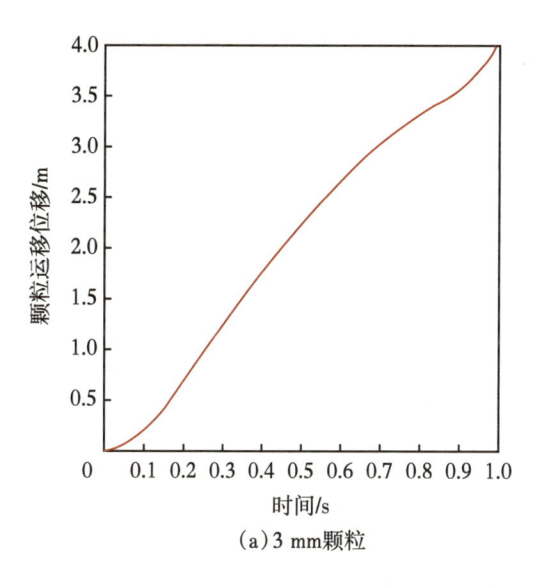

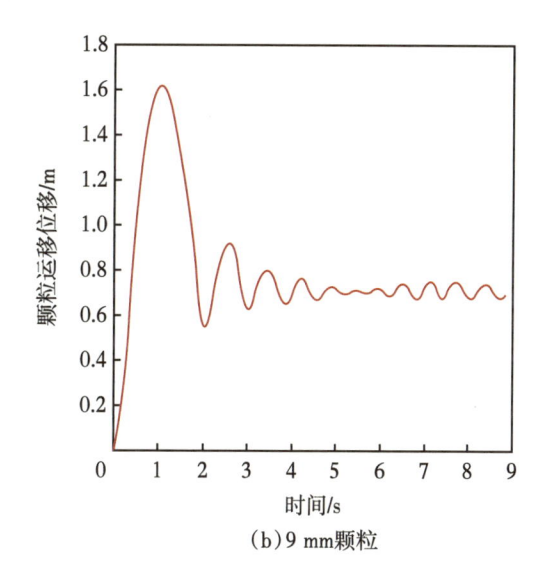

(a) 3 mm 颗粒　　　　　　　　　　　(b) 9 mm 颗粒

图 3-11　岩屑颗粒运移位移图

颗粒运移轨迹图中的不同颜色代表不同颗粒粒度，4 种不同粒度的岩屑颗粒分别设置 4 颗置于环空入射面处。由模拟轨迹图可知，4 种不同颗粒粒度的岩屑中，3 mm 和 6 mm 粒度的岩屑颗粒运移出环空段，9 mm 和 12 mm 的岩屑颗粒没有运移出环空段，大部分岩屑颗粒落到钻铤与钻杆衔接面上发生反弹，少数则落回小环空动态悬浮。图 3-13 是钻铤与钻杆变径面处的岩屑颗粒轨迹图及某个粒度为 7 mm 的颗粒的运移位移图。

(a)关键点处井径示意图　　(b)颗粒运移轨迹

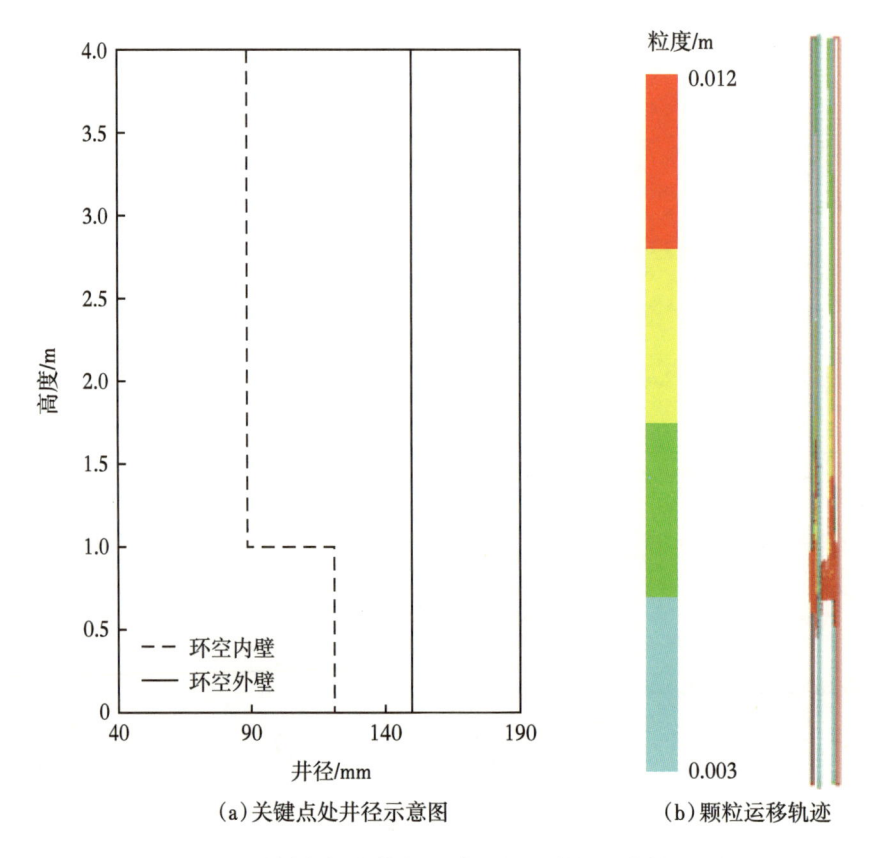

图 3-12　关键点处井径示意图及颗粒运移轨迹图

(a)关键点处岩屑运移轨迹　　(b)7 mm颗粒的运移位移

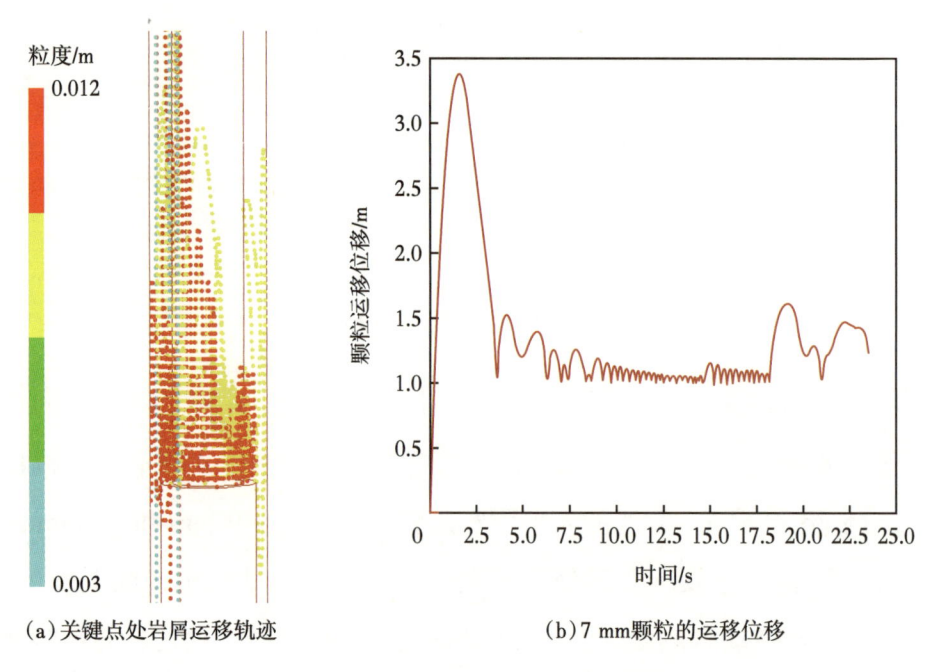

图 3-13　关键点处岩屑运移轨迹及 7 mm 颗粒运移位移图

在钻铤与钻杆衔接面处（即关键点处），大多数岩屑颗粒落到衔接面处发生反弹，由于该处扩径存在台阶，导致流体流场在该处存在回流特征，加速了岩屑颗粒在该处的堆积滞留。粒度为 7 mm 的岩屑颗粒在 1.0 m 的位置（关键点台阶处）发生反弹。

在气体钻井过程中，在进行起下钻、接单根等操作时，如果停止注气，此时扩径井段动态悬浮的岩屑颗粒回落到井底，极易造成卡钻等井下复杂情况。因此必须重视扩径井段动态悬浮的岩屑颗粒。

2. 扩径段岩屑动态悬浮影响因素

动态悬浮现象主要是由于扩径段环空截面积变大，导致环空气体流速降低，造成岩屑颗粒运移速度与环空气体流动速度的差值变小，气动阻力随之变小，从而改变原有岩屑颗粒的受力情况，部分岩屑颗粒所受合力方向向下，岩屑颗粒发生减速运动；当岩屑颗粒降落到原有井段时，岩屑颗粒所受合力又恢复原有向上的情况，导致岩屑颗粒再次发生减速运动，如此循环，就发生了扩径段岩屑的动态悬浮现象。根据现象机理，扩径段岩屑动态悬浮现象的影响因素主要有颗粒粒度、气体流量、扩径段参数。

1）颗粒粒度影响

选取扩径段 F，即井深 4923~4927 m 井段，该段扩径率为 1.20，选取 20 m/s 空气入口速度，通过模拟不同颗粒粒度的岩屑颗粒在该扩径段的运移情况，对颗粒粒度影响进行分析。本次模拟的岩屑颗粒粒度有 3 mm、6 mm、9 mm、12 mm 和 20 mm，综合的颗粒运移轨迹图如图 3-14 所示。

该井段扩径处的流体流速在扩径段有显著减小，流速的变化将直接影响岩屑颗粒在环空段的运移情况，流速的减小可能导致岩屑无法运移出该井段。岩屑在一定粒度范围内，岩屑会在扩径段发生动态悬浮，粒度为 3 mm 的岩屑颗粒可以顺利运移通过扩径段，粒度为 20 mm 的岩屑颗粒则由于颗粒粒度较大，不能运移悬浮，直接回落到入口，粒度为 6 mm、9 mm 和 12 mm 的岩屑颗粒能够发生动态悬浮。图 3-15 是粒度为 6 mm 和 12 mm 的岩屑颗粒的轴向位移时程曲线。不同粒度岩屑颗粒的最大运移高度、动态悬浮高度均不同。

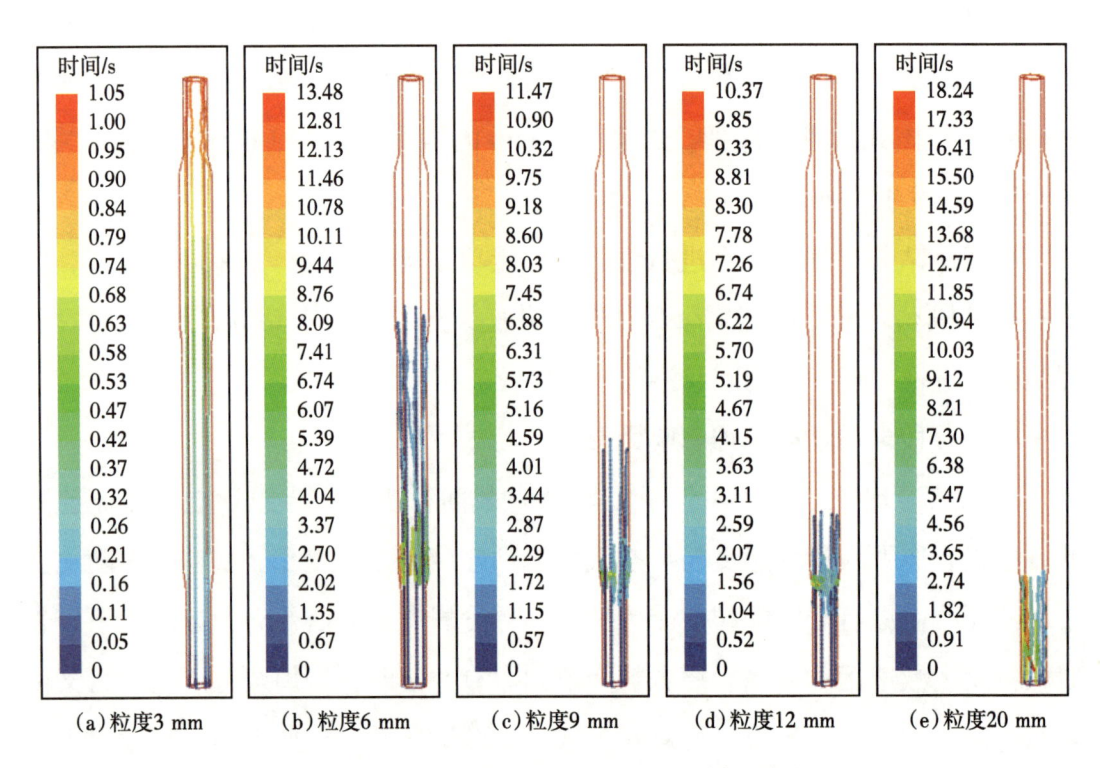

(a) 粒度 3 mm　　(b) 粒度 6 mm　　(c) 粒度 9 mm　　(d) 粒度 12 mm　　(e) 粒度 20 mm

图 3-14　不同粒径岩屑颗粒的运移轨迹图

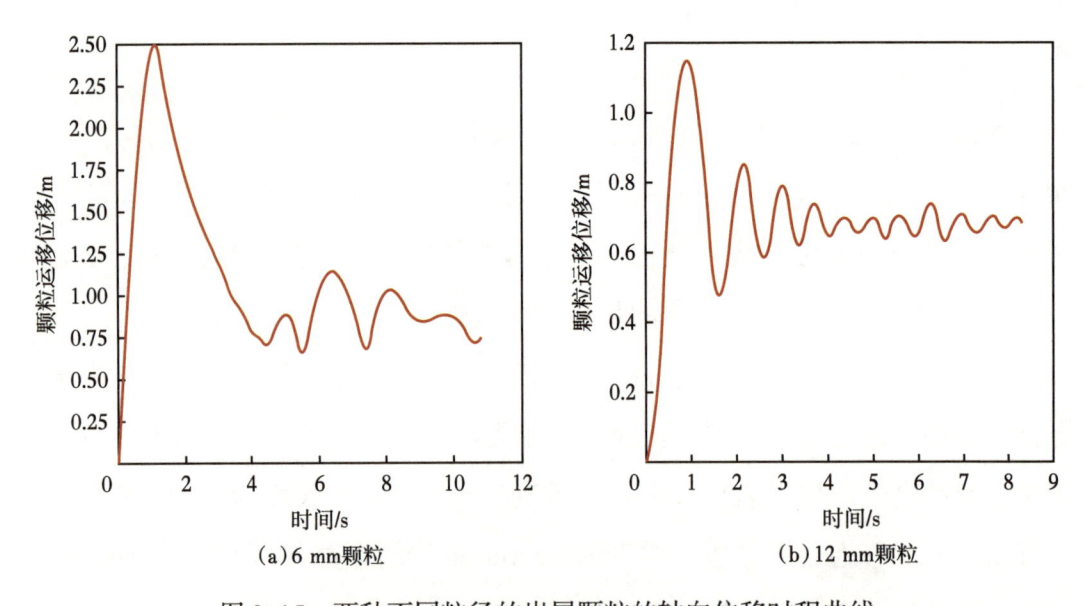

(a) 6 mm 颗粒　　(b) 12 mm 颗粒

图 3-15　两种不同粒径的岩屑颗粒的轴向位移时程曲线

粒度为 6 mm 的岩屑颗粒最高运移至 2.5 m 的高度，而粒度为 12 mm 的岩屑颗粒最高运移至 1.2 m。下面对各组不同粒度颗粒的轴向运动进行详细分析。

在特定扩径段，在固定注入气量的条件下，对于能够起运的岩屑颗粒而言，存在临界颗粒粒度，大于该粒度的岩屑颗粒将发生动态悬浮，小于该粒度的岩屑颗粒能够运移通过该扩径井段；对于动态悬浮的颗粒，粒度越大，其最大位移高度、动态悬浮高度越小。

2）扩径段参数影响

本节选取扩径段 B 进行模拟，其井深为 4890~4892 m，最大扩径率为 1.20，最大扩径位置在模型高度的 0.9~1.3 m 处，在此模型基础上，选取两组扩径段对比模拟情况：对于扩径段 O，该段最大扩径位置在模型高度的 0.9~1.9 m；对于扩径段 P，该段由未扩径段到最大扩径段长度延长。扩径段参数见表 3-2，扩径段井径示意图如图 3-16 所示。

表 3-2 扩径段参数

序号	扩径段 / m	最大扩径段 / m	对应扩径率	备注
扩径段 B	0.8~1.5	0.9~1.3	1.20	扩径段 B
扩径段 O	0.8~2.2	0.9~1.9	1.20	最大扩径段长度变大
扩径段 P	0.5~1.8	0.9~1.3	1.20	扩径处斜坡坡度变小

(a) 扩径段 B　　(b) 扩径段 O　　(c) 扩径段 P

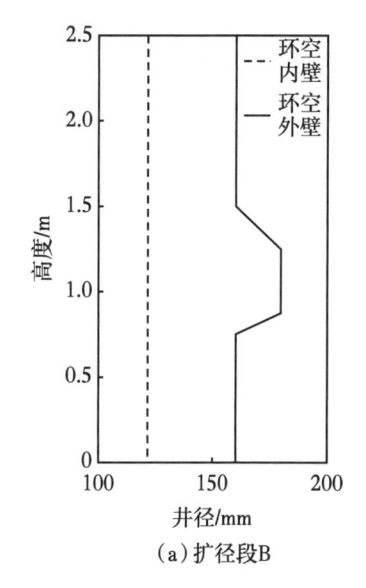

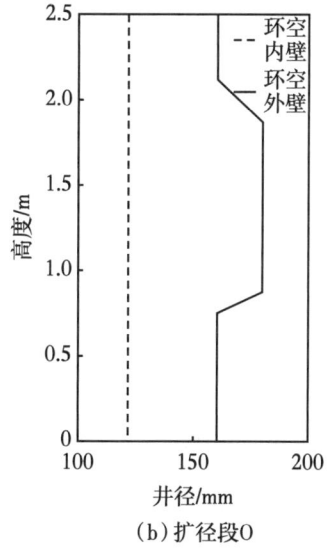

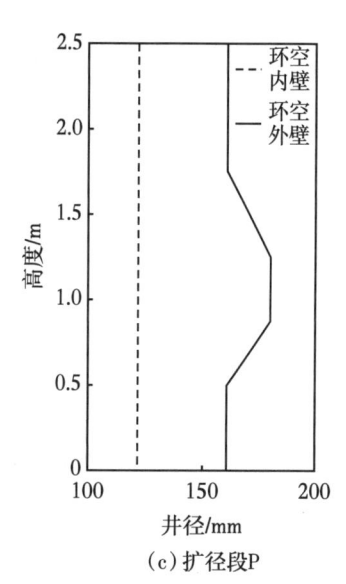

图 3-16 扩径段的井径示意图

选取 20 m/s 的空气入口速度，通过模拟不同颗粒粒度的岩屑颗粒在该扩径段的运移情况，对颗粒粒度影响进行分析。在模拟扩径率相同的情况下，分析扩径段长短对岩屑动态悬浮的影响，选取粒度为 12 mm 的岩屑进行仿真模拟，颗粒运移位移图如图 3-17 所示。

(a) 扩径段 B

(b) 扩径段 O

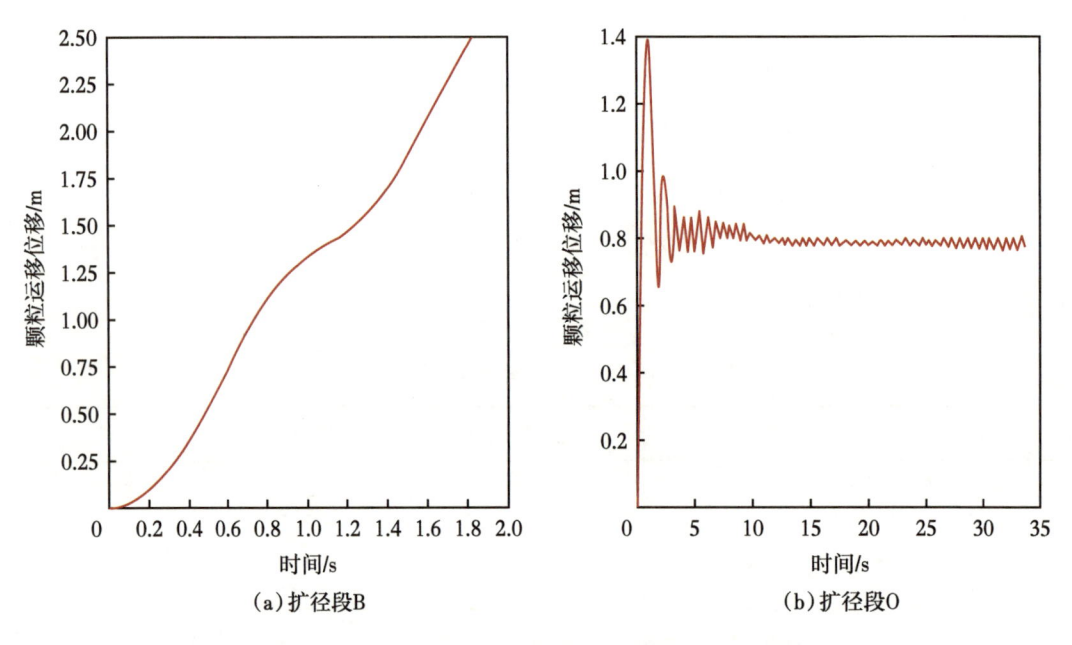

图 3-17　不同扩径段长短的岩屑颗粒运移位移图

在其他条件均相同的情况下，粒度为 12 mm 的岩屑颗粒在最大扩径段为 0.9~1.3 m 的模型中能够顺利运移，而在最大扩径段 0.9~1.9 m 的模型中则发生动态悬浮，通过曲线拟合，得到颗粒的悬浮位置在 0.79 m 高度处。该颗粒在扩径段 O 中的最大位移高度为 1.3 m。

不同扩径段长短的颗粒运移位移图如图 3-18 所示，不同扩径段长短的颗粒运移速度图如图 3-19 所示。由于扩径段长度发生变化，在扩径段 0.9~1.3 m 的井段，粒度为 12 mm 的岩屑颗粒在速度减小到零之前运移出了扩径段，在未扩径部分，岩屑颗粒所受合力向上，因此颗粒在未扩径部分做加速运动，最后匀速运移；而在扩径段 0.9~1.9 m 的井段，颗粒速度减小到零时仍处在扩径段，所受合力向下，继而颗粒开始做向下的加速运动，当到达未扩径段时，合力向上，如此便进入了动态悬浮的循环过程。

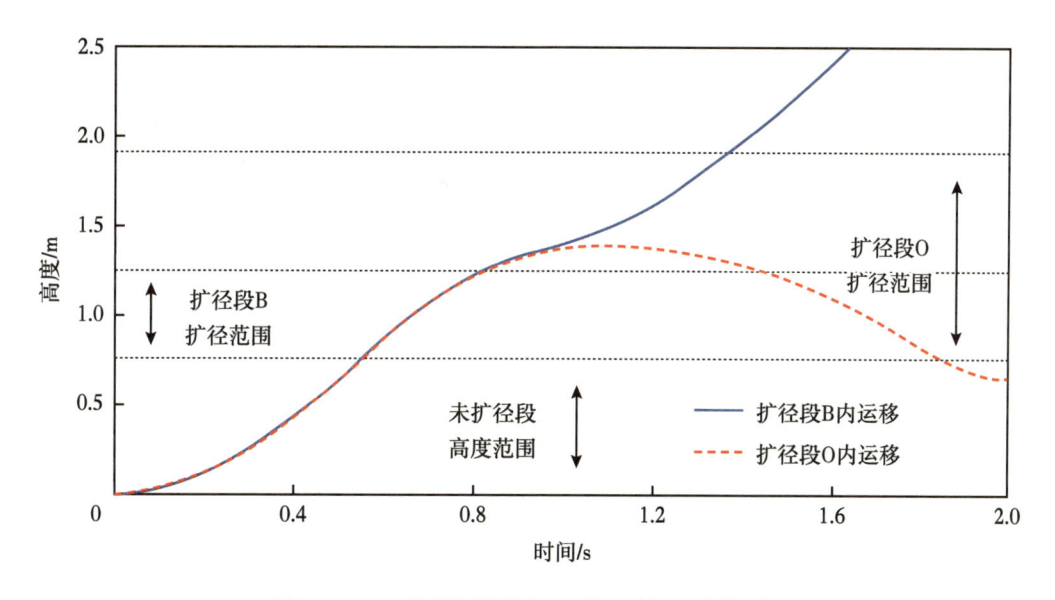

图 3-18　不同扩径段长短的颗粒运移位移图

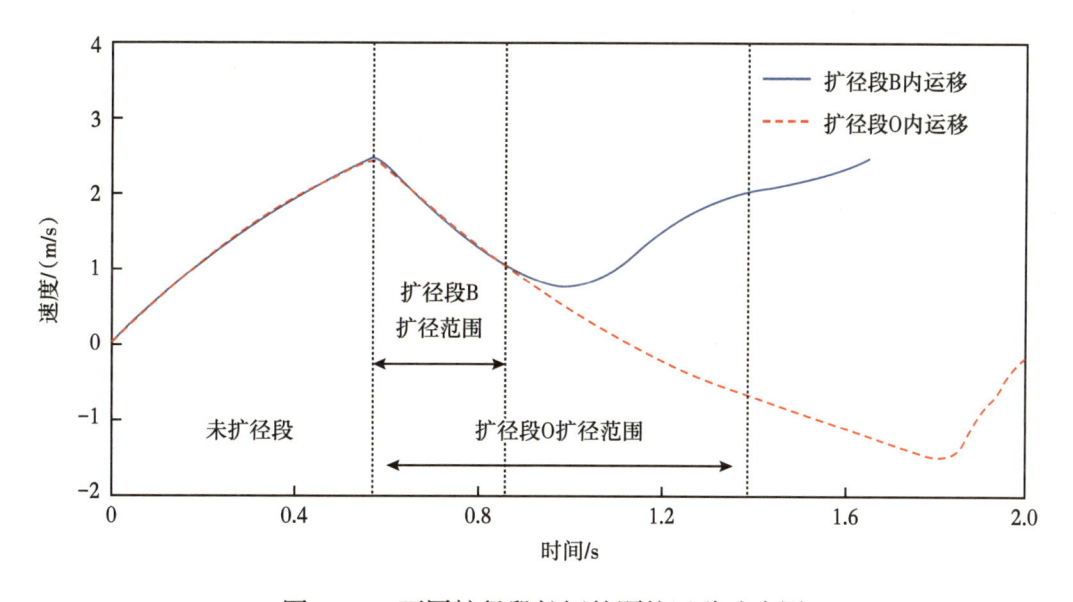

图 3-19　不同扩径段长短的颗粒运移速度图

在模拟扩径率相同的情况下，分析扩径段的扩径坡度对岩屑运移即动态悬浮的影响，选取颗粒粒度为 12 mm 的岩屑进行仿真模拟，颗粒运移位移图如图 3-20 所示。扩径段扩径坡度指井径扩大长度与扩径段轴向深度之比。扩径段的扩径坡度越大，台阶越明显，关键点处的扩径坡度无限大。

(a) 扩径段 B

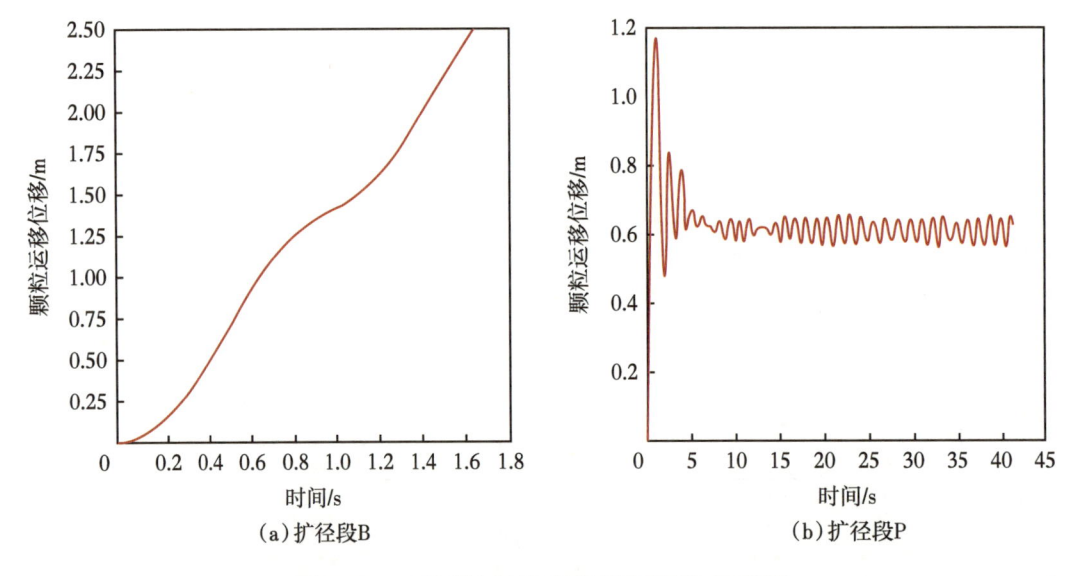

(b) 扩径段 P

图 3-20　不同扩径坡度的岩屑颗粒位移图

粒度为 12 mm 的岩屑颗粒在最大扩径段为 0.9~1.3 m、坡度为 16% 的模型（扩径段 B）中能够顺利运移，而在最大扩径段为 0.9~1.3 m、坡度为 5.3% 的模型（扩径段 P）中则发生动态悬浮，通过曲线拟合，得到颗粒的悬浮位置在 0.62 m 高度处。

12 mm 颗粒在不同扩径坡度的扩径段中的颗粒运移位移图、颗粒运移速度图分别如图 3-21 和图 3-22 所示。通过本节模拟可知，在扩径段为 0.9~1.3 m、扩径坡度为 5.3% 的井段（扩径段 P）中，岩屑颗粒动态悬浮的高度为 0.8 m，该处的扩径率为 1.11；在扩径段为 0.9~1.9 m、扩径坡度为 16% 的井段（扩径段 O）中，岩屑颗粒的动态悬浮高度为 0.6 m，该处的扩径率为 1.11。由此可知，粒度为 12 mm 的岩屑颗粒在该条件下，在扩径率 1.11 的环空内，达到受力平衡，扩径率大于 1.11 的井段会使其发生减速，在速度减为零之前，若颗粒能冲出扩径段，则岩屑颗粒能够运移；若速度减为零，颗粒仍处于扩径段，则发生动态悬浮。该扩径率即为粒度为 12 mm 岩屑颗粒在该条件下的临界扩径率。该扩径率的位置既为加速度为零时的位置，同时也是动态悬浮位置。

对于图 3-21 和图 3-22 中的情况，虽然最大扩径段长度不变，但坡度变缓也导致了扩径段临界扩径率位置之间长度的增加。因此，在扩径坡度为 16%

的井段，粒度为 12 mm 的岩屑颗粒在速度减小到零之前，运移出了扩径段，于是能够运移出井段；而在扩径坡度为 5.3% 的井段，颗粒速度减小到零时，颗粒仍处在扩径段，所受合力向下，于是开始做向下的加速运动，因此即进入了动态悬浮的循环过程。

综上所述，对于某粒度的岩屑颗粒，在固定注入气量的情况下，环空扩径段存在临界扩径段长度，若扩径段大于该临界扩径段长度，该颗粒将在扩径段动态悬浮，无法运移出该井段；若扩径段小于该临界扩径段长度，颗粒将能够顺利运移出该井段。

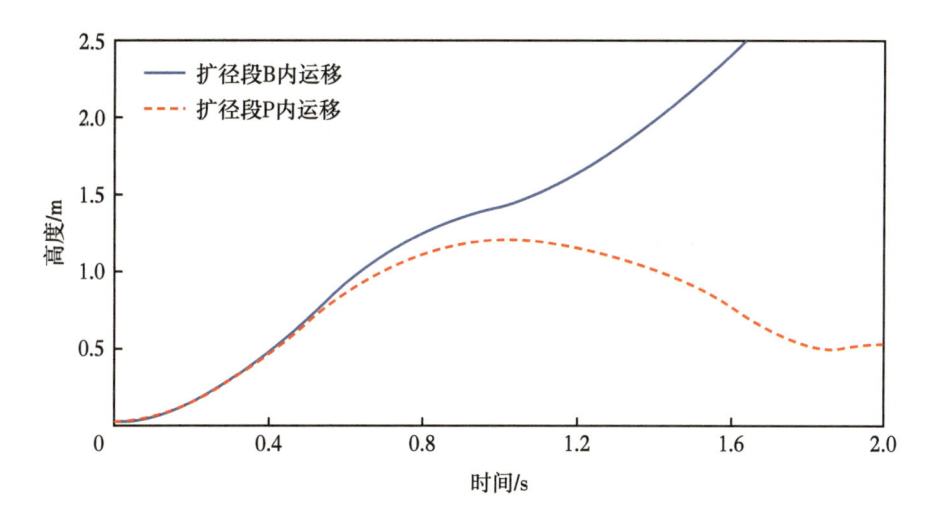

图 3-21 不同扩径坡度的颗粒运移位移图

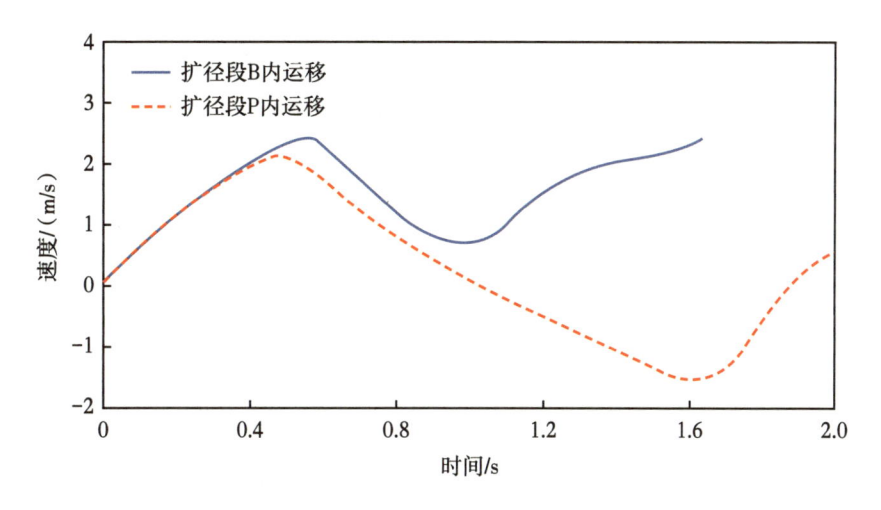

图 3-22 不同扩径坡度的颗粒运移速度图

3）气体流量影响

前文的仿真模拟采用的是 100 m³/min 折合出的速度边界，本节研究改变注入气量对岩屑运移情况的影响。选择的气量有 60 m³/min、100 m³/min 和 140 m³/min，折合成井底流体流速为 17.8 m/s、20.0 m/s 和 20.9 m/s。模拟扩径段Ⅰ，井深为 4958~4962 m，扩径率为 1.07~1.53。扩径段Ⅰ的井径示意图如图 3-23 所示。

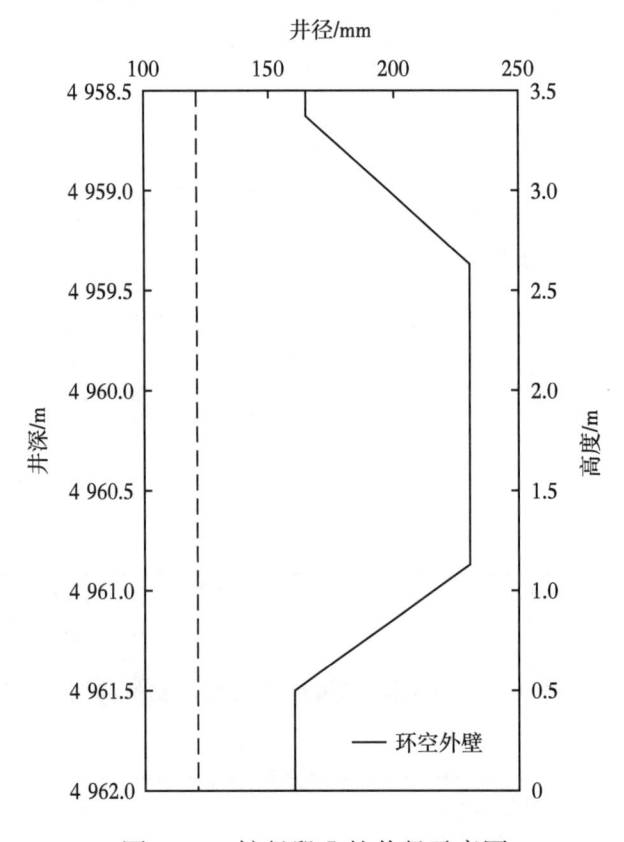

图 3-23 扩径段Ⅰ的井径示意图

分别选取粒度为 3 mm、6 mm、9 mm 和 12 mm 的四种岩屑进行模拟，结果如图 3-24 所示。在注入气量为 60 m³/min 的情况下，3 mm 岩屑颗粒能够运移出扩径段，而 6 mm、9 mm 和 12 mm 颗粒则发生动态悬浮；在注入气量为 100 m³/min 的情况下，3 mm、6 mm 和 9 mm 颗粒均能运移出扩径段，而 12 mm 颗粒则发生动态悬浮；在注入气量为 140 m³/min 的情况下，四种粒度的岩屑颗粒均能运移出该扩径段。可见，环空流体流量的增加能够将环空动态悬浮的岩屑颗粒运移出环空段。

(a) 60 m³/min　　(b) 100 m³/min　　(c) 140 m³/min

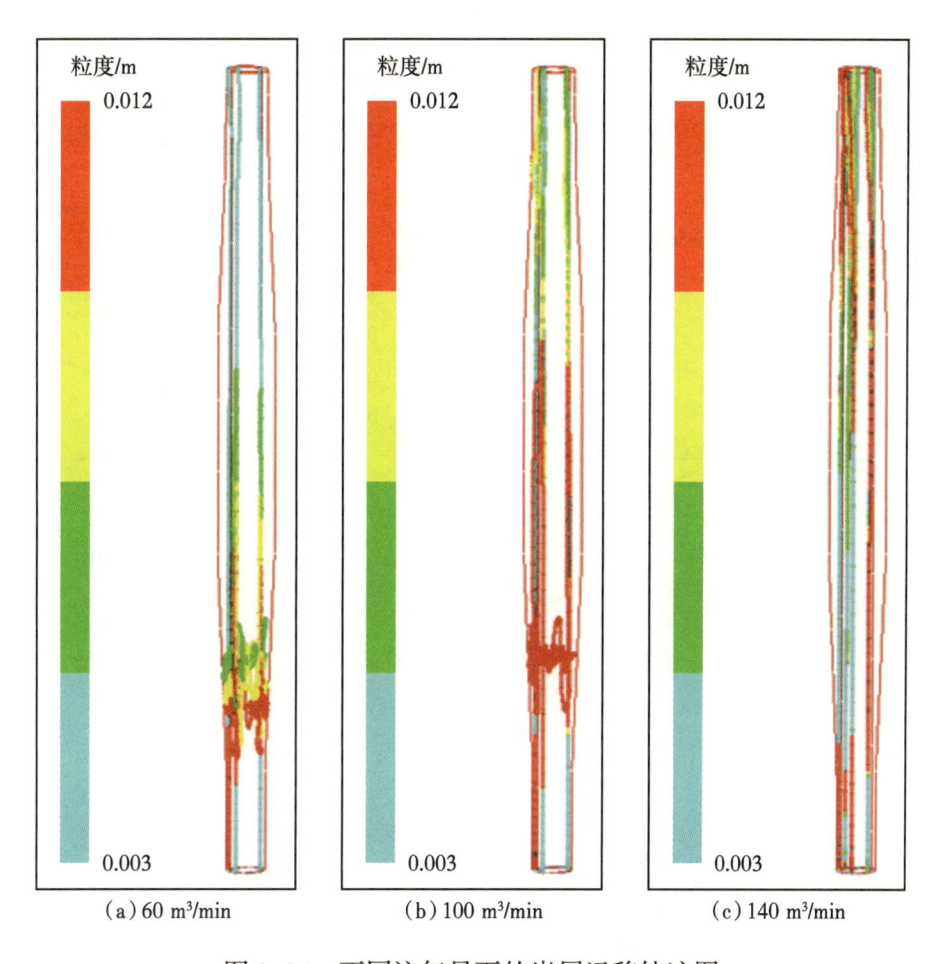

图 3-24　不同注气量下的岩屑运移轨迹图

不同注气量下的岩屑颗粒运移位移图如图 3-25 所示，颗粒粒度为 12 mm 的岩屑颗粒在 60 m³/min 的注气量条件下，其运移最大高度为 1.4 m、动态悬浮高度为 0.74 m；12 mm 颗粒在 100 m³/min 的注气量条件下，其运移最大高度为 2.25 m、动态悬浮高度为 0.89 m；12 mm 颗粒在 140 m³/min 的注气量条件下，能够运移出扩径井段。

综上所述，在某个扩径井段，对于同一粒径的岩屑颗粒，注入气量存在临界范围，在该范围内，注入气量越大，岩屑颗粒的动态悬浮数量越多；在该范围外，注入气量越大，井眼净化效果越好。在气体钻井过程中，扩径段参数、岩屑粒度较难控制，因此可考虑通过改变注入气量对动态悬浮的岩屑颗粒的运移情况进行改善。

(a) 60 m³/min

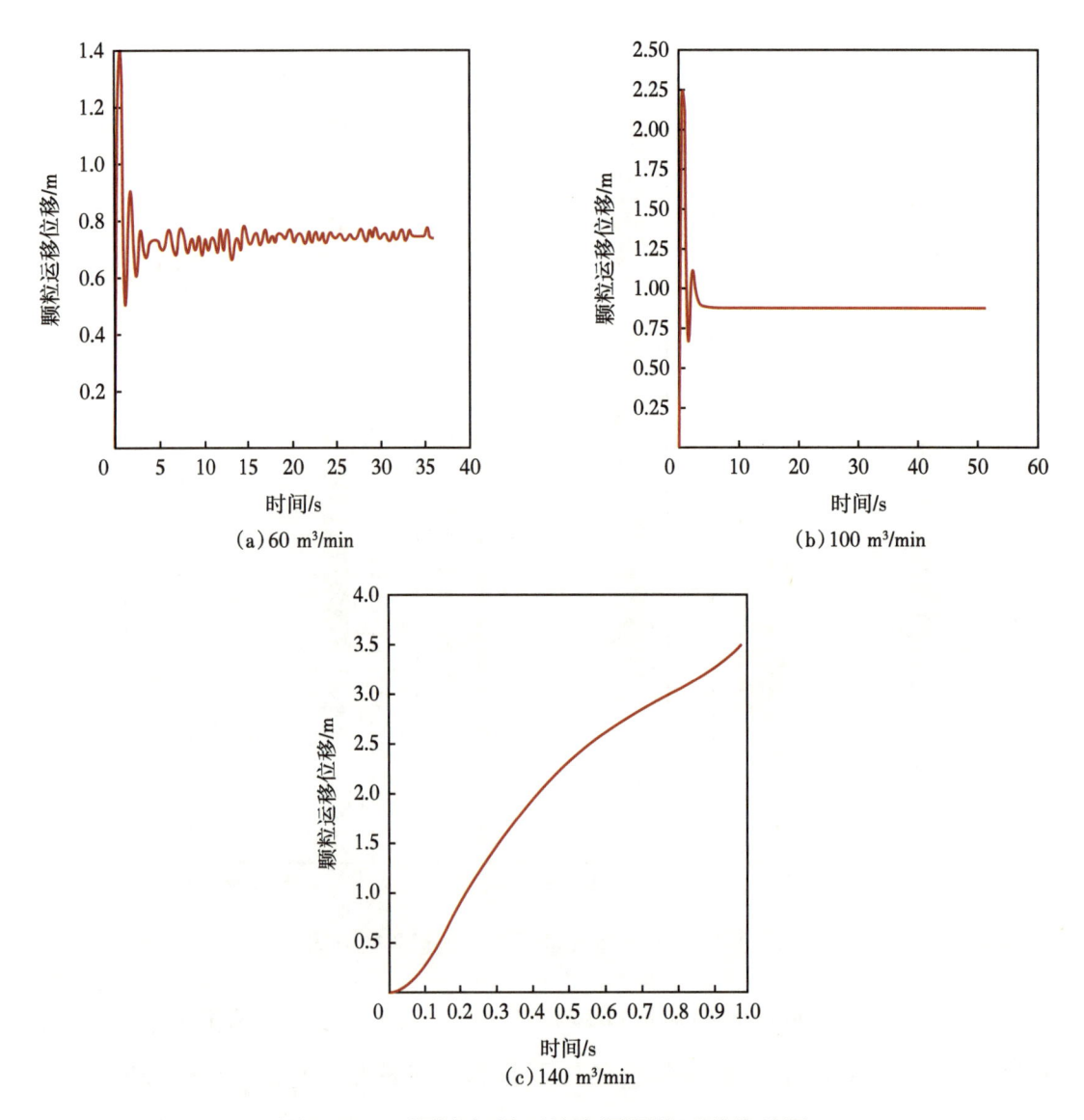

(b) 100 m³/min

(c) 140 m³/min

图 3-25　不同注气量下的岩屑颗粒运移位移图

第二节　高产水地层井筒携水规律

地层出水是制约气体钻井技术发展的问题之一，其具有很强的地域性。地层出水后会影响气体钻井的速度、质量及成本，从而在一定程度上抑制了气体钻井的发展。因此，分析地层出水对气体钻井的影响以及应对地层出水的关键技术很有必要。

一、气体钻井动态计算模型建立

1. 液滴动态分散与聚并规律

室内模拟实验表明，纯气体有效携水的流态是环雾流流态，其次是雾状流流态，当流态为搅动流时，就不能有效携水。三种流态的共同特点都是以气体为连续相，以液体为分散相，区别在于气液比的不同。尤其是搅动流的液相比例高，液相有成为连续相的趋势。纯气体钻井的液相来源于地层水，图3-26是地层水在上升过程中的流态变化。该图展示了上升气流中液滴的变形、分散与聚并。

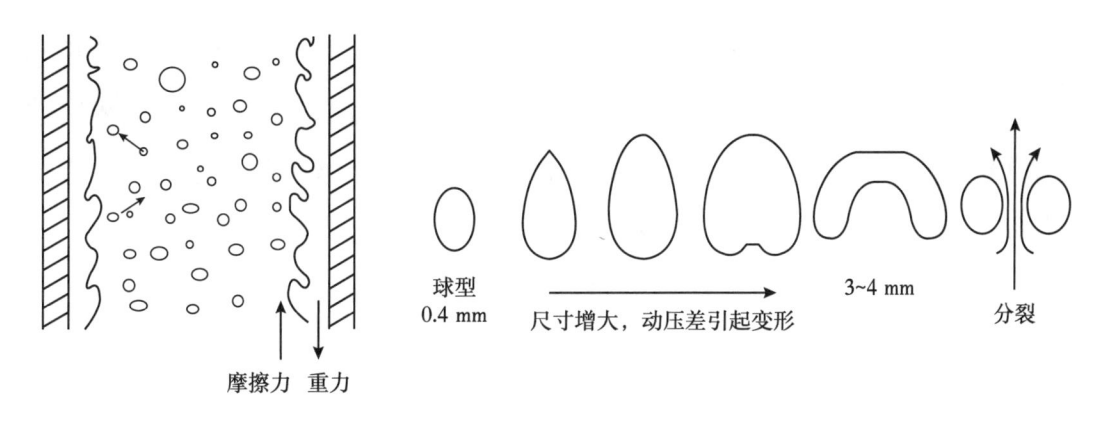

图3-26 气体携水的机理示意图

1）雾化钻井中液滴的大小

空气雾化钻井中，液滴大小及分布是十分重要的参数。水滴尺寸首先影响地层水能否被快速有效地带至地面。如水滴尺寸大，压缩空气把它从井中吹到地面很困难，使井眼内积水太多，钻屑遇水形成泥团，轻则使钻屑不易被吹到地面，重则使钻屑根本吹不出井眼，钻屑与水形成泥团，完全失去空气雾化钻井的意义。此外，液滴大小还严重影响井壁稳定性。气体钻井中的气流速度极大，气流中的液滴对井壁的冲击力很大，此冲击力无疑与液滴尺寸有关。因此，定量确定雾化钻井中的液滴大小及分布是十分有必要的。

从热力学角度分析，确定液滴分散与聚并的理论主要有韦伯数法和能量守恒法。无量纲参数韦伯数（We）的表达式：

$$We = \frac{\rho_g (v_g - v_{ls})^2 d}{\sigma} \quad (3-1)$$

式中 ρ_g——气体密度，kg/m³；

v_g——气体流速，m/s；

v_{ls}——液滴速度，m/s；

d——液滴直径，m；

σ——气液两相表面张力，N/m。

韦伯数是液滴动能与表面能的比值。当韦伯数小时，液滴动能小，而表面能大，液滴稳定、不分散；当韦伯数大时，液滴动能大，而表面能小，液滴不稳定、开始分散。实验证明，当韦伯数达到一定值时，液滴开始破碎变成更小的液滴。液滴开始破坏的韦伯数称为临界韦伯数。对于非黏性液体，临界韦伯数是 12，超过 12 时，液滴就会破碎；对于黏性液体，液体的黏性对液滴有保护作用，可用稳定数 $\mu_1^2/(\rho_1 d\sigma)$ 来表示这个黏性的稳定作用。

当 $\mu_1^2/(\rho_1 d\sigma) < 5$ 时，液体的临界韦伯数可表示为

$$We = 12\left[1 + \left(\frac{\mu_1^2}{\rho_1 d\sigma}\right)^{0.36}\right] \quad (3-2)$$

式中 μ_1——液滴黏度，mPa·s；

ρ_1——液滴密度，kg/m³；

d——液滴直径，m；

σ——气液两相表面张力，N/m。

在环空高速气流的系统中，液滴尺寸的分布原则上可由能量守恒确定，由搅动势能与表面势能的平衡得到。由努基亚玛—塔那萨瓦经验公式来计算液滴的平均直径：

$$d = \frac{0.585}{v_g - v_1}\sqrt{\frac{\sigma}{\rho_1}} + 6.698\left(\frac{\mu_1}{\sigma\rho_1}\right)^{0.225}\left(\frac{Q_f}{Q_g}\right)^{1.5} \quad (3-3)$$

式中 μ_1——液滴黏度，mPa·s；

d——液滴直径，m；

σ——气液两相表面张力，N/m；

v_l——液滴速度，m/s；

v_g——气体流速，m/s；

Q_f——液体的体积流量，m³/s；

Q_g——气体的体积流量，m³/s。

对壁面的液膜而言，气相的高流速将液膜卷席成液滴颗粒进入气流中，流型就会向雾状流转变。

2）液滴大小的影响因素

（1）水的表面张力的影响。

气液表面张力越小，表面张力对液滴的稳定作用就越弱，雾化形成的液滴就越小，气液表面张力对液滴大小的影响如图3-27所示。水的表面张力又与温度和水中的化学物质有关，温度越高，水的表面张力越低，雾化形成的液滴越小；水中加入化学物质，特别是加入表面活性剂，不仅能大幅度地降低水的表面张力，也能减小液滴尺寸，提高雾化效果。

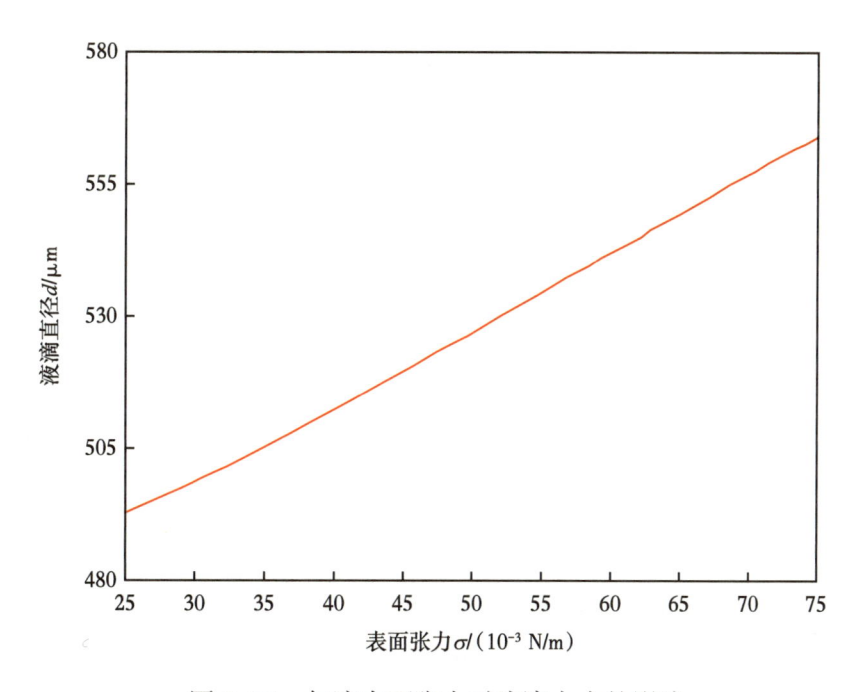

图 3-27　气液表面张力对液滴大小的影响

v=15 m/s，ρ_l=1070 kg/m³，μ_f=1 mPa·s，Q_f=10 m³/h，Q_g=80 m³/min

（2）气液相对速度的影响。

气液相对速度越大，液滴越小，这是因为较大的气液相对速度将对液滴产生较大的破碎力，从而使液滴变得更小。喷雾时液体的喷雾状态（包括喷嘴尺寸、形状、喷液量）和气体流速都将影响气液相对速度。气液相对速度对液滴大小的影响如图 3-28 所示。

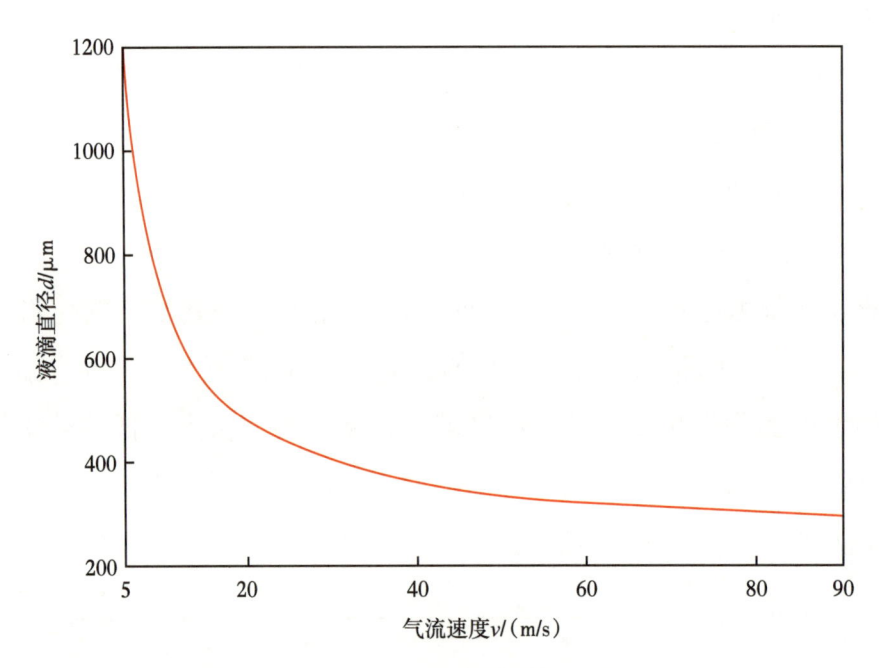

图 3-28　气液相对速度对液滴大小的影响

$\sigma=65\times10^{-3}$ N/m^2，$\rho_1=1070$ kg/m^3，$\mu_f=1$ mPa·s，$Q_f=10$ m^3/h，$Q_g=80$ m^3/min

（3）液体黏度的影响。

图 3-29 给出了液体黏度对液滴大小的影响。结果表明，液体黏度增加，雾滴尺寸变大。这是因为黏度对液滴有稳定作用，液滴尺寸变大，不利于雾化。

（4）液体与气体相对流量的影响。

Q_f、Q_g 分别是液体和气体的体积流量，Q_f/Q_g 也反映了气流中（雾化空气中）液体的体积百分数。气流中的液体体积百分数加大，液滴尺寸迅速增大。当 $Q_f/Q_g=0.001$ 时，液滴尺寸仅为 230 μm，而当 $Q_f/Q_g=0.005$ 时，液滴尺寸高达 1210 μm。由此可见，如果气流中的液体体积占 0.5%，其雾化液滴直径高达

1.21 mm，这时的雾化效果不好。液体与气体的相对流量之比对液滴直径的影响如图 3-30 所示。

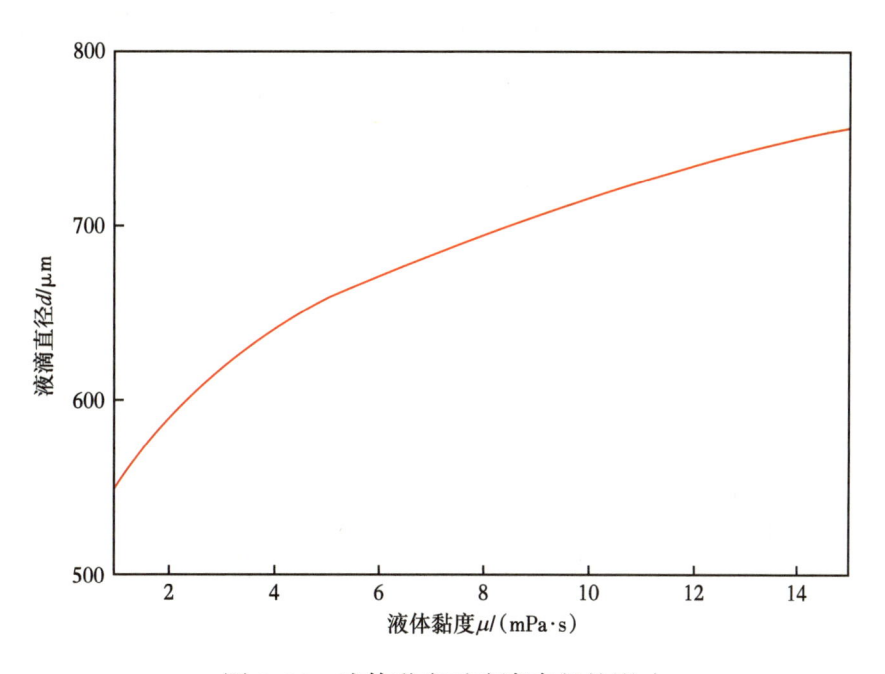

图 3-29 液体黏度对液滴直径的影响

v=15 m/s，σ=65×10^{-3} N/m^2，ρ_l=1070 kg/m^3，μ_f=1 mPa·s，Q_g=80 m^3/min

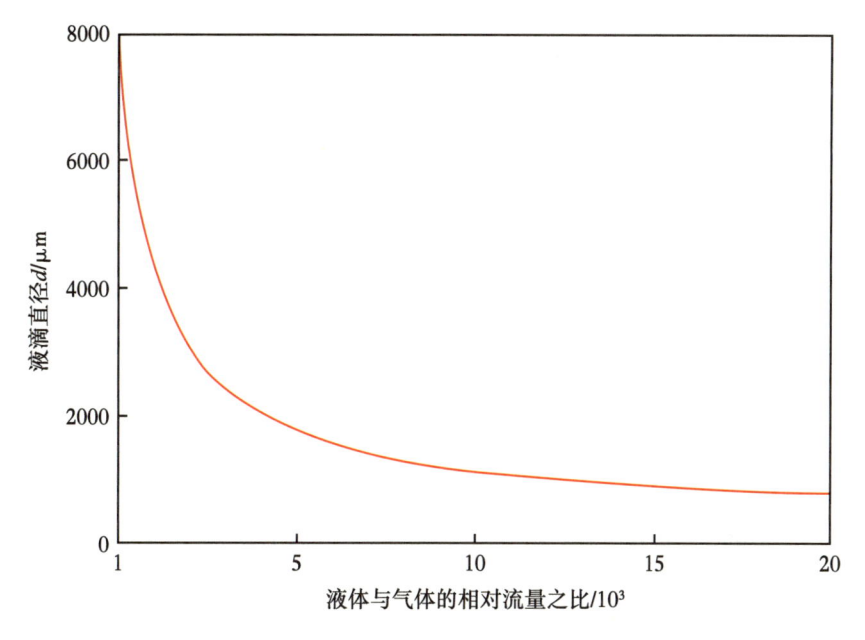

图 3-30 液体与气体的相对流量之比对液滴直径的影响

v=15 m/s，σ=65×10^{-3} N/m^2，ρ_l=1070 kg/m^3，μ_f=1 mPa·s

2. 气体钻井环空中的环雾流数学模型

在环状流中,液体的大部分通常以液滴的形式被携带于中央气流中,因此管子中央核心部分的流体密度不同于单相气体的流动密度。同时,管壁附近的液膜表面是一个不稳定的"粗糙"面。如图 3-31 所示,设外管壁内侧与内管壁外侧的液膜厚度相等(实际上的内膜厚度略大),且都为 δ($\delta_1=\delta_2=\delta$),则气芯区的面积和气芯区面积占整个环空横截面总面积的分数分别为

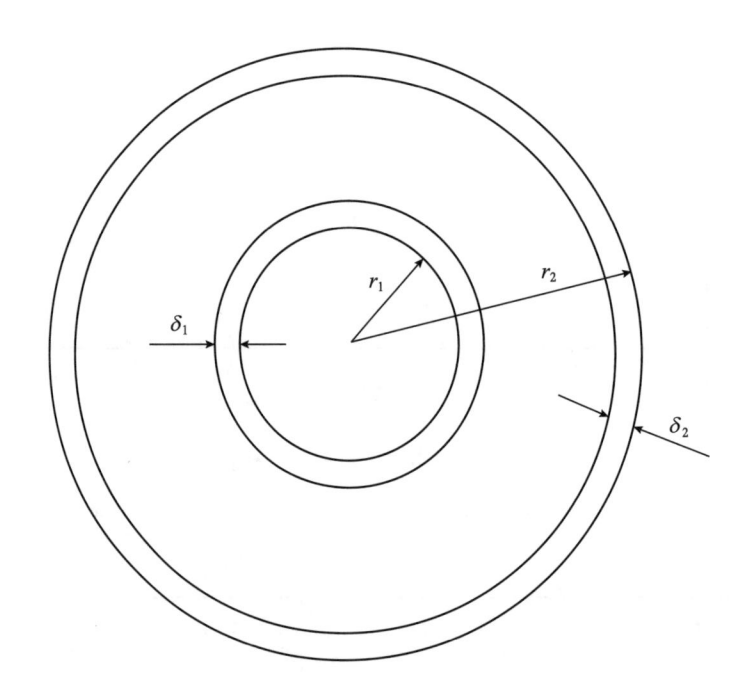

图 3-31 环空流截面积的几何结构

$$A_{\text{core}} = \frac{\pi}{4}\left[(D_2-2\delta)^2-(D_1+2\delta)^2\right] \quad (3-4)$$

$$\alpha_{\text{core}} = 1-\frac{4\delta}{D_2-D_1} \quad (3-5)$$

式中 A_{core}——气芯区面积,m^2;

α_{core}——气芯区面积占整个环空面积的面积分数;

D_1、D_2——环空外径、环空内径,m;

δ——管壁厚度,m。

F_e 表示气芯区携液量占总携液量的分数为

$$F_e = 1 - \exp\left[-0.125\left(\frac{10\,000\mu_g v_g}{\sigma}\sqrt{\frac{\rho_g}{\rho_l}} - 1.5\right)\right] \quad (3-6)$$

式中　F_e——气芯区携液量占总携液量的分数；
　　　μ_g——气体黏度，mPa·s；
　　　v_g——气体流速，m/s；
　　　σ——气液两相表面张力，N/m；
　　　ρ_g——气体密度，kg/m³；
　　　ρ_l——液滴密度，kg/m³。

气芯区混合流体速度、气芯区气体体积分数以及气芯区混合流体密度分别为

$$v_{M,core} = v_{sg} + F_e v_{sl} \quad (3-7)$$

$$\alpha_{g,core} = \frac{v_{sg}}{v_{M,core}} \quad (3-8)$$

$$\rho_{core} = \alpha_{g,core}\rho_g + (1 - \alpha_{g,core})\rho_l \quad (3-9)$$

式中　$v_{M,core}$——气芯区混合流体速度，m/s；
　　　v_{sg}——气体表观速度，m/s；
　　　v_{sl}——液体表观速度，m/s；
　　　$\alpha_{g,core}$——气芯区气体体积分数；
　　　ρ_{core}——流体密度，kg/m³。

在气芯区取一长度为 dz 的微分单元，其动量方程为

$$\frac{dp}{dz} = -\rho_{core}g - \frac{P_{1g}\tau_{1i} + P_{2g}\tau_{2i}}{A_{core}} \quad (3-10)$$

$$P_{1g} = \pi(D_1 + 2\delta) \quad (3-11)$$

$$P_{2g} = \pi(D_2 + 2\delta) \tag{3-12}$$

$$\tau_{ji} = \frac{f_{ji}}{2}\rho_{core}(v_{M,core} - 2v_{L_f})^2, j=1,2 \tag{3-13}$$

$$f_{ji} = 0.005\left(1 + 300\frac{\delta}{D_j}\right), j=1,2 \tag{3-14}$$

$$v_{L_f} = \frac{(1-F_e)v_{sl}}{\alpha_{core}} \tag{3-15}$$

式中　g——重力加速度，kg/m³；

　　　P_{1g}、P_{2g}——环空区与气芯区或管壁的截面周长，m；

　　　τ_{1i}、τ_{2i}——环空区界面的剪切应力，Pa；

　　　f_{ji}——达西摩擦系数，$j=1$，2；

　　　v_{L_f}——液膜速度，m/s。

与气芯区微元段相对应的整个环空区域上的微分单元的动量方程为

$$\frac{dp}{dz} = -\left[\rho_{core}\alpha_{core} + (1-\alpha_{g,core})\rho_l\right]g - \frac{2f\rho_l \bar{v}^2}{D_h} \tag{3-16}$$

式中　D_h——环空区的水力直径，m。

3. 雾化液携水规律及携水极限能力

地层出水后，当出水量不大且岩屑非水化时，可以采用增大注气量30%的排水方法。如果出水量大于气体钻井的极限携水量（即增大30%注气量后的排水能力），则不宜继续增大气量，气量过大不但加重设备和燃料的负荷，而且会造成敏感性井段的冲刷扩大。此时应该采用雾化钻井，即将一定量的雾化液由地面注入，雾化液内加有高浓度的表面活性剂。注入雾化液在井下与地层水混合，使混合液体成为"活性水"，从而便于携带。

由前述的"液滴动态分散与聚并规律研究"可以得知：液滴的分散与外来

动能相关。液体在环空高速气流的搅动、冲击下分散，液滴分散得越小，越易被气流举升至地面。液滴分散得越均匀，比表面积就越大，分散所需的功就越多，所以在气体钻井中，空气动能就会在此方面造成大量消耗，需要更大的注气量。

影响液滴分散尺寸的因素主要有：(1)分散动能。该值越大，液滴分散得越好。分散动能是液滴分散的原动力，因此必须有足够大的值；(2)气液界面的表面张力。该值对液滴分散有极大影响，该值越小，液滴分散得越好；(3)液相黏度。黏度高，液滴分散差；(4)液相密度。密度高的液相较易分散，但不易举升。表3-3为在常温常压条件下所做的表面张力与水滴分散程度、分散耗功之间的关系的实验数据。

表3-3 表面张力与水滴分散程度、分散耗功之间的关系

大水滴 半径/cm	大水滴 表面积/cm²	小水滴 半径/cm	小水滴 表面积/cm²	小水滴个数	比表面积增加倍数	表面张力/mN/m	比表面能/μJ/cm²	气流最小做功/μJ/cm²
—	—	—	—	—	—	80	1004	−1004
0.2	0.126	0.002	1.26×10⁻⁵	1×10⁹	1000	60	753	−753
—	—	—	—	—	—	40	502	−502

可见，在分散动能(即气流速度)足够的情况下，尽量降低表面张力是提高气体携水能力的有效方法，因此，雾化液的作用就是将表面活性剂带入井下。因此，雾化液的一般化要求是：(1)含有高浓度的高效表面活性剂。(2)表面活性剂的高浓度是为了减少注入雾化液量。控制雾化液的注入量和浓度，保证其在井下与地层出水量成比例，以实现最佳雾化效果。(3)表面活性剂要与井下环境和地层水性质相容，应高效、抗盐、抗温、抗油(如果有油)。(4)雾化液应尽量低黏度、低密度。雾化液的表面张力对流道摩阻有积极的影响，为了减摩减阻，有时也会加入聚合物等化学剂。(5)雾化液具有特有的起泡、吸

附、润湿反转等作用,将遇油水黏结成的钻屑团和黏附井壁的钻屑分离开来,防止或减轻液滴聚集、钻屑堆积的问题。

二、气体钻井井筒多相流实验

1. 实验架的设计、安装、调试

气体钻井动态流动模拟的实验架的总高为 18 m,环空外管内径为 90 mm,包括内管外径为 50 mm 的环空可视化有机玻璃实验装置。实验架主要包括空气压缩机、储气罐、供液泵、压力温度传感器、可视化实验管段、分离器等,如图 3-32 所示。

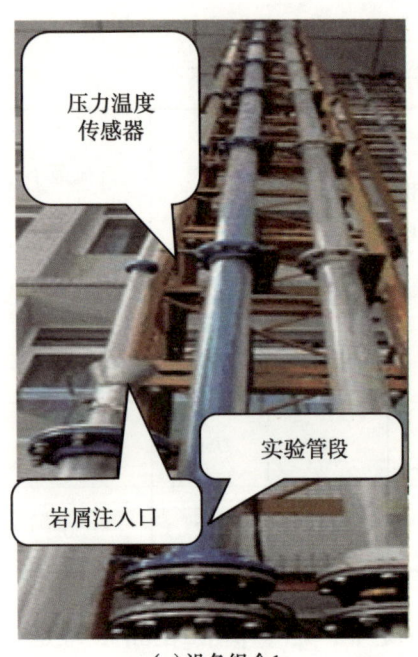

图 3-32 实验架的实验设备

气体钻井动态流动模拟过程中的压力采集如图 3-33 所示。

气体钻井动态流动模拟过程中的气体流量计量与数据采集如图 3-34 所示,液体流量的数据采集如图 3-35 所示。

2. 高产水条件下的井筒多相流实验

本次实验采用压缩空气作为实验介质,通过不同注气量下的临界携岩可视化实验，并测试流体力学参数，从而得到不同实验条件下的气体钻井的携水排水情况。

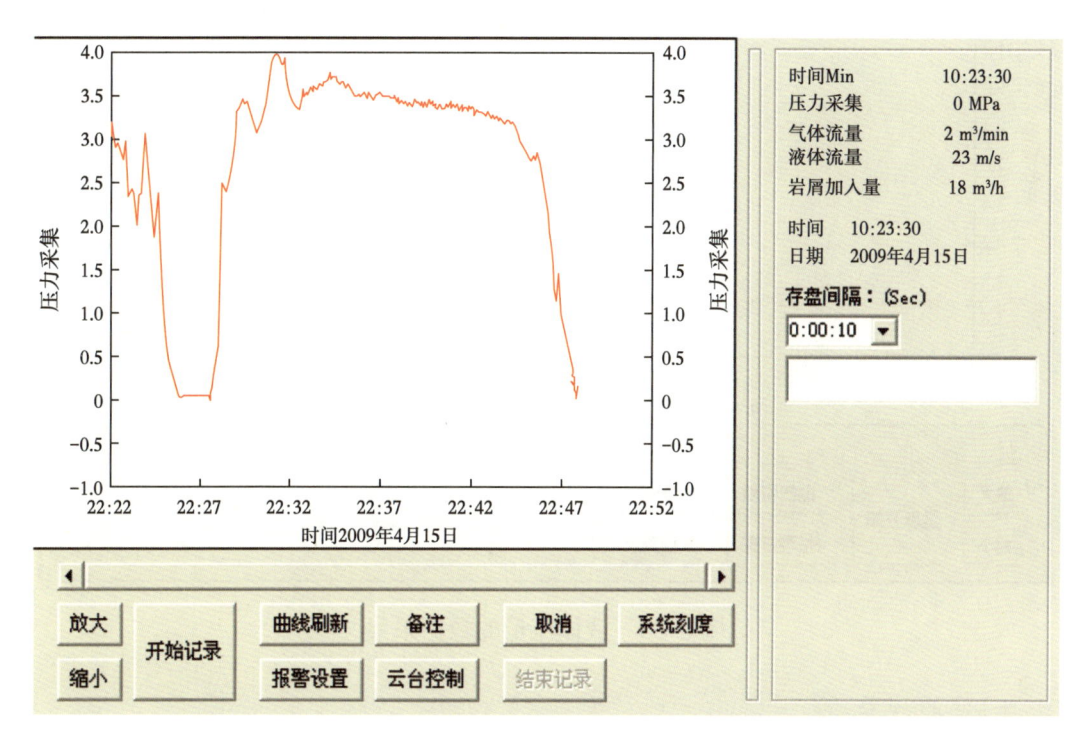

图 3-33　气体钻井动态流动模拟过程中的压力采集

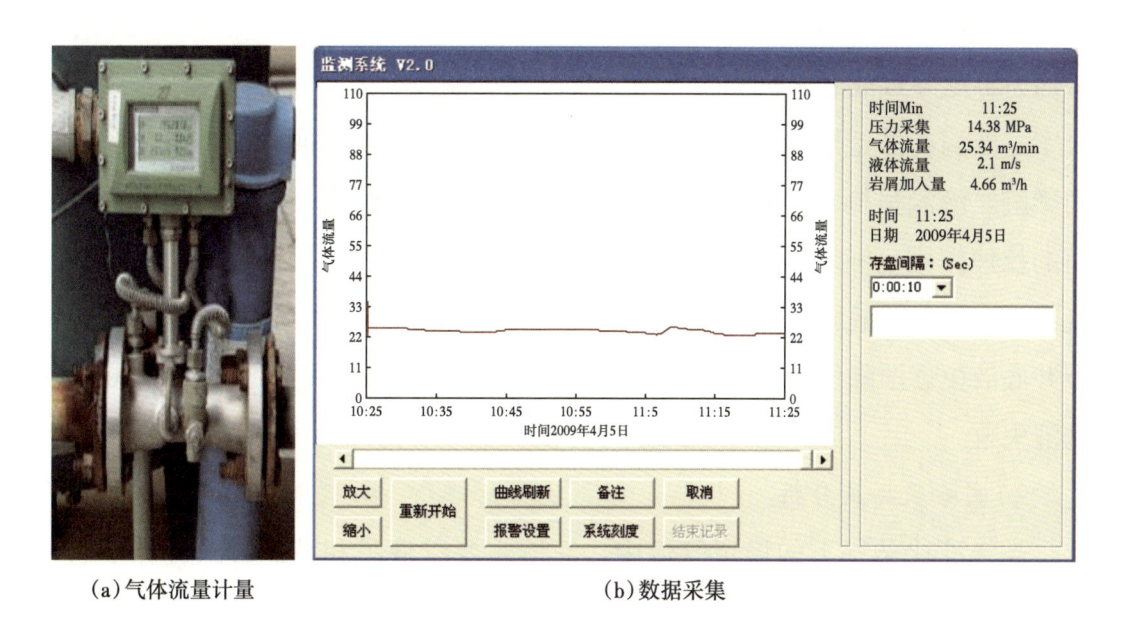

(a) 气体流量计量　　　　　　　　(b) 数据采集

图 3-34　气体流量计量与数据采集

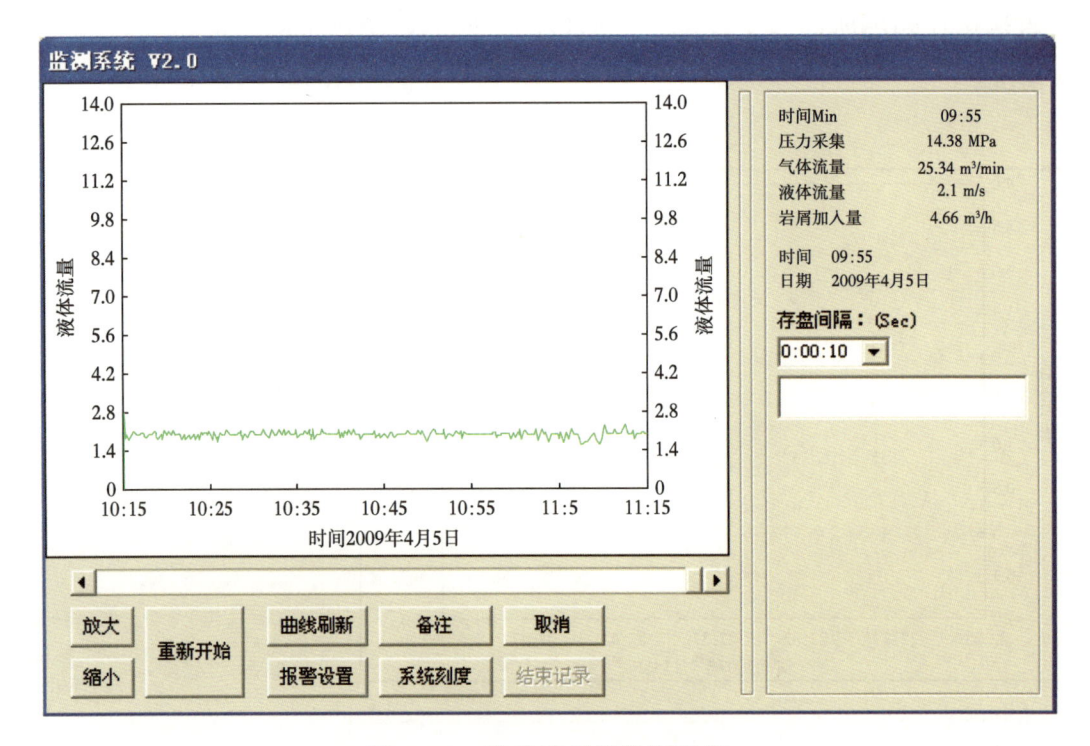

图 3-35　液体流量的数据采集

1）实验现象

高产水条件下的井筒多相流实验的现象如图 3-36 至图 3-42 所示。注气量较低时,井底气流与水混合形成不稳定的搅动流态,携带能力有限。气液界面剪切力不足导致液滴未被完全夹带,形成局部湍流,需提高注气量以增强携液效率。液滴在井壁附着形成液膜,如图 3-37 所示,受表面张力与气体流速共同影响。液滴呈椭球体(直径约 5 mm),如图 3-38 所示,表明高速气流对液滴的拉伸作用。椭球形态降低液滴沉降速度,逐渐形成液膜,提升携带效率。气流量不足时,液膜因重力作用向下滑落,导致井底积液风险增加。持续注气下井底液位逐渐降低,证明达到临界注气量后可有效排水;反之液位累积预示携液失败。

2）实验数据及分析

高气液比条件下的稳定气流中,液体主要以液膜和液滴形式存在于管流中。而液膜主要是以黏附于管壁的方式缓慢向前推进,而中心管流液滴是被气流携至井口的。成膜现象的理论根据:在一定的温度、压力和气组分的条件下，管流中液滴碰撞在管壁上，不断以管内壁的液膜形式存在，其多存在于管柱中、上部。随着液膜的逐渐增厚，液体会成股向下回流。各种气量条件下的携液实验数据见表3-4。

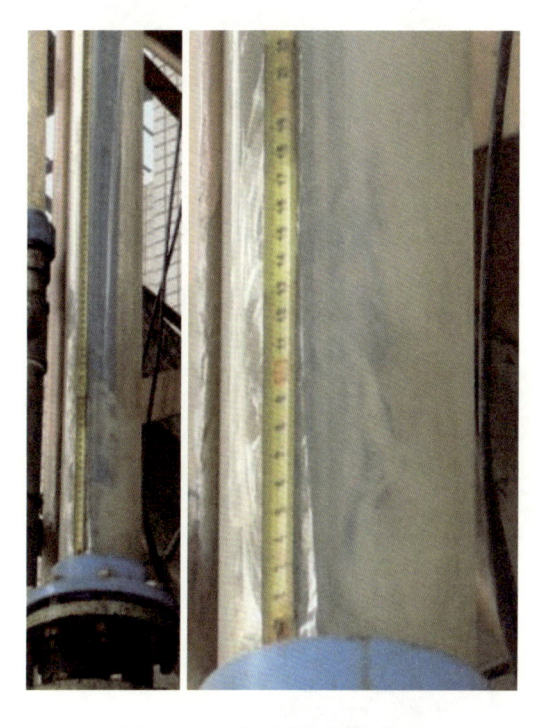

图 3-36　井底携水搅动流

图 3-37　井壁润湿情况

图 3-38　气流中液滴的实际形状
（椭球体 5 mm）

图 3-39　液膜形成现象

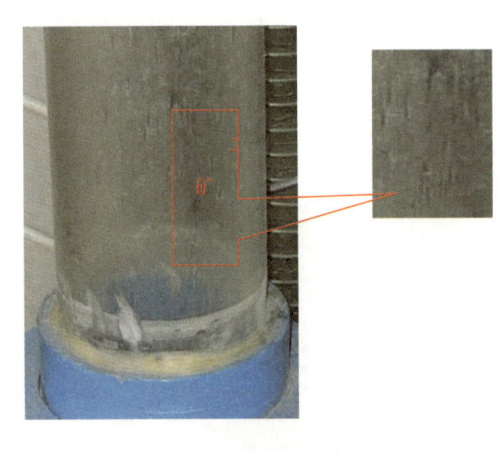

图 3-40　液膜回落现象 　　　　　　　图 3-41　液膜波动前进

(a) 阶段1　　　　　　　　　(b) 阶段2

图 3-42　连续携液实验后的井底液位变化

表 3-4　各种气量条件下的携液实验数据

注气量 / m³/h	液滴理论直径 / mm	理论携液量 / L/s	实际携液量 / L/s	管流压力 / kPa	管流温度 / ℃	排液能力误差 / %	气液比
40	0.3	0.031	0.007	101	22	77	1587
80	0.3	0.061	0.012	101	23	80	1851
120	0.3	0.092	0.02	101	22	78	1666
200	0.3	0.150	0.04	101	22	73	1388
240	0.3	0.183	0.05	101	21	72	1333
平均值			—			76	1565

在不同注气量条件下，其理论携液能力与实际携液能力有较大误差，其最大误差为 0.93%、最小误差为 0.18%。而从理论排液能力与实际排液能力的对比图可以看出，在气量较大的情况下，其理论与实际的误差较小（图 3-43）。这主要是因为在较大气量下，管流气液比更高，更符合环雾流的流型流态。

由于气体钻井如遇地层出水，在转换循环介质之前，环空管流气液比大于 1500，因此，前文所建立的携液数学模型应该以误差 76% 作为修正依据。

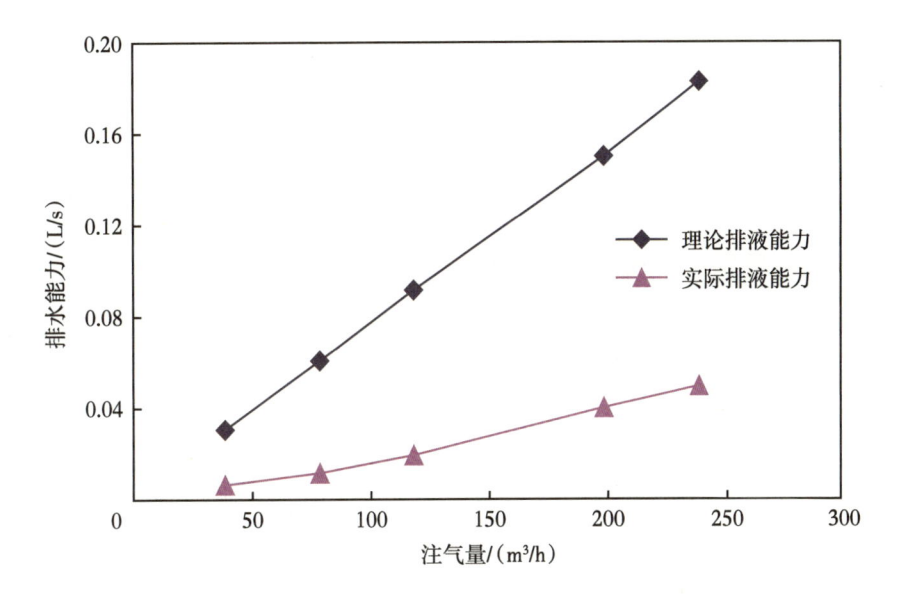

图 3-43　理论与实际排液能力

第三节　砾石层气体钻井携岩参数优化

一、气体钻井方案

从博孜 101 井三开气体钻井井段井径扩大率（测井）分布图上看出（图 3-44），博孜 101 井三开测井显示扩径率介于 25%~30%，部分层段超过仪器量程。同时，根据博孜 101 井三开固井注水泥反算，2502~3602 m 井段的平均井眼扩大率在 39.7% 左右；根据博孜 101 井四开固井注水泥反算，3602~4652 m 井段的平均井眼扩大率在 46.3% 左右。

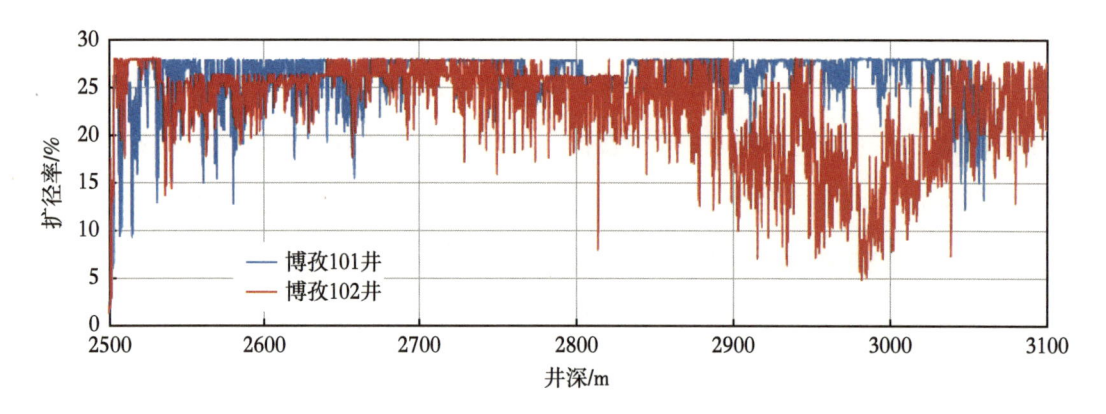

图 3-44　博孜 101 井三开气体钻井井段井径扩大率（测井）分布图

二、气体钻井流动理论模型验证

1. 基于沉砂反算的气体钻井扩径率

根据博孜 101 井的现场施工资料进行分析，得到气体钻井的实测沉砂分布情况，以四开为例，四开不同井段的沉砂分布如图 3-45 所示。

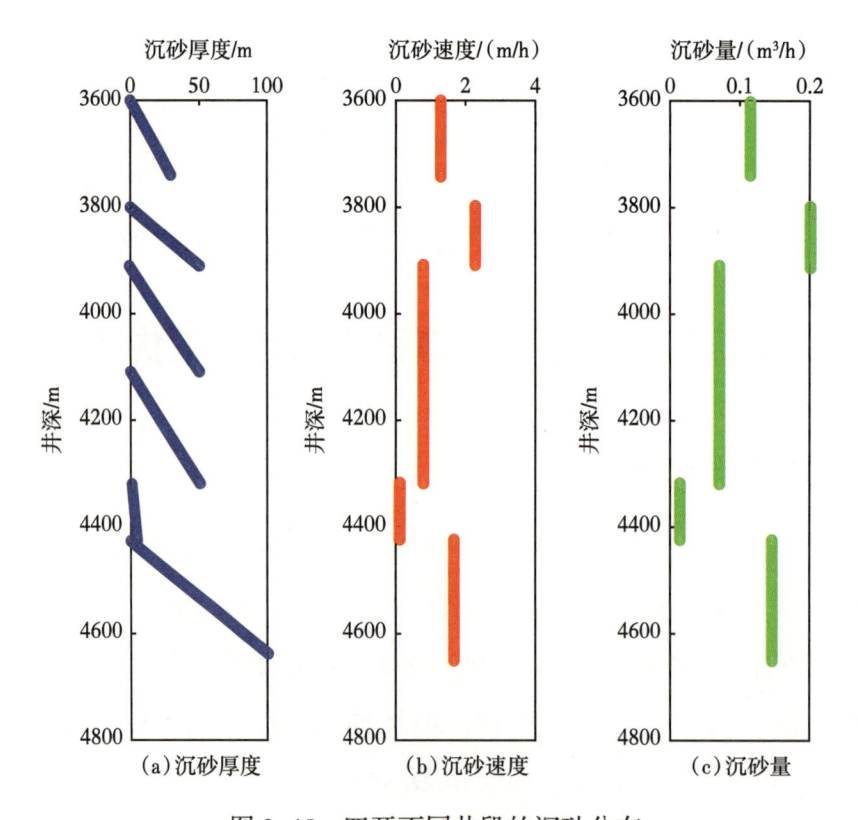

图 3-45　四开不同井段的沉砂分布

同时，根据博孜101井气体钻井的实测沉砂量分布，计算得到的气体钻井不同井段的扩径率分布如图3-46所示。从博孜101井四开气体钻井不同井段的扩径率分布上看出，三开井段的扩径率均维持在30%左右，四开井段的扩径率均维持在40%以上，与三开测井显示的扩径率和由博孜101井气体钻井段固井水泥反算所得的扩径率基本吻合，误差较小。

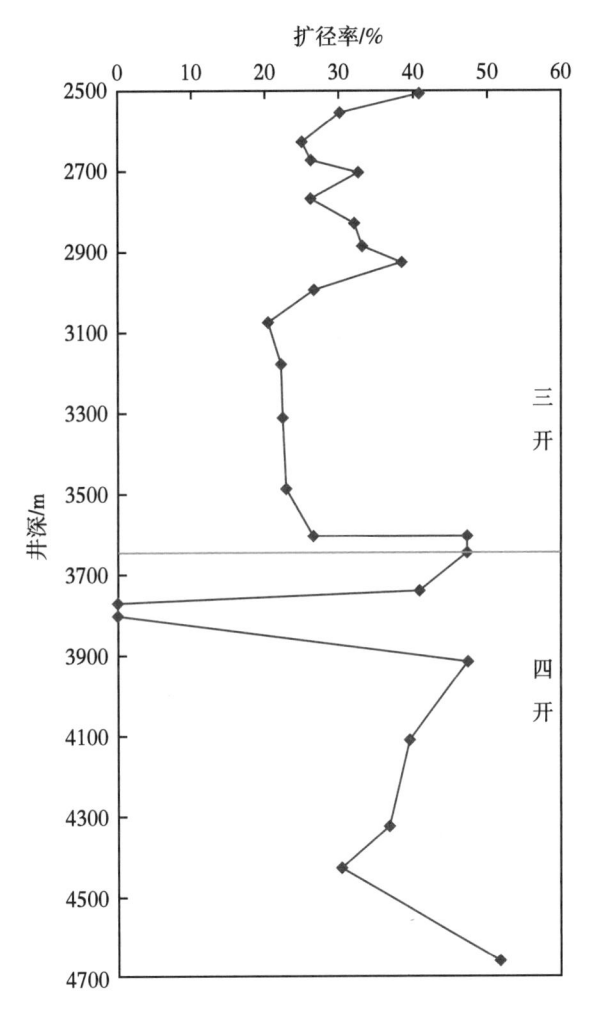

图3-46　四开气体钻井不同井段的扩径率分布

2.不同井深条件下的理论计算立压与实测立压对比

以博孜101井为例，采用现场施工条件下的注气量等施工参数，根据已建立的气体钻井流动理论模型，计算得到不同施工条件下的理论立压，并与实测立压对比，对比曲线如图3-47所示。

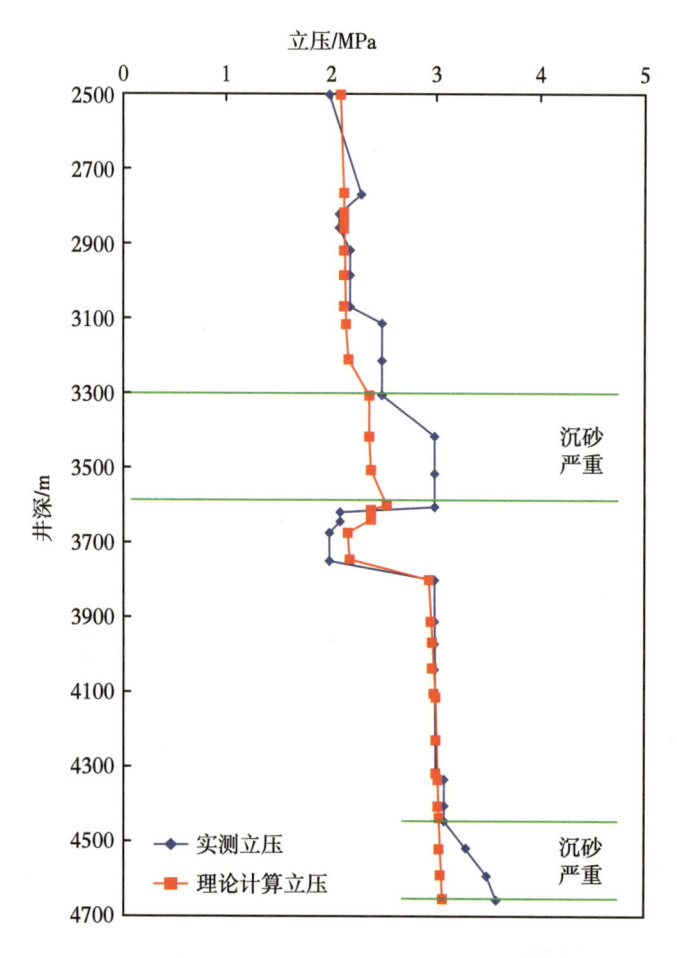

图 3-47 气体钻井井段在不同注气量条件下的理论计算立压与实测立压对比曲线

从博孜 101 井气体钻井井段在不同注气量条件下的理论计算立压与实测立压对比曲线可以看出，在施工条件下，根据所建立的气体钻井流动理论模型计算所得到的立压与实测立压曲线基本一致，说明所建立模型具有较强的可行性。部分井段如 3300~3600 m、4450~4600 m，其理论计算立压与实测立压相差较大，说明此井段在施工过程中的井底沉砂较为严重，造成监测立压升高较大。因此，在气体钻井施工过程中，可以通过监测立压的方式快速判断井底沉砂程度，并及时采取措施，保证安全施工。

为了验证通过监测立压判断井底沉砂程度方法的可行性，分别以井深 3117 m、3508 m 和 4652 m 处为例，计算在此井深位置钻进时，井底沉砂量与立压之间的关系，并与实测值进行对比（图 3-48）。

通过图 3-48 的对比分析可以发现，立压随沉砂量的增大，其升高趋势较为明显。同时，在不同钻进井深位置处，施工中沉砂条件下的实测立压均与计算所得的在不同沉砂条件下的立压相符合，因此可以通过监测立压的方式及时判断井底沉砂情况。

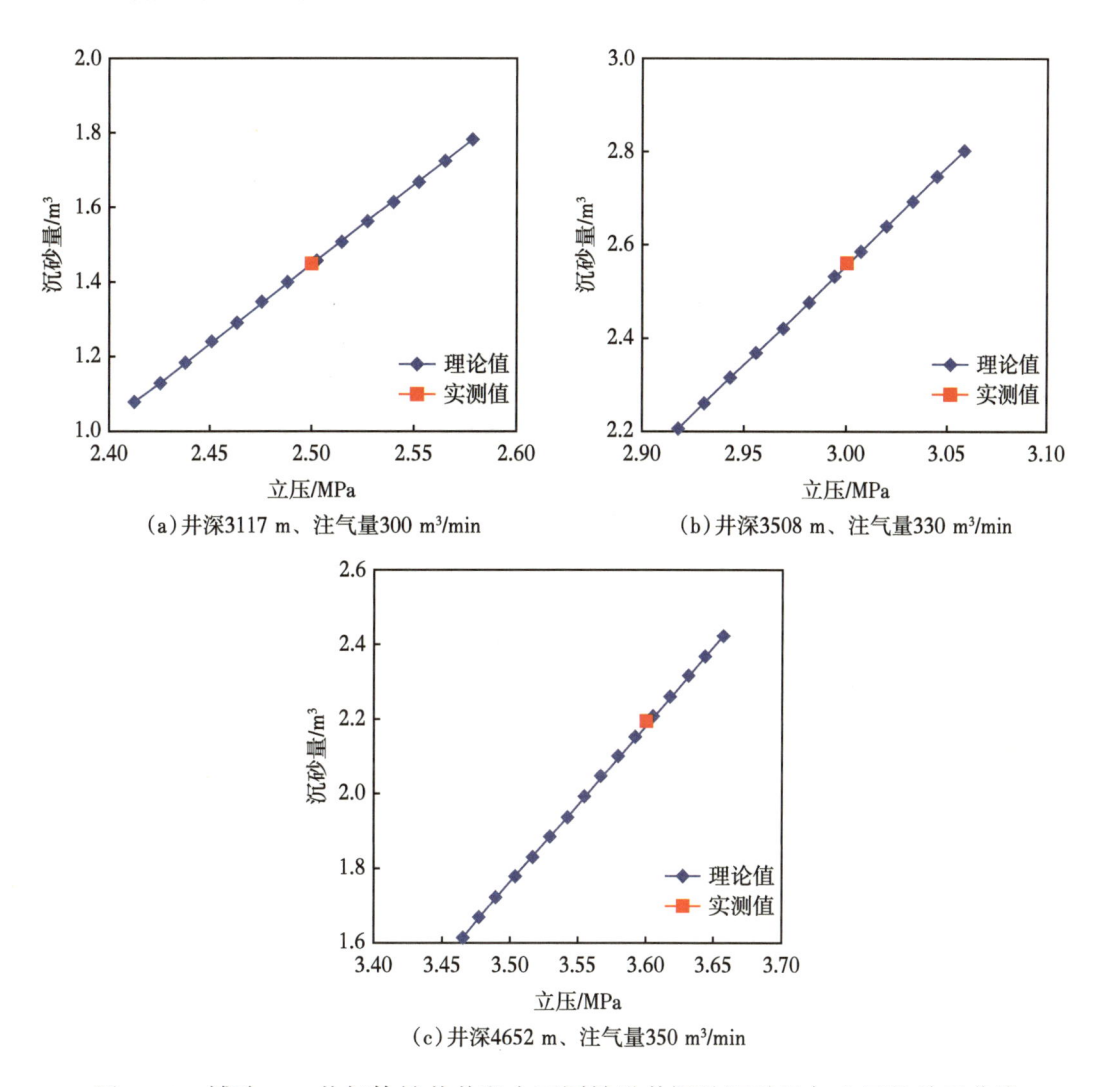

（a）井深3117 m、注气量300 m³/min

（b）井深3508 m、注气量330 m³/min

（c）井深4652 m、注气量350 m³/min

图 3-48　博孜 101 井气体钻井井段在不同钻进井深处沉砂量与立压的关系曲线

三、气体钻井携岩能力评价

1. 博孜 101 井的携岩能力分析

通过对博孜 101 井三开井段进行计算分析，得到在井深为 3602 m、扩径率为 39.7%、注气量为 390 m³/min、岩屑粒径为 3 mm 条件下的井筒流动参数（图 3-49）。

(a) 井筒压力分布

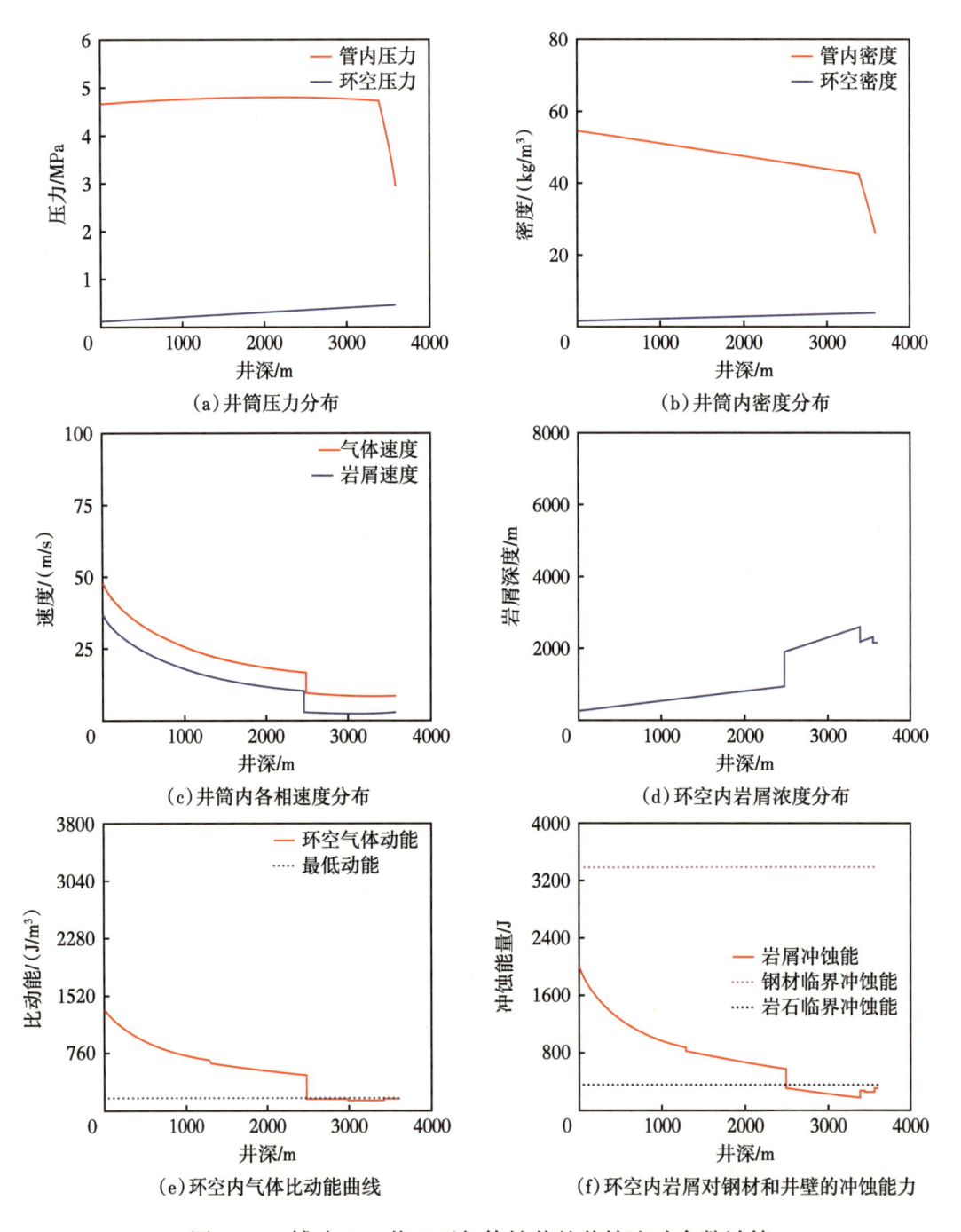

(b) 井筒内密度分布

(c) 井筒内各相速度分布

(d) 环空内岩屑浓度分布

(e) 环空内气体比动能曲线

(f) 环空内岩屑对钢材和井壁的冲蚀能力

图 3-49　博孜 101 井三开气体钻井的井筒流动参数计算

通过博孜 101 井三开气体钻井的井筒流动参数可以看出，注气量为 390 m³/min 时的环空气体动能恰好大于最低比动能要求，恰能达到安全携岩的要求。

通过对博孜 101 井四开井段进行计算分析，得到在井深为 4652 m、扩径率为 46.3%、注气量为 360 m³/min、岩屑粒径为 3 mm 条件下的井筒流动参数（图 3-50）。

通过博孜 101 井四开气体钻井的井筒流动参数可以看出，注气量为 360 m³/min 时的环空气体动能恰好大于最低比动能要求，恰能达到安全携岩的要求。

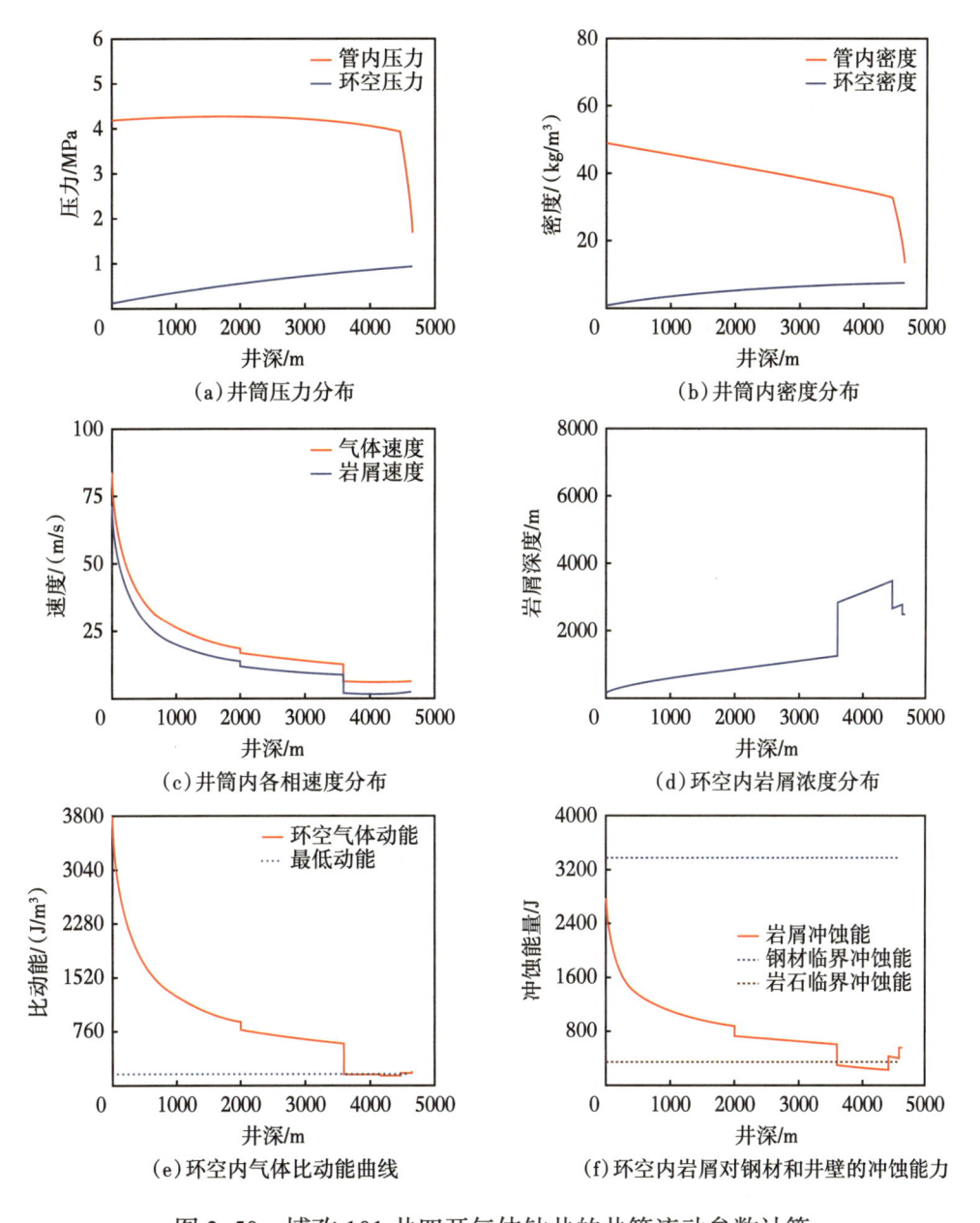

图 3-50 博孜 101 井四开气体钻井的井筒流动参数计算

2. 井眼扩径对携岩能力的影响

为了得到井眼扩径对携岩能力的影响，以博孜 101 井为例，分别计算了气体钻井三开、四开井段在不同扩径率条件下，安全携岩所需的最小注气量（图 3-51）。

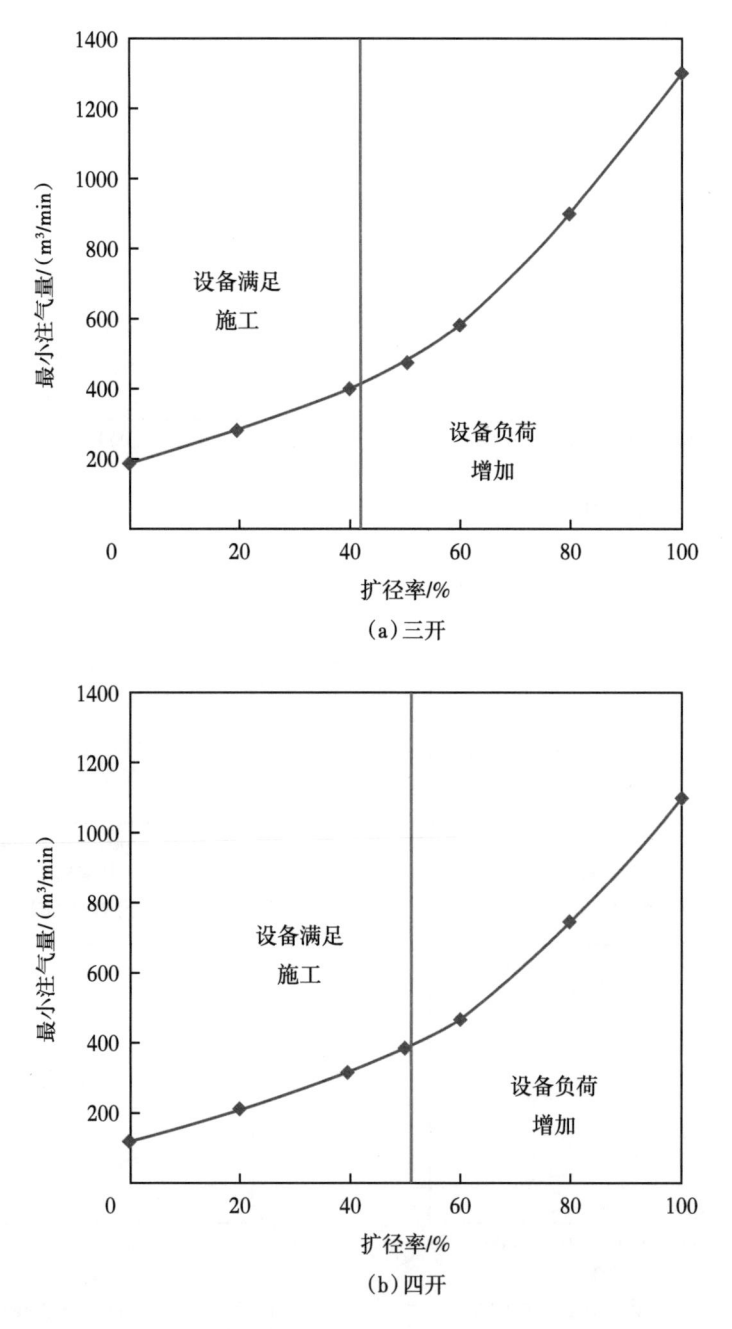

(a) 三开

(b) 四开

图 3-51　博孜 101 井三开、四开气体钻井扩径率与安全携岩所需最小注气量的关系图

由图 3-51 可以看出，随着扩径率的增大，安全携岩所需的最小注气量不断增大。

为了深入分析井径扩大地层的携岩机理，以博孜 101 井三开井段为例，通过计算得到三开井段在井深为 3602 m、扩径率为 0、注气量为 390 m³/min、岩屑粒径为 3 mm 条件下的井筒流动参数，并与博孜 101 井三开井段在扩径率 39.7% 条件下的井筒流动参数进行对比分析（图 3-52）。

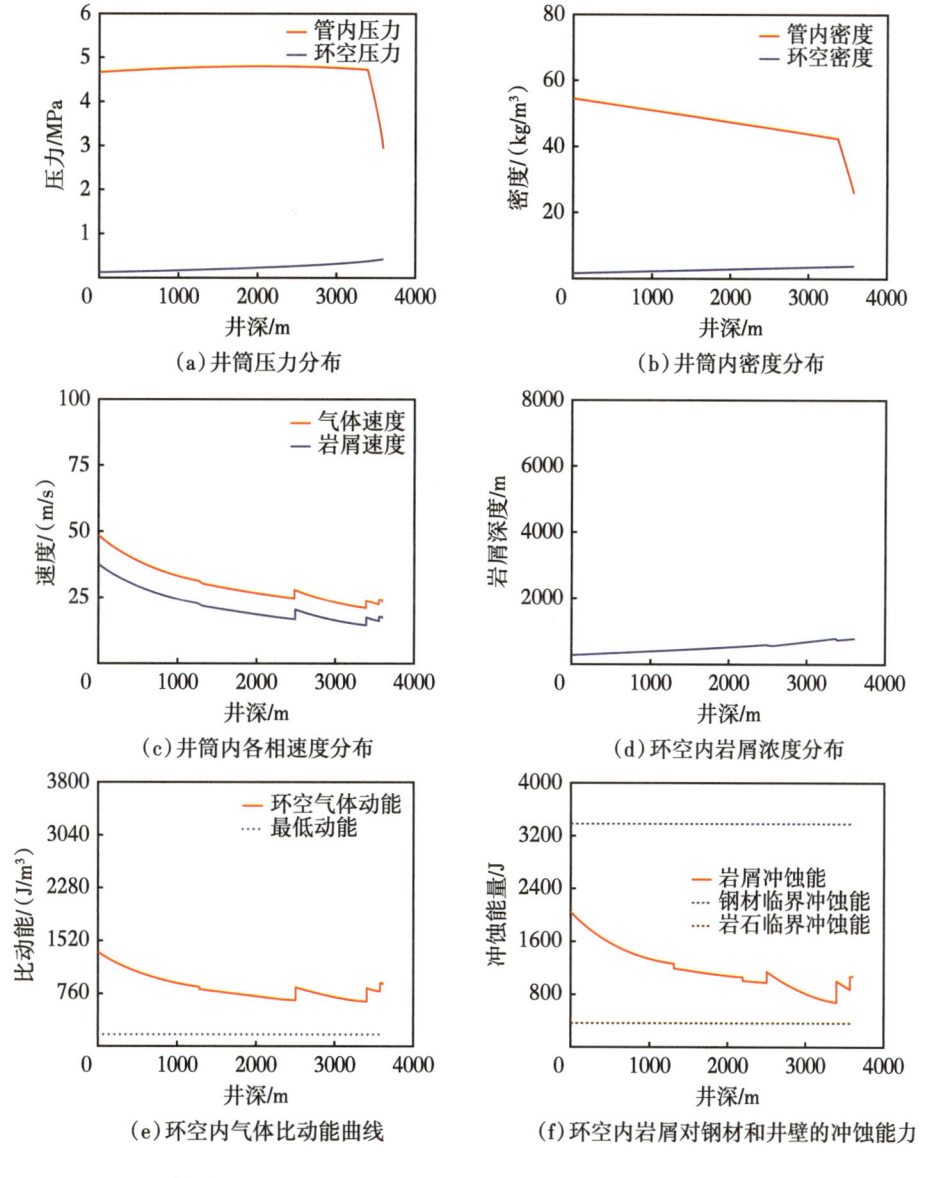

(a) 井筒压力分布

(b) 井筒内密度分布

(c) 井筒内各相速度分布

(d) 环空内岩屑浓度分布

(e) 环空内气体比动能曲线

(f) 环空内岩屑对钢材和井壁的冲蚀能力

图 3-52　博孜 101 井三开不扩径条件下气体钻井的井筒流动参数计算

对博孜 101 井三开井段在注气量为 390 m³/min、扩径率为 0 和 39.7% 条件下的气体钻井的井筒流动参数进行对比（表 3-5）。

表 3-5　三开注气量为 390 m³/min、扩径率为 0 和 39.7% 条件下的气体钻井环空流动参数对比

扩径率 / %	最低比动能 / J	最低空气流速 / m/s	最低岩屑速度 / m/s	最高岩屑浓度 / %
0	631.0	20.364	13.777	0.007 7
39.7	145.2	8.598	2.199	0.024 4

由博孜 101 井三开井段在扩径率为 39.7% 和不扩径条件下的井筒流动参数对比可以看出：发生扩径后，环空速度明显降低，最低空气流速从 20.364 m/s 下降到 8.598 m/s，最低岩屑速度从 13.777 m/s 下降到 2.199 m/s，可见，过流断面的大小对空气和岩屑流速的影响巨大。与此同时，在发生扩径后，环空中的岩屑浓度不断升高，最高岩屑浓度从 0.007 7% 升高到 0.024 4%，由此可见，井眼扩大，岩屑浓度会急剧上升，不利于井眼清洁。发生扩径后的携岩比动能也急剧下降，比动能从 631 J 下降到 145.2 J，这是因为在扩径段空气流速急剧下降。综上所述，扩径降低了空气流速、岩屑运移速度，并大幅降低空气携岩能力，导致岩屑（尤其是大直径的岩屑）在扩径处悬浮、堆积，不能被有效地携出。合理增加注气量可提高空气流速和岩屑运移速度，增强空气的携岩能力。

3. 安全携岩所需的最小注气量

以博孜 101 井的地质条件和钻井参数为基础，在三开井段采用钻头 ϕ431.8 mm、考虑平均井眼扩大率为 39.7% 的条件下，以及在四开井段采用钻头 ϕ333.4 mm、考虑平均井眼扩大率为 46.3% 的条件下分别计算了不同井深下安全携岩所需最小的注气量（图 3-53）。

从不同井深下安全携岩所需最小注气量曲线可以看出，随着井深的增加，所需最小注气量增大，对应立压增大。考虑现场设备条件，三开设计井深为 3400~3700 m、四开设计井深为 4500~4900 m 的条件较为符合安全携岩的要求。

(a)安全携岩所需最小注气量

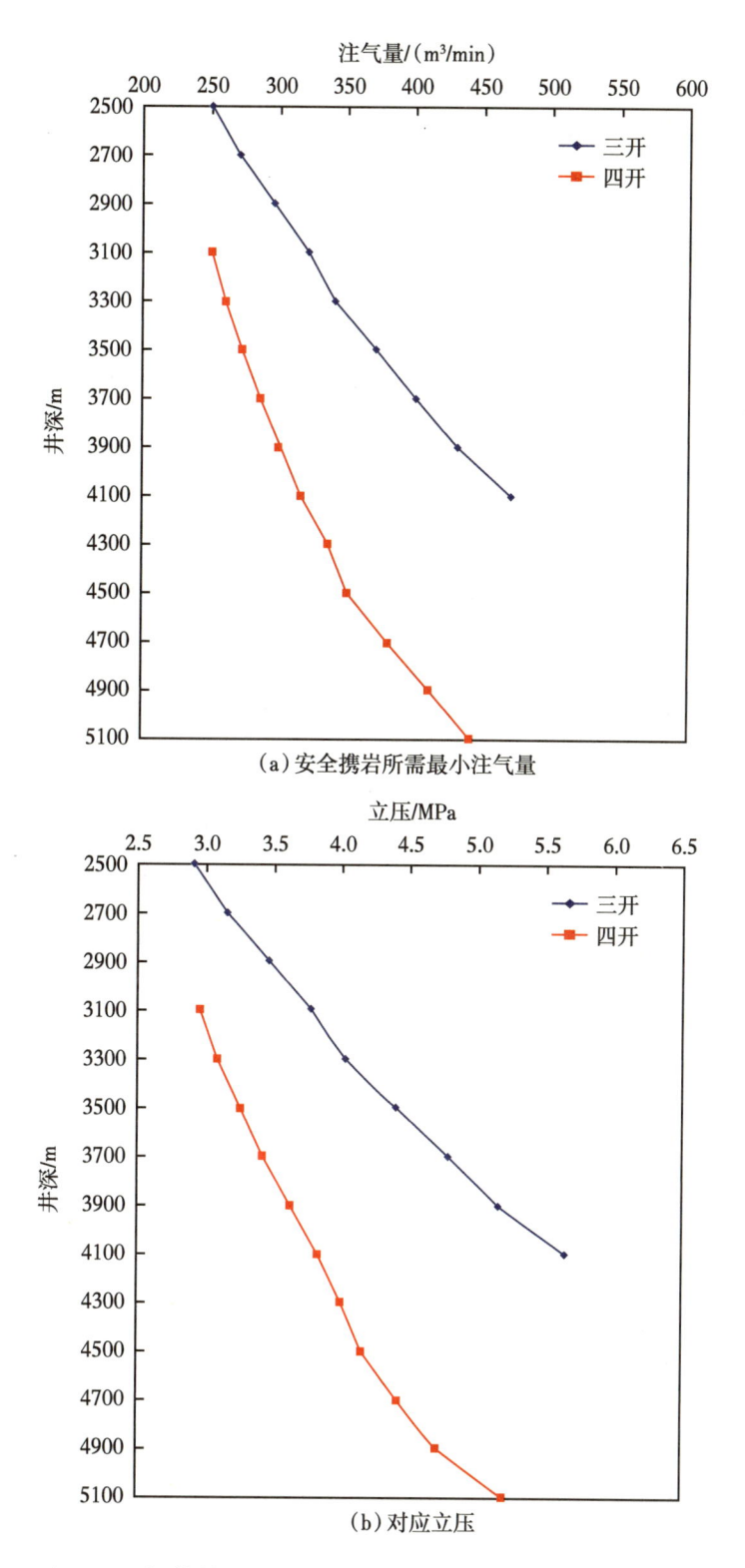

(b)对应立压

图3-53 三开、四开气体钻井不同井深安全携岩所需最小注气量与对应立压曲线

四、气体钻井井筒内流动规律

已知 D 井井深为 5000 m，地面大气温度为 20 ℃，地面大气压力为 0.1 MPa，注气量为 120 m³/min，地层水的运动黏度为 1×10^{-3} Pa·s，气液表面张力为 76×10^{-3} N/m，地温梯度为 0.025 ℃/m。D 井的井身结构示意图如图 3-54 所示。

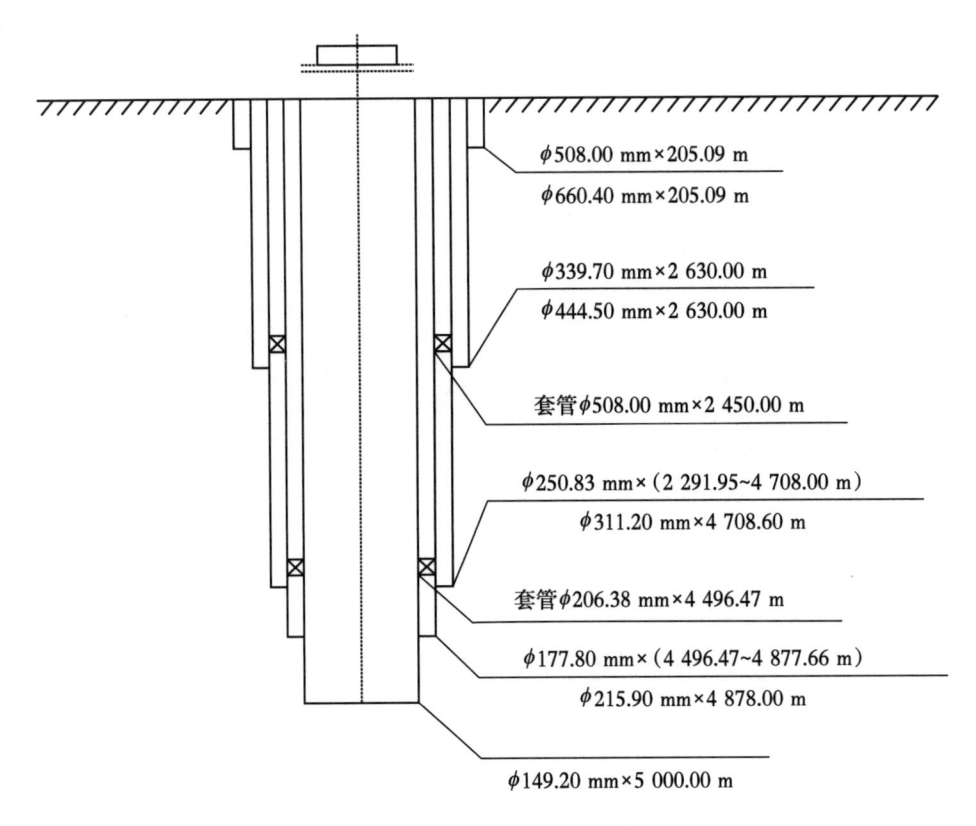

图 3-54　D 井的井身结构示意图

结合文中模型的井身结构，在地层出水量为 5 m³/h 的情况下，得到井筒流动曲线。

图 3-55 为钻杆和环空中的压力分布，钻杆中的压力曲线变化平滑，只在井下钻铤和钻头位置有明显的转折点，由于钻头喷嘴有一个压降损耗，因此钻杆内的压力曲线与环空压力曲线在 5000 m 处有一个开口。环空中的摩阻压降比钻杆内的高，因此压力曲线的斜率较大，曲线总体变化平滑，但在钻铤处也有明显的转折。此时的立管压力为 3.82 MPa，井底钻杆内的压力为 2.83 MPa，环空压力为 2.72 MPa，钻头压降为 0.11 MPa，井口环空处的压力为 0.13 MPa。

图 3-56 为环空中气体密度与气芯混合物密度的对比，由于地层出水，部分液体将以液滴的形式分散在气芯中，造成气芯流体密度要高于纯气密度。环空气芯密度分布曲线在井底处会有明显的转折，这是由环空面积变化引起气芯中的液滴含量变化而造成的。此时的立管气体密度为 44.8 kg/m³，井底钻杆内的气体密度为 22.9 kg/m³，井底环空内的气体密度为 22.0 kg/m³，气芯流体密度为 26.8 kg/m³，井口环空气体密度为 1.43 kg/m³，气芯密度为 1.94 kg/m³。在井底 5000 m 处，钻头压降造成气体密度减小 0.9 kg/m³，同时地层出水使气芯密度增加 4.8 kg/m³。

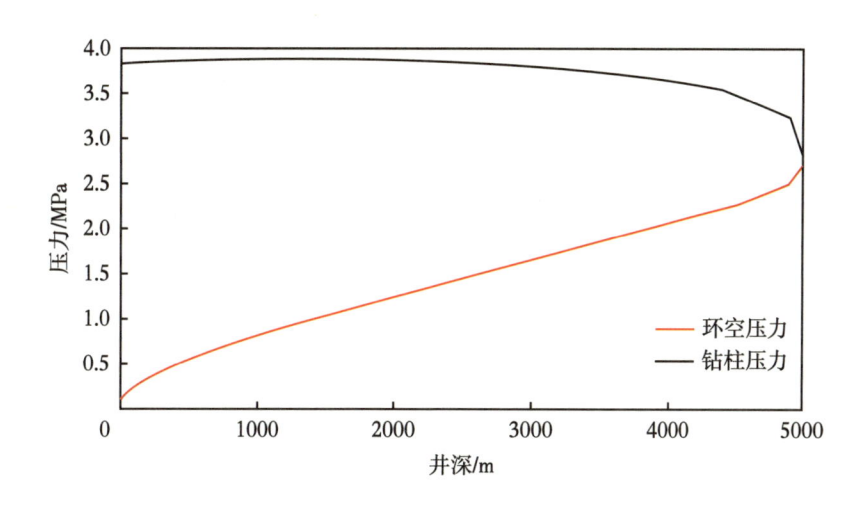

图 3-55　钻柱和环空压力分布图

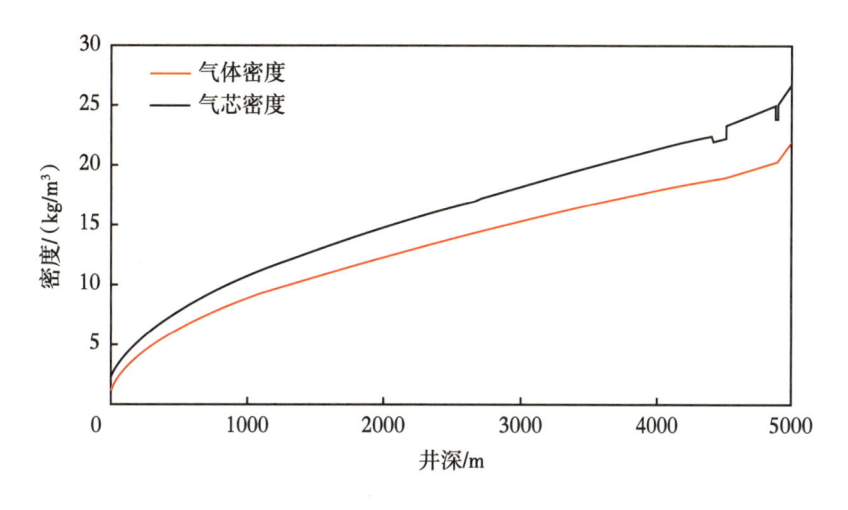

图 3-56　环空中气体密度和气芯密度分布图

图3-57为环空气体携水动能分布曲线。在井底附近，由于环空面积变化，气体携水动能会有明显的起伏，环空面积越大，气体携水动能越小。井底至1000m井深，由于气体密度与气体速度变化对携水动能的影响相互抵消，因此气体携水动能的变化比较平缓。在1000m至井口，携水动能急剧增加，气体速度对携水动能的影响远远大于气体密度对携水动能的影响。总体上，气体携水动能随井深增加而减小，1000m以上井段的携水动能十分充足，井底携水动能匮乏，因此在气体钻井过程中，井底关键点处（环空面积变化点）的携水效果将决定整个井筒环空的携水效果。

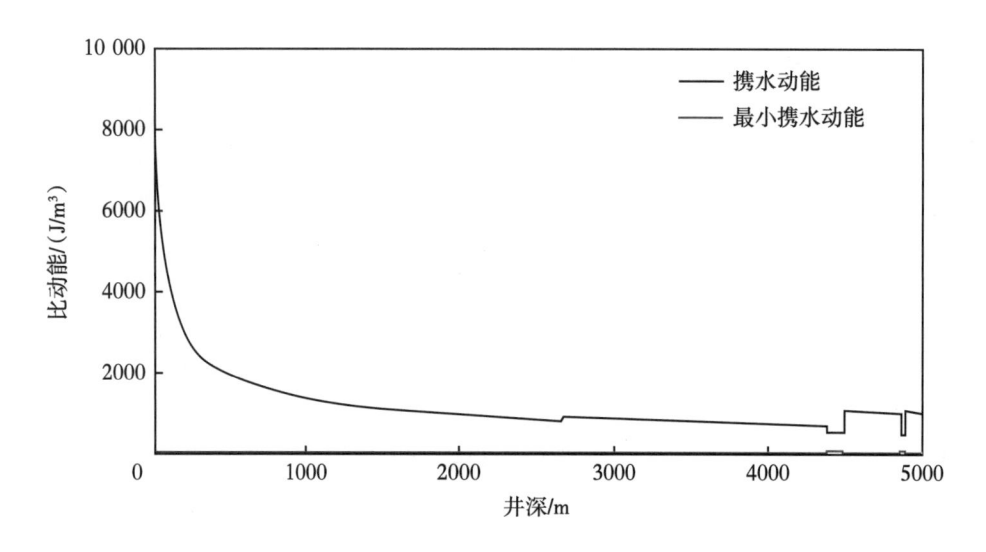

图3-57　环空中气体携水动能分布

在环空携水过程中，所需的极限携水动能越小，环空处的携水越容易，反之则越困难。图3-58为环空中的极限携水动能分布曲线，同携水动能类似，环空面积变化会引起极限携水动能变化，环空面积增大，极限携水动能增大。环空面积减小，极限携水动能减小，这与气体携水动能的变化相反，正好反映了井底关键点处的携液难度。

图3-59为气芯中液滴含量的分布曲线，可以看出，其变化规律与气芯速度的变化规律基本同步，因为气芯速度增大会加强气体对环空内外壁上的液膜的卷吸作用，使液膜表面破碎形成液滴进入气芯中。因此，在井口附近井段，地层水主要以液滴的形式分布在气芯中，在井底附近井段，地层水主要以液

膜的形式存在。环空气芯中的液滴含量在井底时为 1.9 m³/min，占总出水量的 38%；液滴含量在井口时为 3.03 m³/min，占总出水量的 60.6%。曲线末端的波动主要是受环空面积变化的影响。

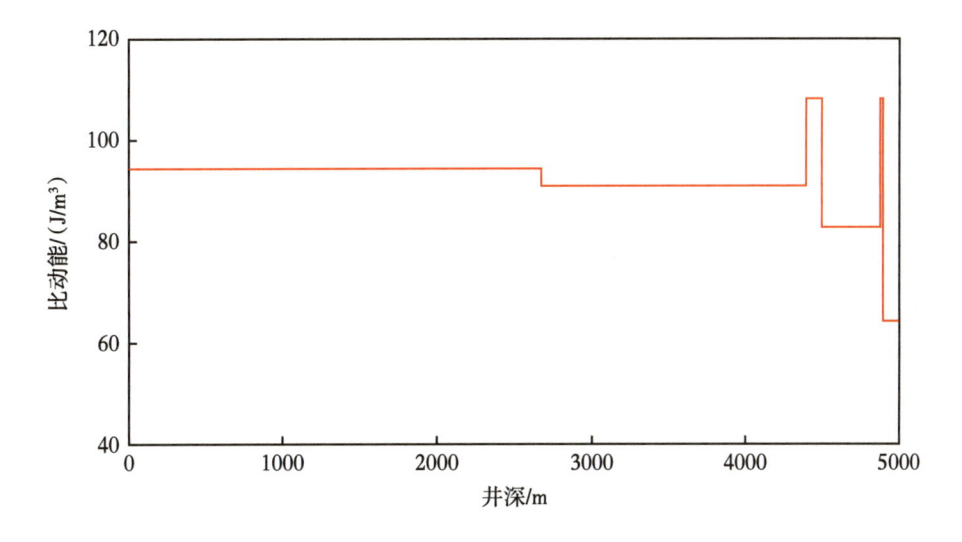

图 3-58　环空中的极限携水动能分布

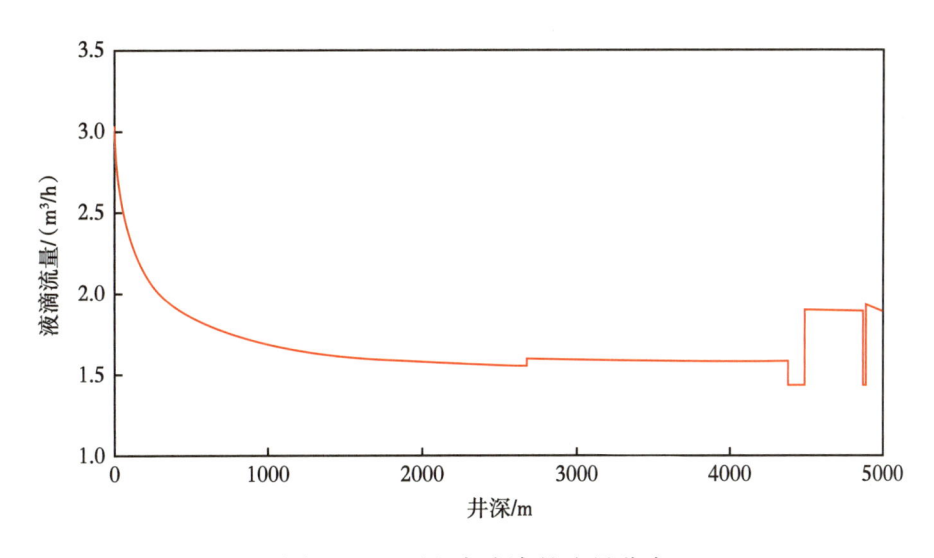

图 3-59　环空中液滴的流量分布

图 3-60 是环空中的液膜厚度分布曲线，环空中液膜的变化规律与气芯中液滴含量的变化规律正好相反。因为地层出水量是一定的，气芯中的液滴含量增加，液膜中液体的含量就减少，液膜厚度就会变薄。同样，环空面积的变

化会影响液膜厚度,而且这种影响是不可忽略的。在井底环空处的液膜厚度为 0.28 mm,井口环空处的液膜厚度为 0.10 mm。在 4892 m 处,液膜厚度为 0.59 mm,达到最大值。

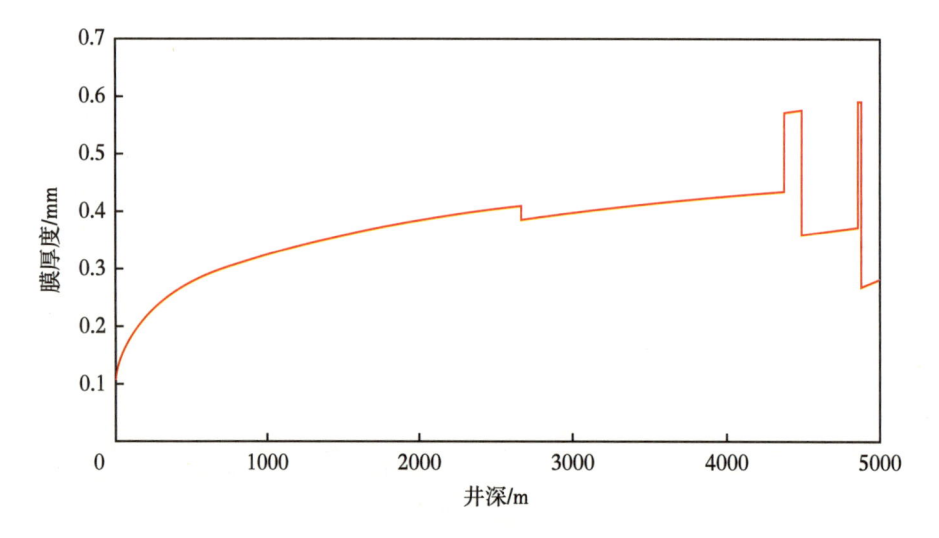

图 3-60 环空中的液膜厚度分布

第四章 砾石层气体钻井井斜机理及防斜技术

井斜问题一直是限制气体钻井技术发展的瓶颈，尤其是在砾石层段，气体钻井井斜问题更为突出，由于气体钻井循环介质的改变，使得底部钻具组合的受力和变形均与常规钻井方式不同。深入探究砾石层的气体钻井井斜机理，深入分析井斜机理，明确砾石层的气体钻井井斜特征，制定相应防斜措施，对于砾石层气体钻井的高效安全钻进具有重要意义。

第一节 砾石层气体钻井井斜机理分析

一、气体钻井井斜的动力学机制

1. 底部钻具组合的三维通用动力学模型

在研究 BHA（底部钻具组合）的动力学特性时，常用带双稳定器的钻具组合进行一般化描述，一个带预弯曲结构的更普遍的钻具组合的动力学特性模型如下：

$$[\beta(r''+ir\theta''+2ir'\theta'-r\theta'^2)+\xi|r'+ir\theta'|(r'+ir\theta')+Q_k]\exp(i\theta)$$
$$=(\varepsilon+a\varsigma)\eta^2\exp(i\eta\tau+i\xi_0)-iQ_g$$

$$r=q/c_0$$

$$\beta=(m+m_f)/m \qquad (4-1)$$

$$\delta=s_0/c_0$$

$$\varepsilon = e_0/c_0$$

钻铤与稳定器之间的间隙：

$$c_0 = (D_h - D_0)/2 \tag{4-2}$$

$$\zeta = S_1/c_0 \tag{4-3}$$

式中　β——质量比；

　　　r——极坐标中的径向坐标，m；

　　　r'——径向速度，m/s；

　　　r''——径向加速度，m/s²；

　　　i——虚数，取$\sqrt{-1}$；

　　　θ——极角，rad；

　　　θ'——角速度，rad/s；

　　　θ''——角加速度，rad/s²；

　　　ξ——阻尼系数，kg/s；

　　　Q_k——恢复力影响系数；

　　　ε——钻具初始挠度引起的激励项；

　　　a——钻杆初始挠度对转子质心的影响因子；

　　　ζ——初始挠度系数；

　　　η——无量纲频率；

　　　τ——无量纲时间；

　　　c_0——钻铤与稳定器之间的间隙，m；

　　　ξ_0——初始相位，rad；

　　　q——实际径向坐标，m；

　　　m_f——附加流体质量，kg；

　　　δ——稳定器间距比；

　　　s_0——稳定器间距中心，m；

　　　D_h——井眼直径，m；

　　　D_0——钻铤外径，m；

ζ——预弯曲挠度比；

s_1——预弯曲挠度，m。

Q_k 为反映恢复力影响的项，有以下三种情况：

$$Q_k = \begin{cases} 0 \leqslant r \leqslant \delta + \zeta, Q_k = 0 \\ \delta + \zeta < r \leqslant 1, Q_k = r - \delta - \zeta + i\phi\left(\delta - \delta\zeta/r - \delta^2/r\right) \\ r > 1, Q_k = r - \delta - \zeta + i\phi\left(\delta - \delta\zeta/r - \delta^2/r\right) + (1 + iS\mu_c)\rho(r-1) + vr' \end{cases} \quad (4-4)$$

式中 ϕ——相位角，rad；

μ_c——钻铤与井壁直接接触时的摩擦系数；

υ——阻尼系数。

S 为符号函数，其表达式为

$$S = \sin\left[n(\theta' + \eta R_c)\right] \quad (4-5)$$

式中 n——正弦波数；

R_c——钻铤特征半径，m。

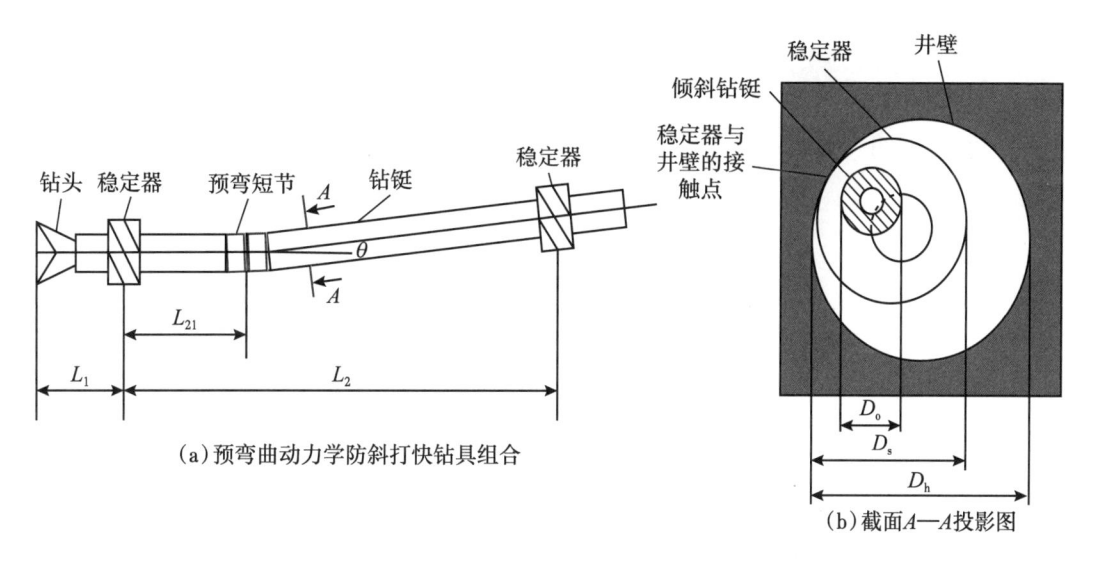

图 4-1 预弯曲动力学防斜打快钻具组合及截面 A—A 投影图

井斜角 α_i 的影响由 Q_g 表示：

$$Q_g = -img f_b \sin\left[\alpha_i/(c_0 k)\right] \quad (4-6)$$

式中　　m——钻杆质量，kg；

g——重力加速度，m/s²；

f_b——初始弯曲结构影响因子；

α_i——井斜角，rad；

C_0——钻铤与稳定器之间的间隙，m；

k——弹性恢复系数，N/m。

图 4-2 为钻具组合的三维运动梁模型，图 4-2 中井壁对钻头的反力（钻头防斜力的反作用力）可以表示为

$$F_b = f\left[\vec{r}(t), \theta(t); EI_i, L_i, \delta_j\right], (i=1,2,3; j=1,2) \quad (4-7)$$

式中　　$\vec{r}(t)$——某时刻钻具质心或节点位置的径向坐标；

$\theta(t)$——随时间变化的绕井眼轴线的角度（极角）；

EI_i——梁的抗弯刚度；

L_i——梁的长度；

δ_j——扶正器与井壁的间隙；

i——i 段分段梁结构编号；

j——两个扶正器编号。

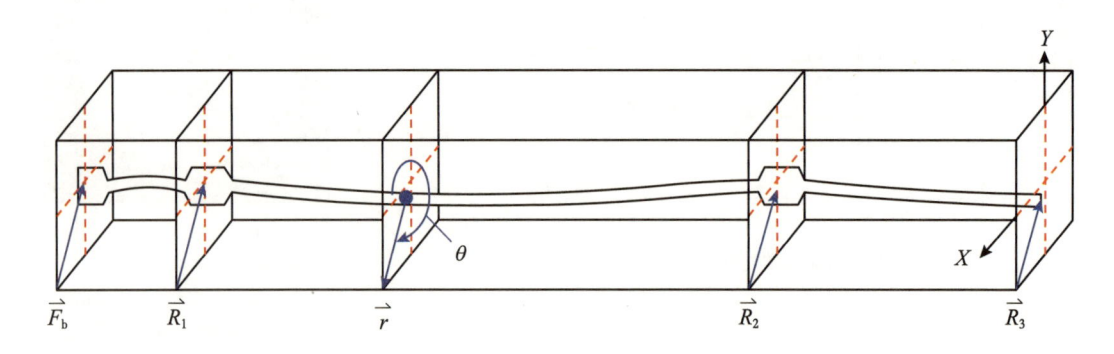

图 4-2　钻具组合的三维运动梁模型

2. 气体钻井时光钻铤 BHA 动力学特性及控斜机理

气体钻井与钻井液钻井的根本区别在于钻井液介质的不同，这种介质的不同造成了钻柱在井眼内遇到的阻力、钻柱与井壁的碰摩系数、钻柱的

偏心质量等多种因素发生变化，从而使钻柱在井眼中体现出不同的动力学特性。为了清楚地表明这种动力学特性出现的变化和造成的降斜力差异，这里依据前面的模型，对下面的钻具组合进行分析计算。光钻铤钻具组合结构为：ϕ311.2 mm 钻头 +ϕ228.6 mm DC×5 柱 +……计算条件为：转速为 60 r/min，钻压为 30 kN，井下气体密度为 35 kg/m^3，对比计算所用钻井液密度为 1200 kg/m^3，井斜角为 2°。

图 4-3 为光钻铤 BHA 在气体钻井时的涡动轨迹、动态侧向力和涡动速度计算结果。从图 4-3 中可以看出：(1) BHA 在井筒内做不规则的向前涡动，涡动速度波动较大，体现了气体钻井时，BHA 主要受井壁干摩擦作用的特征；(2) 钻头动态侧向力为 -0.796 kN，其体现为降斜力。

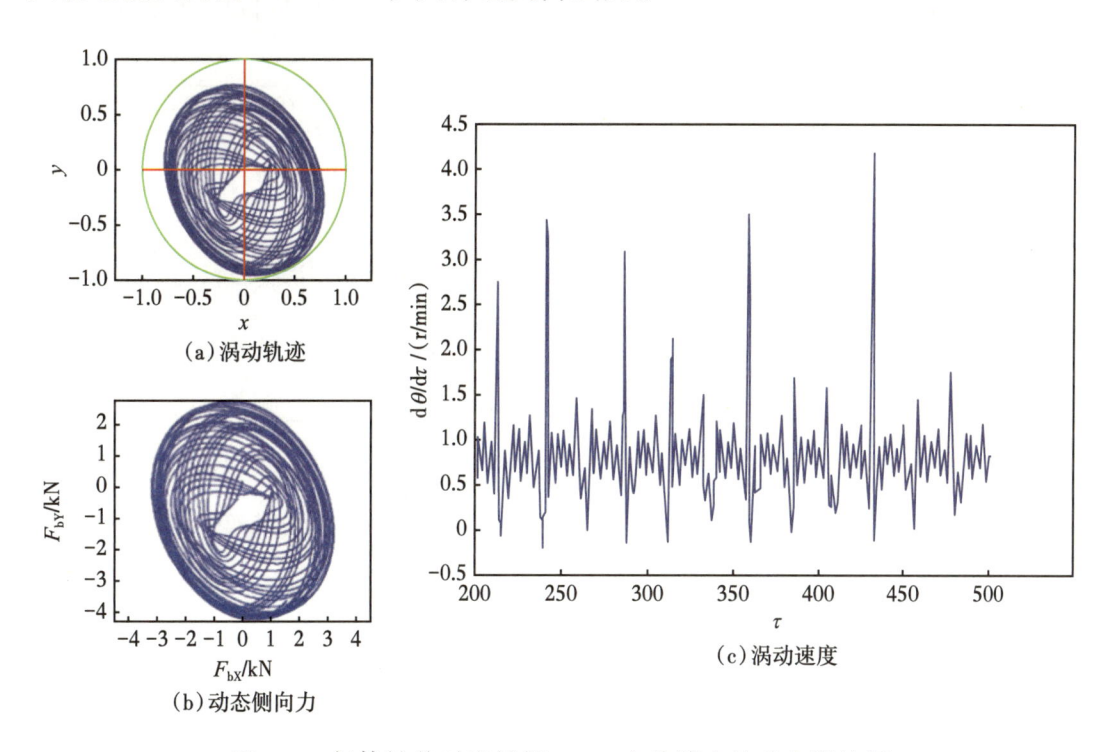

(a) 涡动轨迹

(b) 动态侧向力

(c) 涡动速度

图 4-3　气体钻井时光钻铤 BHA 在井筒内的动力学特征

图 4-4 为光钻铤 BHA 在钻井液钻井时的涡动轨迹、动态侧向力和涡动速度计算结果。从图 4-4 中可以看出：(1) BHA 在井筒内做较规则的向前涡动，涡动速度的波动幅度较小，体现钻井液对 BHA 的阻尼特征；(2) 钻头动态侧向力为 -0.541 7 kN，体现为降斜力。

(a) 涡动轨迹

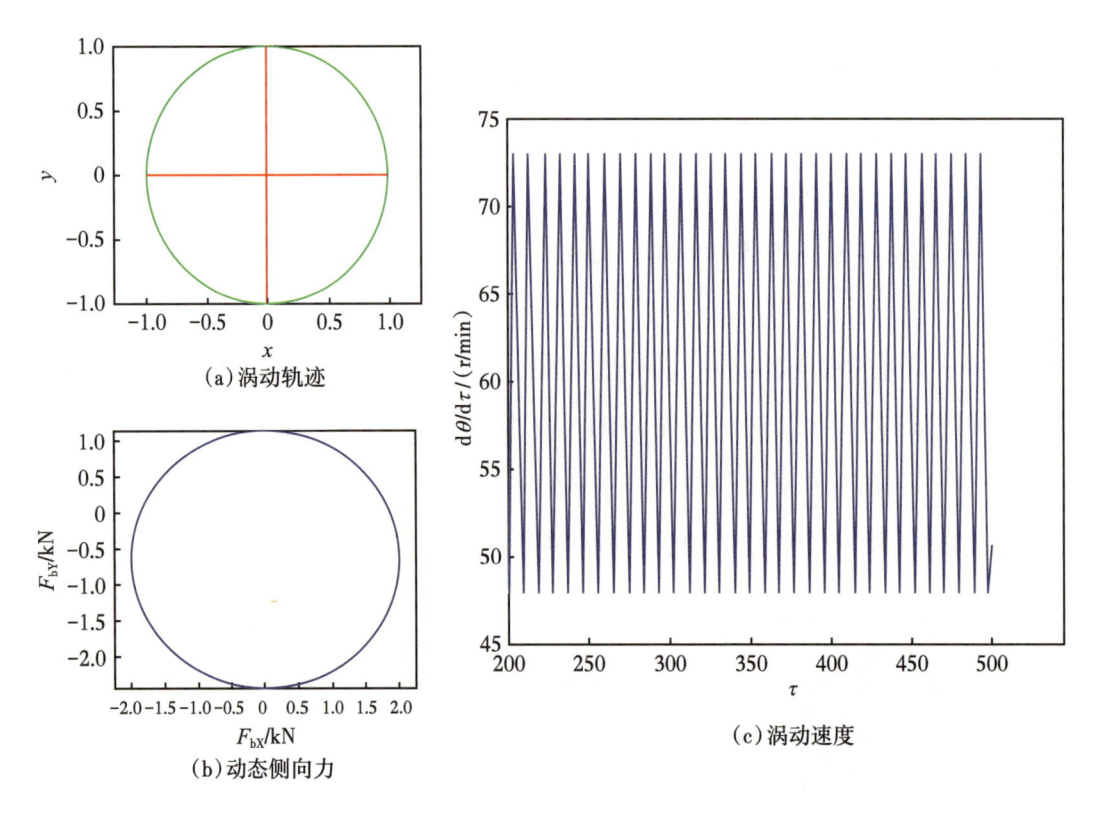

(b) 动态侧向力

(c) 涡动速度

图 4-4　钻井液钻井时光钻铤 BHA 在井筒内的动力学特征

图 4-5 为光钻铤 BHA 在气体钻井和钻井液钻井时动态钻头侧向力随钻压的变化规律，从图 4-5 中可以发现：（1）气体钻井时的动态侧向力大于钻井液钻井，反映了在 BHA 变形较小时，浮力效应的影响；（2）大尺寸光钻铤 BHA 在钻井液钻井时存在临界转换钻压值，使钻头动态降斜力快速变小，这与小尺寸光钻铤 BHA 的变化规律相反。

3. 气体钻井时单稳定器常规钟摆 BHA 的动态特性及控斜机理

对单稳定器常规钟摆 BHA 的动态特性进行研究，单稳定器常规钟摆 BHA 的结构如下：$\phi 311.2$ mm 钻头 $+\phi 228.6$ mm DC$\times L_1+\phi 309$ mm 稳定器 $+\phi 228.6$ mm DC。其中，L_1 为稳定器到钻头的距离。设置计算条件为：钻压为 30 kN，转速为 60 r/min，井下气体密度为 35 kg/m³，井斜角为 2°，对比计算所用钻井液密度为 1200 kg/m³。设置不同的 L_1 值，对气体钻井和钻井液钻井时的单稳定器常规钟摆 BHA 的动力学特性进行对比仿真分析。

第四章 砾石层气体钻井井斜机理及防斜技术

(a) 气体钻井时的钻头侧向力对比

(b) 钻井液钻井时的钻头侧向力对比

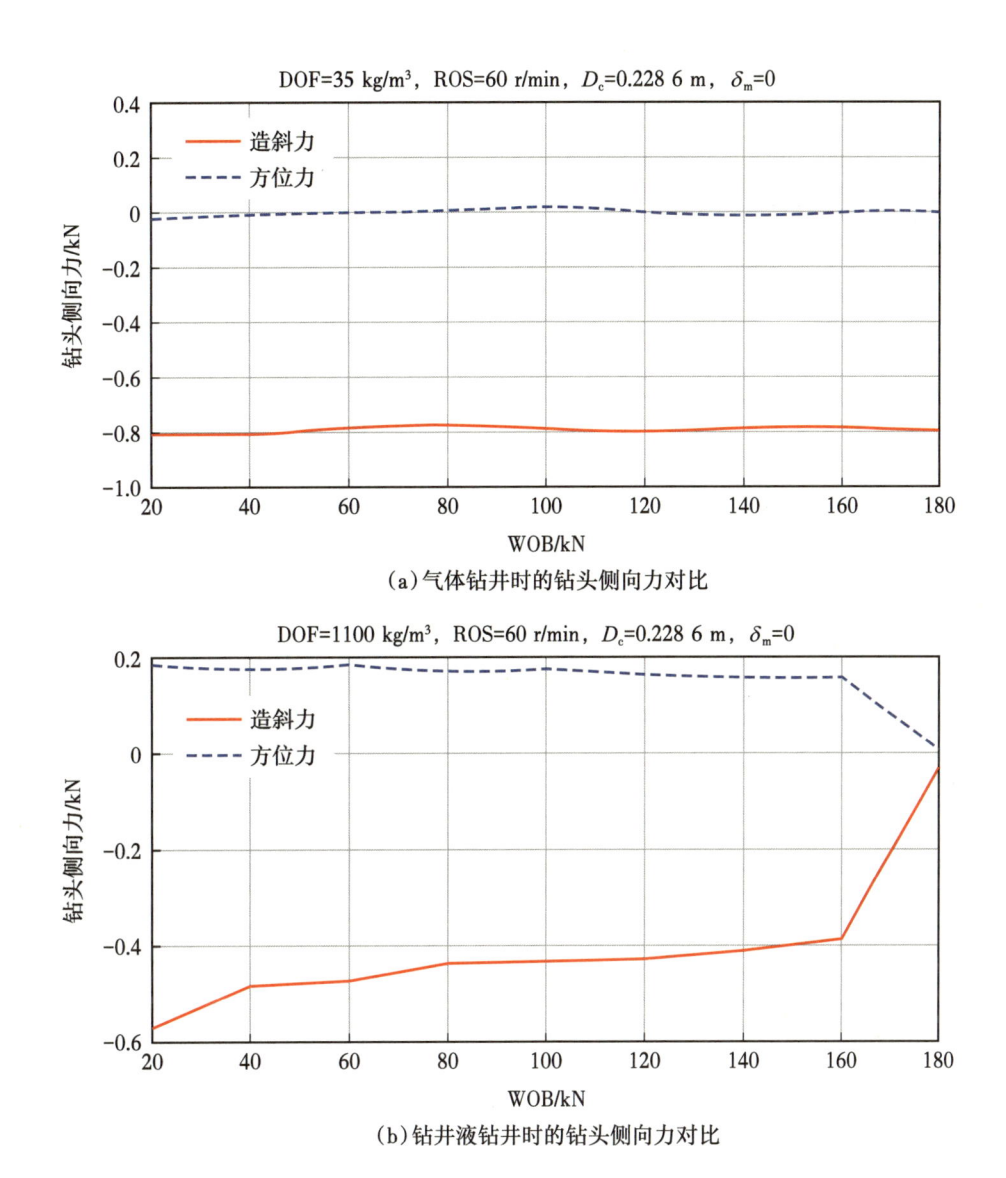

图 4-5 气体钻井和钻井液钻井的钻头侧向力对比

图 4-6 分别列出了 $L_1=18$ m 时气体钻井和钻井液钻井时单稳定器常规钟摆 BHA 的动力学特性计算结果。气体钻井时，单稳定器 BHA 的形心做向后不规则的涡动，随后沿井壁做规则的向后涡动，平均涡动速度为 185.84 r/min，平均侧向力为 -0.773 kN。钻井液钻井时，BHA 做向后不规则的涡动，平均涡动速度为 178.69 r/min。侧向力的变化频率较小，这与钻井液钻井时，钻井液对 BHA 的阻力较大有关。钻井液钻井时，钻头降斜力为 0.59 kN，小于气体钻井时的钻头降斜力。

133

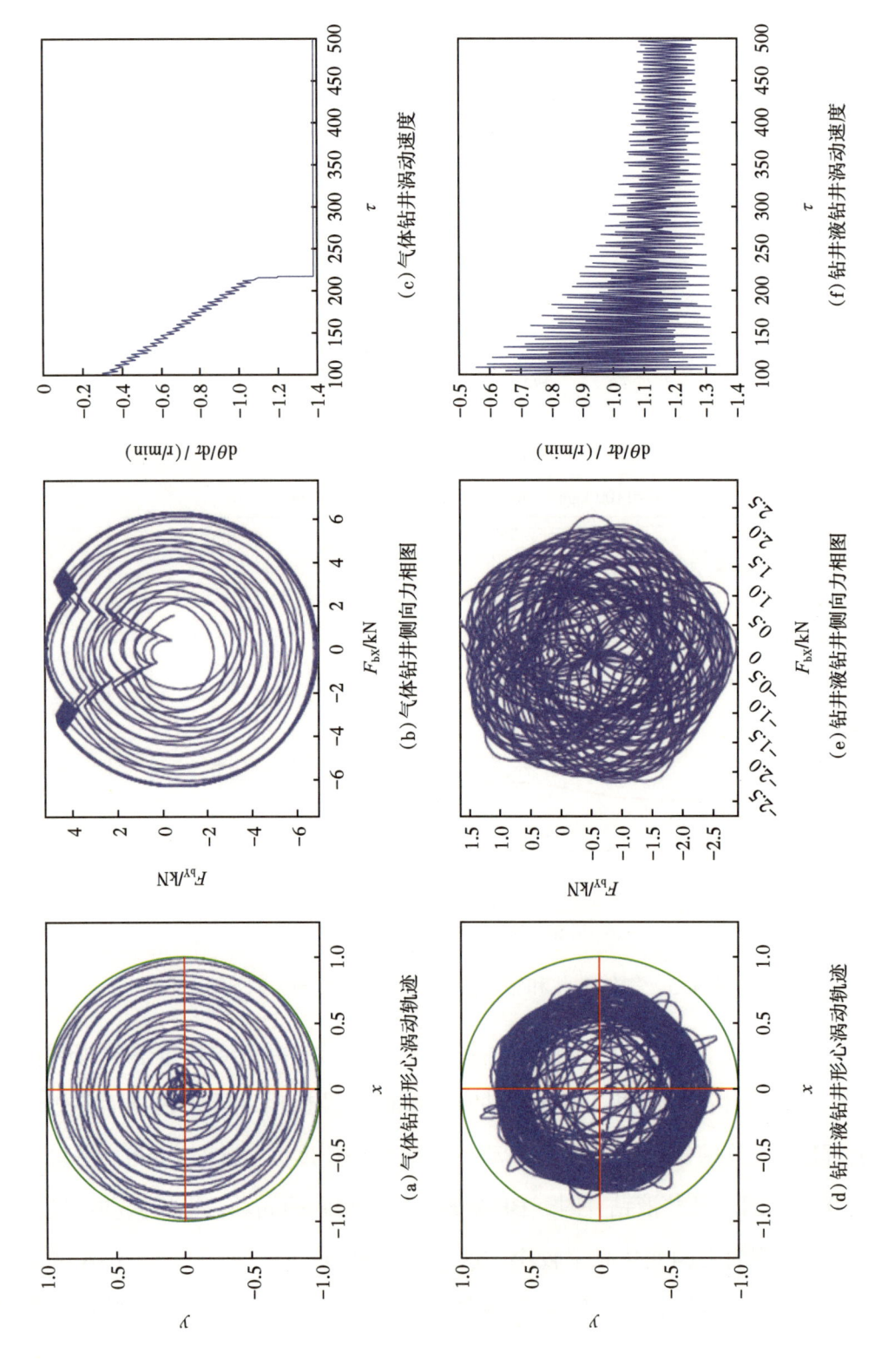

图4-6 L_1为18 m时气体钻井和钻井液钻井单稳定器BHA动力学特征图

图 4-7 中列出了气体钻井时，稳定器位置到钻头距离 L_1 对动态侧向力的影响。转速为 60 r/min、钻压为 30 kN 时，存在一个最优的 L_1 值（约为 25 m），其可使钻头上的降斜力达到最大。

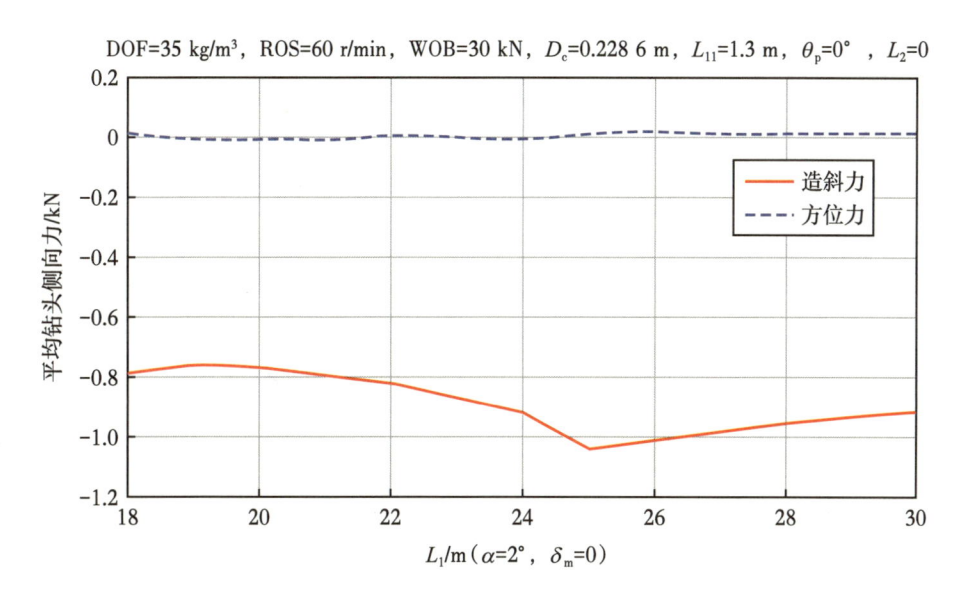

图 4-7　气体钻井时单稳定器 BHA 钻头动态侧向力随 L_1 的变化规律

图 4-8 展示了当 L_1=27 m 时，气体钻井和钻井液钻井时单稳定器常规钟摆 BHA 的涡动轨迹、钻头动态侧向力和涡动速度。气体钻井时，涡动轨迹为沿井壁向前规则涡动，涡动速度为 60 r/min，而此时的动态侧向力达 −0.99 kN，体现为较大的降斜力；钻井液钻井时的涡动轨迹和涡动速度与气体钻井时基本一致，动态侧向力为 −0.96 kN，同样体现为较大的降斜力。

4. 气体钻井时双稳定器常规钟摆 BHA 的动态特性及控斜机理

对带双稳定器 BHA 气体钻井时的动力学特征展开研究。双稳定器钟摆 BHA 结构如下：ϕ311.2 mm 钻头 +ϕ228.6 mm DC×L_1+ϕ309 mm 稳定器 +ϕ228.6 mm DC×L_2+ϕ309 mm 稳定器 +ϕ228.6 mmDC……其中，L_1 为稳定器到钻头的距离，L_2 为两个稳定器之间的距离，初始设置为 9 m。设置计算条件为：钻压为 30 kN，转速为 60 r/min，井下气体密度为 35 kg/m³，井斜角为 2°，钻井液密度为 1200 kg/m³。设置不同的 L_1 值，对气体钻井和钻井液钻井时的双稳定器常规钟摆 BHA 的动力学特性进行对比仿真分析。

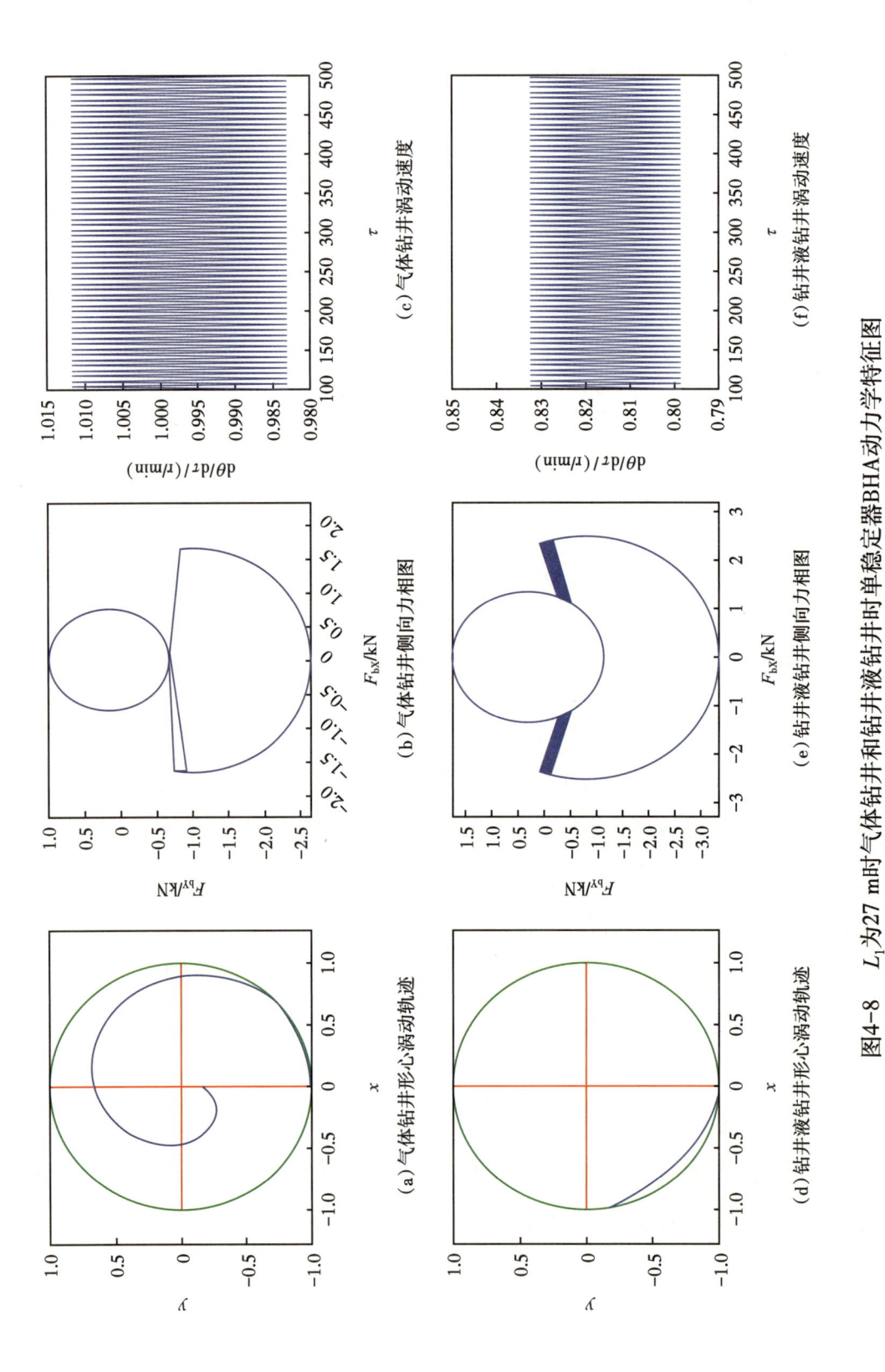

图4-8 L_1为27 m时气体钻井和钻井液钻井时单稳定器BHA动力学特征图

图 4-9 为 L_1 为 18 m 时气体钻井和钻井液钻井双稳定器 BHA 的形心涡动轨迹、侧向力相图和涡动速度图。运动稳定后，气体钻井时，BHA 的形心主要做向后规则的涡动，平均涡动速度 197.69 r/min，钻头上的降斜力为 0.658 kN；钻井液钻井时，BHA 做向后不规则的涡动，涡动速度在 130~166 r/min 波动，对应的钻头降斜力为 0.564 kN，小于气体钻井时的钻头降斜力。

图 4-10 为 L_1 为 18 m 时气体钻井和钻井液钻井时，双稳定器 BHA 的形心涡动轨迹、侧向力相图和涡动速度图。运动稳定后，气体钻井时，BHA 的形心主要做向前规则的涡动，平均涡动速度为 60 r/min，钻头上的降斜力为 0.724 kN；钻井液钻井时，BHA 也做向前规则的涡动，涡动速度约为 60 r/min，对应的钻头降斜力为 0.733 kN，略大于气体钻井时的钻头降斜力。

稳定器位置对气体钻井钻头动态侧向力的影响较大。图 4-11 展示了气体钻井时双稳定器 BHA 的钻头动态侧向力随 L_1 的变化规律。当 L_1=22 m 和 L_1=30 m 时，降斜力较大。

5. 气体钻井时单稳定器预弯钟摆 BHA 的动态特性及控斜机理

单稳定器预弯钟摆 BHA 的结构如下：ϕ311.2 mm 钻头 +ϕ228.6 mm 预弯短节（0.75°）+ϕ228.6 mm DC×L_1+ϕ309 mm 稳定器 +ϕ228.6 mm DC……其中，L_1 为稳定器到钻头的距离，预弯短节到钻头的距离 L_{11} 为 1.3 m。设置计算条件为：钻压为 30 kN，转速为 60 r/min，井下气体密度为 35 kg/m³，井斜角为 2°，比较计算时，钻井液密度设为 1200 kg/m³。设置不同的 L_1 值，对气体钻井和钻井液钻井时单稳定器预弯钟摆 BHA 的动力学特性进行对比仿真分析。

图 4-12 展示了 L 为 18 m 时，气体钻井和钻井液钻井时单稳定器预弯钟摆 BHA 的动力学特性的模拟结果。气体钻井时，单稳定器预弯钟摆 BHA 的形心做向前和向后不规则的涡动，涡动速度介于 -202~202 r/min 之间，平均涡动速度为 -15.48 r/min，平均侧向力为 -0.53 kN；钻井液钻井时，该 BHA 同样做向前和向后不规则的涡动，平均涡动速度更小，侧向力的变化频率较小，这与钻井液钻井时气体对 BHA 的阻力较大有关。钻井液钻井时，钻头降斜力为 0.56 kN。

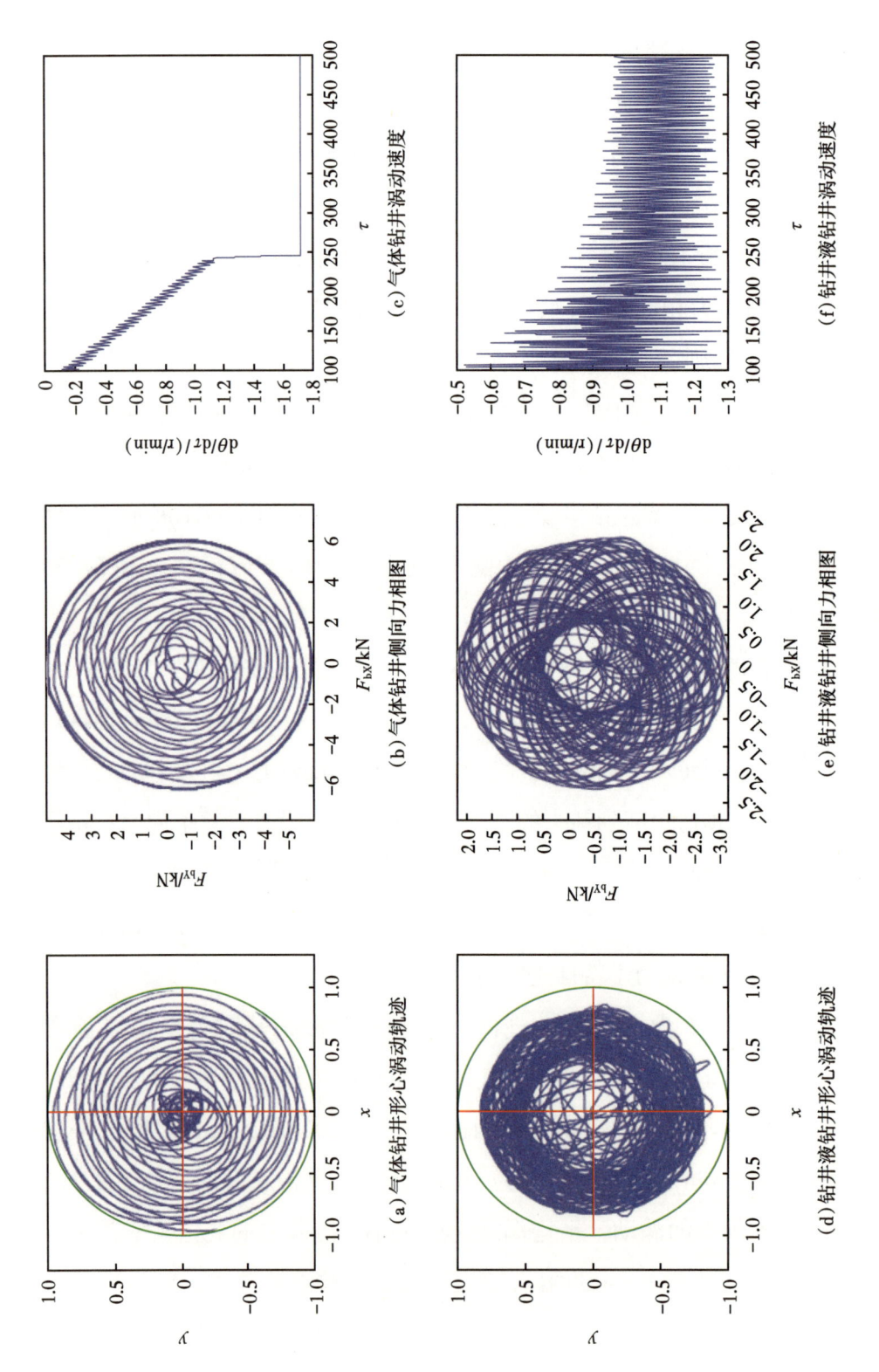

图4-9 L_1为18 m时气体钻井和钻井液钻井时双稳定器BHA动力学特征

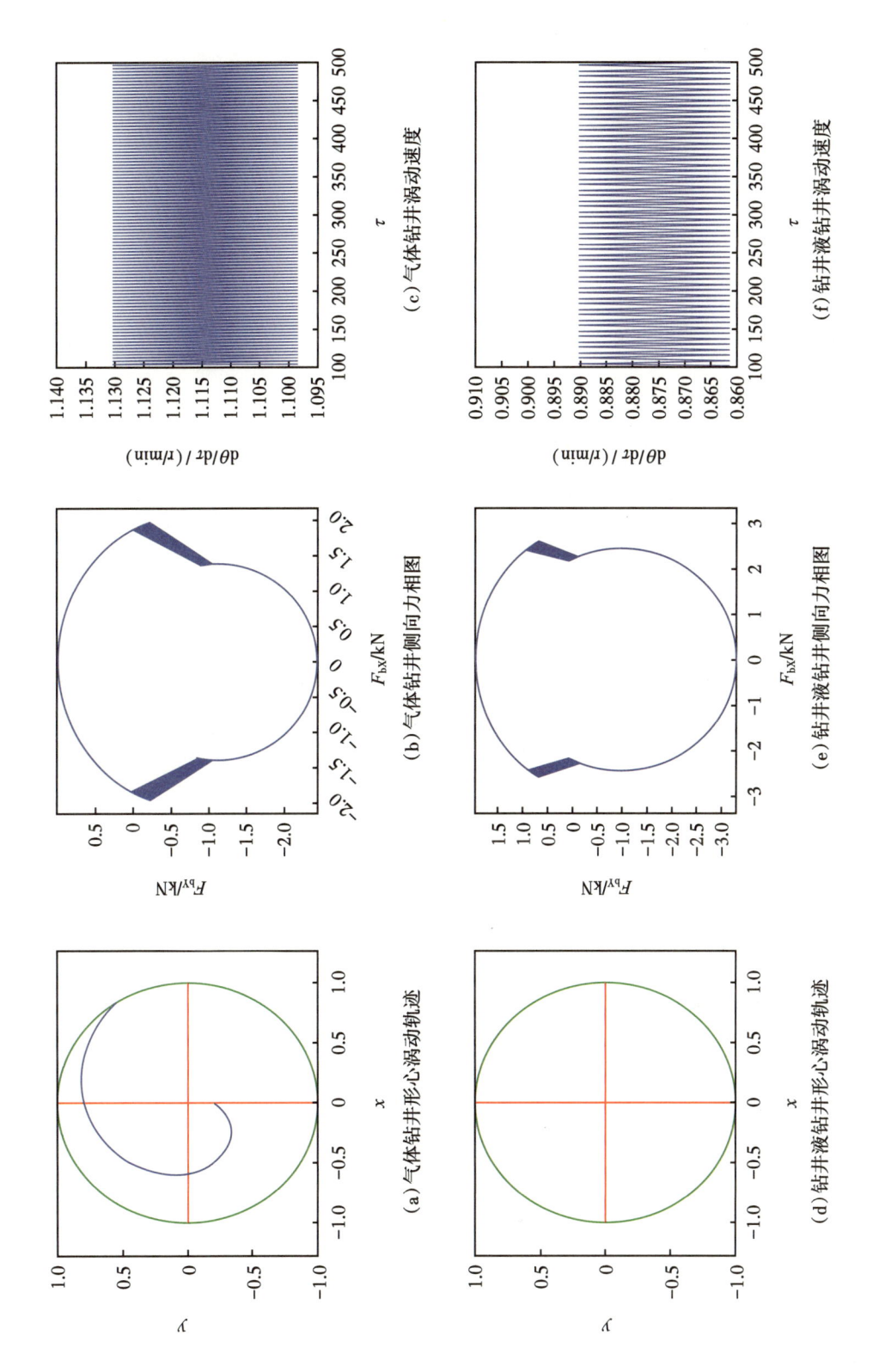

图4-10 L_1为18 m时气体钻井和钻井液钻井时双稳定器BHA动力学特征

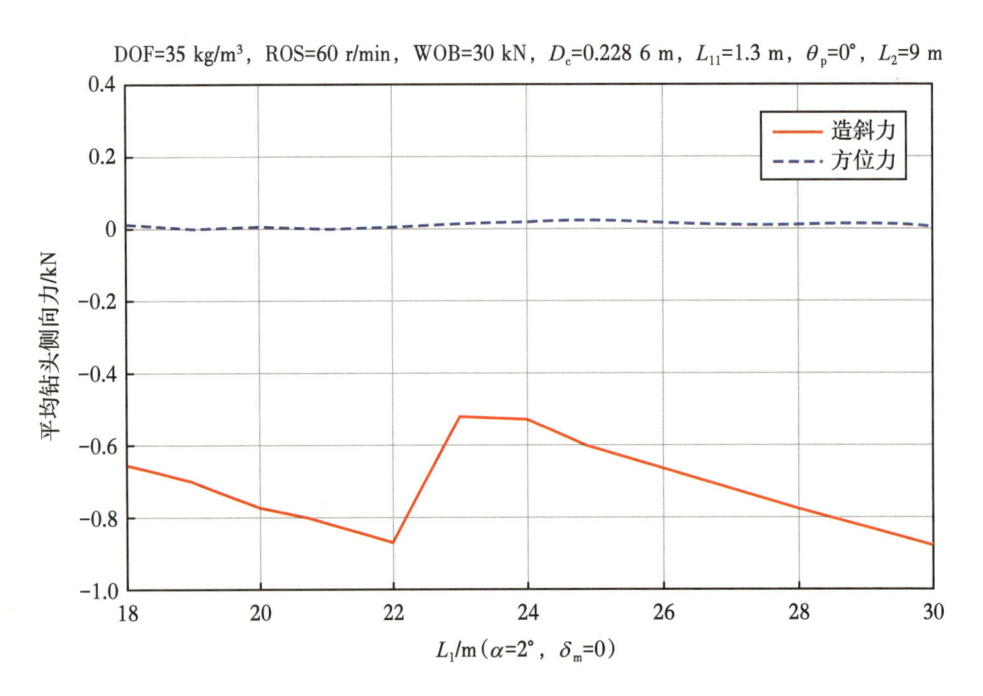

图 4-11　气体钻井时双稳定器 BHA 的钻头动态侧向力随 L_1 的变化规律

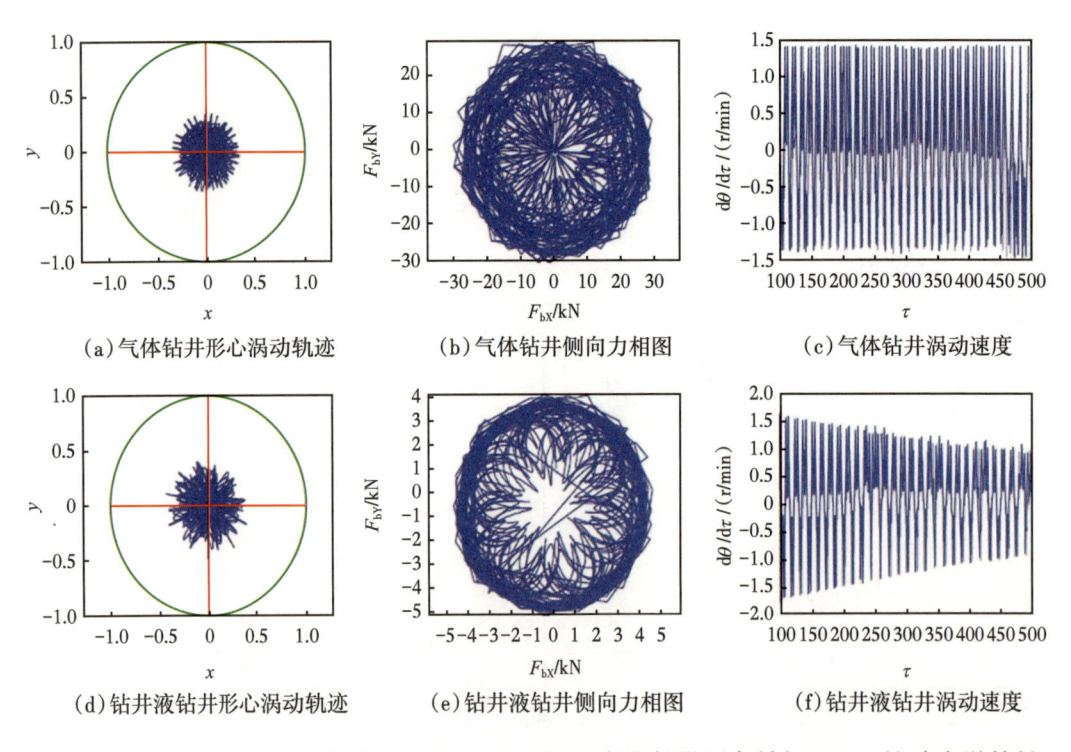

(a) 气体钻井形心涡动轨迹　　(b) 气体钻井侧向力相图　　(c) 气体钻井涡动速度

(d) 钻井液钻井形心涡动轨迹　　(e) 钻井液钻井侧向力相图　　(f) 钻井液钻井涡动速度

图 4-12　L 为 18 m 时气体钻井和钻井液钻井时单稳定器预弯钟摆 BHA 的动力学特性

图4-13展示了L为27 m时气体钻井和钻井液钻井时单稳定器预弯钟摆BHA的动力学特性的模拟结果。气体钻井时，单稳定器预弯钟摆BHA的形心做向前规则的涡动，平均涡动速度为60 r/min，平均侧向力为-1.275 kN；钻井液钻井时（密度为1200 kg/m³），该BHA同样做向前规则的涡动，平均涡动速度为60 r/min，钻头降斜力为0.942 kN。

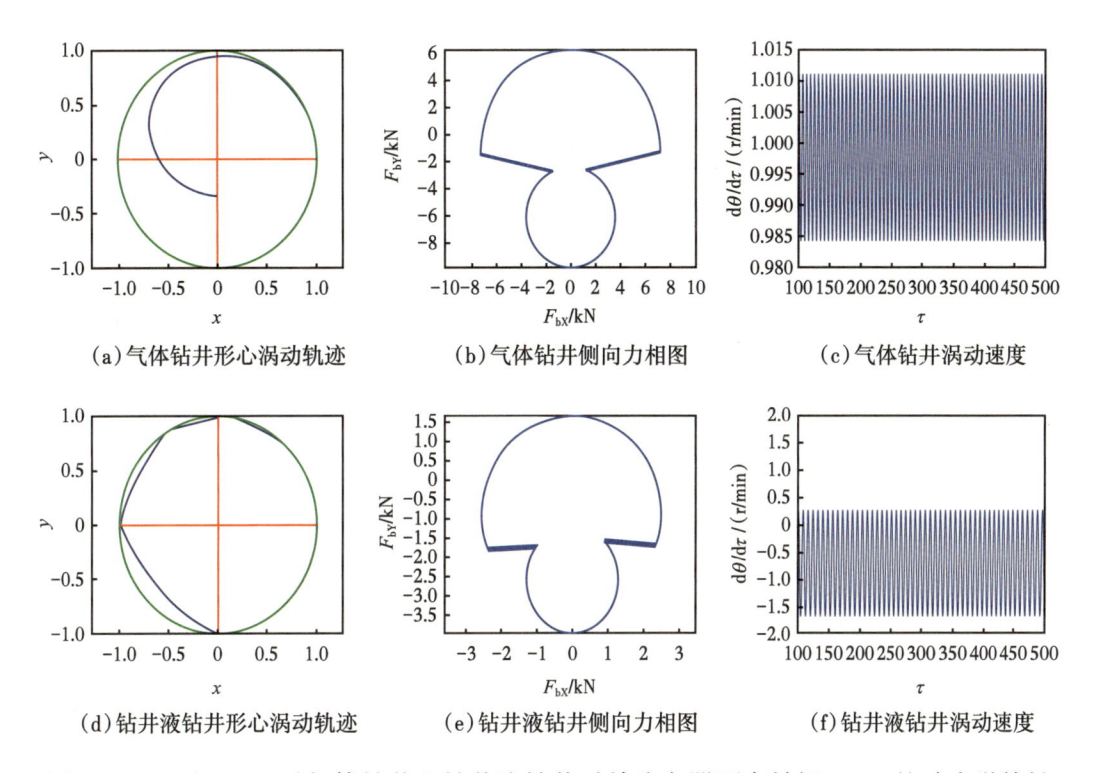

(a) 气体钻井形心涡动轨迹　　(b) 气体钻井侧向力相图　　(c) 气体钻井涡动速度

(d) 钻井液钻井形心涡动轨迹　　(e) 钻井液钻井侧向力相图　　(f) 钻井液钻井涡动速度

图4-13　L为27 m时气体钻井和钻井液钻井时单稳定器预弯钟摆BHA的动力学特性

图4-14绘制了气体钻井时稳定器位置到钻头的距离L_1对动态侧向力的影响曲线。从图4-14中可以看出，转速为60 r/min、钻压为30 kN时的最优的L_1值在28 m左右，其可使钻头上的降斜力达到最大（-1.3 kN）。

6. 气体钻井时双稳定器预弯钟摆BHA的动态特性及控斜机理

对双稳定器钟摆BHA动态特性进研究，双稳定器预弯钟摆BHA结构如下：ϕ311.2 mm钻头+ϕ228.6 mm预弯短节（0.75°）+ϕ228.6 mm DC×L_1+ϕ309 mm稳定器+ϕ228.6 mm DC×9 m+ϕ309 mm稳定器+ϕ228.6 mm DC……其中，L_1为稳定器到钻头的距离，初始设置为27 m，预弯短节到钻头的距离L_{11}为1.3 m。

设置计算条件为：钻压为 30 kN，转速为 60 r/min，井下气体密度为 35 kg/m³，井斜角为 2°。设置 L_1 为 27 m，对气体钻井和钻井液钻井时双稳定器预弯钟摆 BHA 的动力学特性进行对比仿真分析。

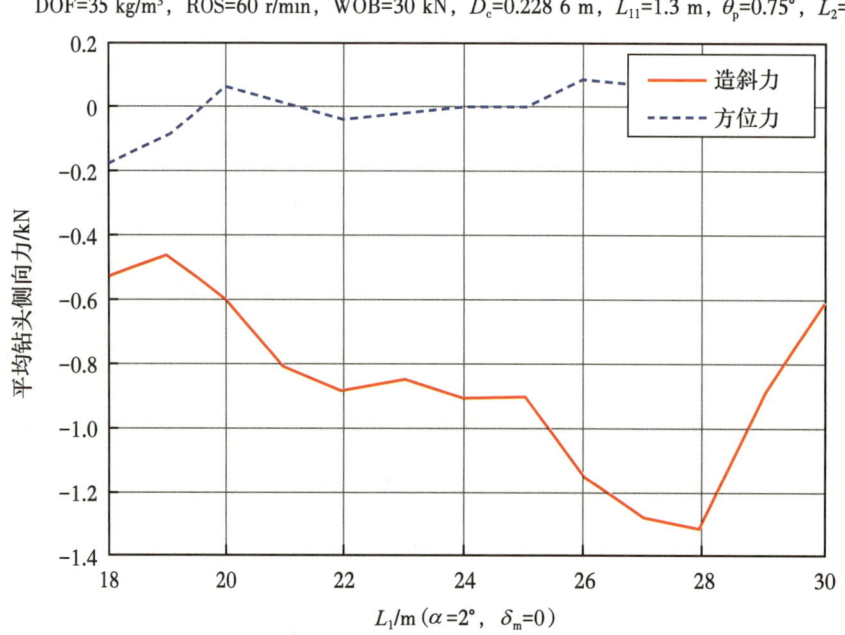

图 4-14　气体钻井单稳定器 BHA 钻头动态侧向力随 L_1 的变化规律

图 4-15 展示了气体钻井时双稳定器预弯钟摆 BHA 的动力学特性模拟结果。从图 4-15 中可以看出，气体钻井时双稳定器预弯钟摆 BHA 的形心做向前规则的涡动，平均涡动速度为 60 r/min，平均侧向力为 -1.032 kN；钻井液钻井时（密度为 1200 kg/m³），双稳定器预弯钟摆 BHA 同样做向前规则的涡动，平均涡动速度为 60 r/min，钻头侧向力为 -0.841 kN。

二、钻头受地层不规则动态轴向力对气体钻井井斜的影响

BHA 运动时，其在钻压及离心力的作用下，势必与井壁发生碰撞，形成涡动。这一方面在钻头上形成动态侧向力，另一方面引起钻头端面与井底岩石之间的动态接触力发生改变。本小节分析几种 BHA 在气体钻井时的动态轴向作用力特征（不含钻压）。

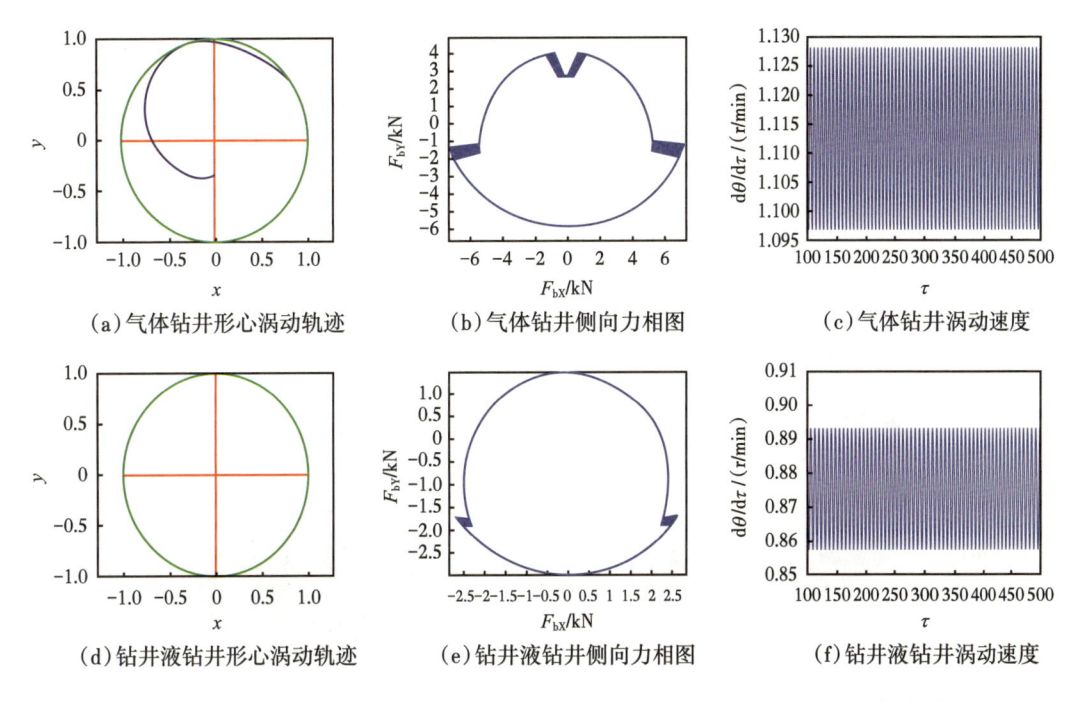

(a)气体钻井形心涡动轨迹　　(b)气体钻井侧向力相图　　(c)气体钻井涡动速度

(d)钻井液钻井形心涡动轨迹　(e)钻井液钻井侧向力相图　(f)钻井液钻井涡动速度

图 4-15　气体钻井和钻井液钻井时双稳定器预弯钟摆 BHA 的动力学特性

1. 光钻铤 BHA 的动态轴向力特征

采用仿真方法对光钻铤 BHA 的动态轴向力特征进行模拟分析，模拟中设置 BHA 结构及基本计算条件如下：ϕ311.2 mm 钻头 +ϕ228.6 mm DC×5 柱 +……计算参数：转速为 60 r/min，钻压为 30 kN，井下气体密度为 35 kg/m³，钻井液密度为 1200 kg/m³，井斜角为 2°。对气体钻井和钻井液钻井时光钻铤 BHA 钻头动态轴向力进行模拟。

图 4-16 展示了气体钻井和钻井液钻井时光钻铤 BHA 钻头动态轴向力特征的模拟结果，气体钻井时的钻头动态轴向力比钻井液钻井时的动态轴向力大，前者的平均值为 -5.84 kN，后者的平均值为 -3.49 kN。动态轴向力大有利于破岩，提高钻进速度；气体钻井时的钻头动态轴向力的变化更为剧烈，这可能是引起气体钻井井斜的一个主要原因。钻井液钻井时的动态轴向力的波动较小，但体现为一侧（井眼低边）的钻头动态轴向力较大，这对防斜有利。

2. 单稳定器常规钟摆 BHA 的动态轴向力特征

采用仿真方法对单稳定器常规钟摆 BHA 的动态轴向力特征进行模拟分析，

模拟中设置的 BHA 结构及基本计算条件如下：ϕ311.2 mm 钻头 +ϕ228.6 mm DC×L_1 +ϕ309 mm 稳定器 +ϕ228.6 mm DC……其中，L_1 为稳定器到钻头的距离。设置计算条件：钻压为 30 kN，转速为 60 r/min，井下气体密度为 35 kg/m³，对比计算所用钻井液密度为 1200 kg/m³，井斜角为 2°。设置不同的 L_1 值，对气体钻井和钻井液钻井时单稳定器常规钟摆 BHA 的钻头动态轴向力进行模拟。

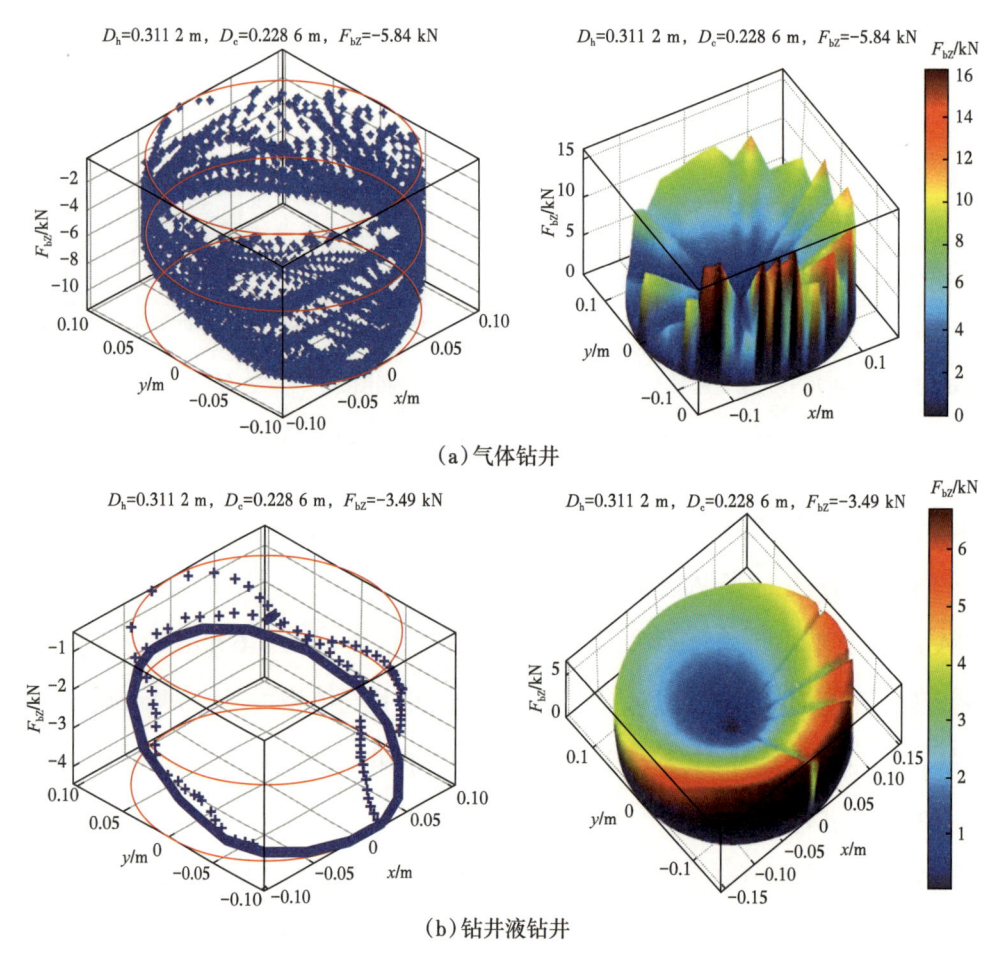

(a) 气体钻井

(b) 钻井液钻井

图 4-16 气体钻井和钻井液钻井时光钻铤 BHA 的钻头动态轴向力特征

图 4-17 和图 4-18 分别展示了 L_1=18 m 和 L_1=27 m 时气体钻井和钻井液钻井时光钻铤 BHA 的钻头动态轴向力特征的模拟结果。从模拟结果可以发现：当 L_1=18 m 时，气体钻井时的钻头动态轴向力远大于钻井液钻井时的动态轴向力，前者的平均值为 −6.16 kN，后者的平均值为 −1.34 kN，而且气体钻井时的钻头动态轴向力的变化更为剧烈；当 L_1=27 m 时，气体钻井时的钻头动态轴向

力略大于钻井液钻井时的钻头动态轴向力,前者的平均值为 -4.11 kN,后者的平均值为 -3.99 kN。但值得注意的是,在两种情况下,钻头动态轴向力在一侧明显较大(低边一侧),这种不均匀性可以提高 BHA 的降斜能力。

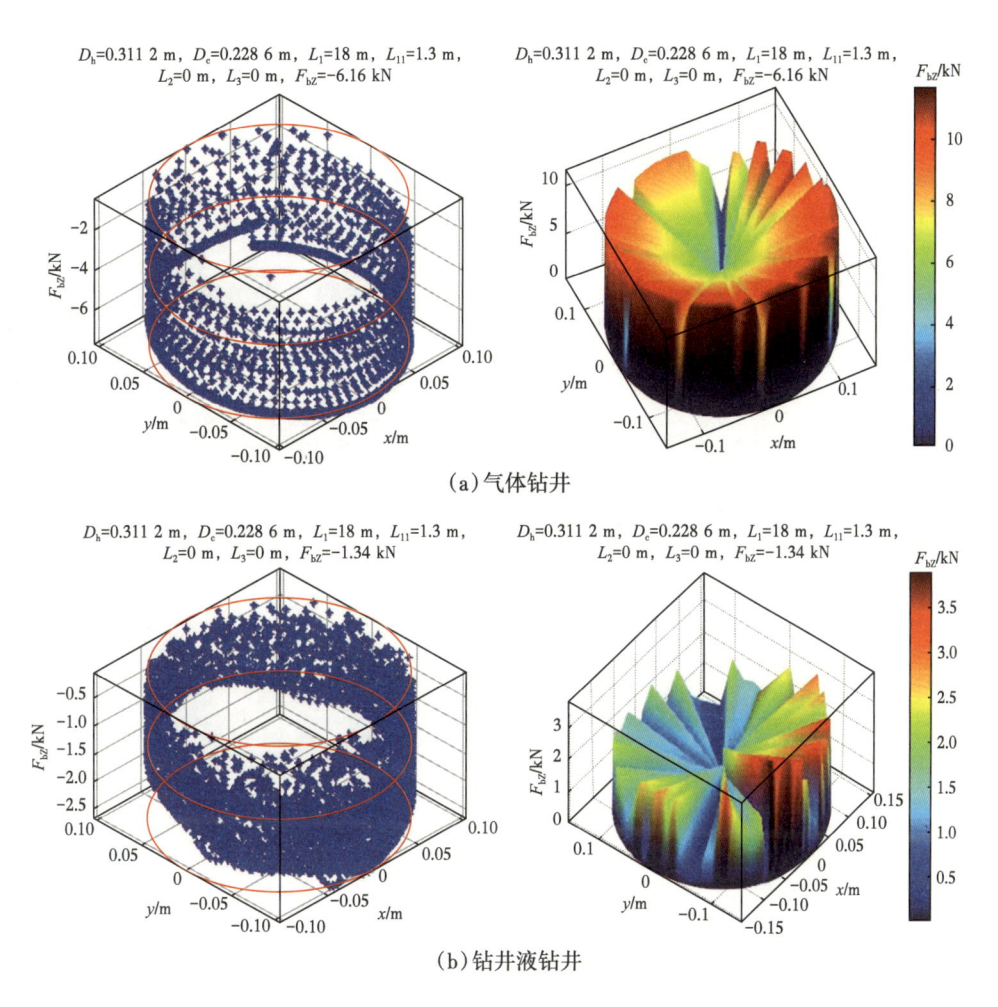

(a)气体钻井

(b)钻井液钻井

图 4-17 气体钻井和钻井液钻井时单稳定器常规钟摆 BHA 的钻头动态轴向力特征(L_1=18 m)

3. 双稳定器常规钟摆 BHA 的动态轴向力特征

采用仿真方法对双稳定器常规钟摆 BHA 的动态轴向力特征进行模拟分析,模拟中设置的 BHA 结构及基本计算条件如下:ϕ311.2 mm 钻头 +ϕ228.6 mm DC×L_1+ϕ309 mm 稳定器 +ϕ228.6 mm DC×L_2+ϕ309 mm 稳定器 +ϕ228.6 mm DC……设置计算条件:钻压为 30 kN,转速为 60 r/min;井下气体密度为 35 kg/m³,对比计算所用钻井液密度为 1200 kg/m³,井斜角为 2°。设置不同的 L_1 值,对气体钻井和钻井液钻井时双稳定器常规钟摆 BHA 的钻头动态轴向力进行模拟。

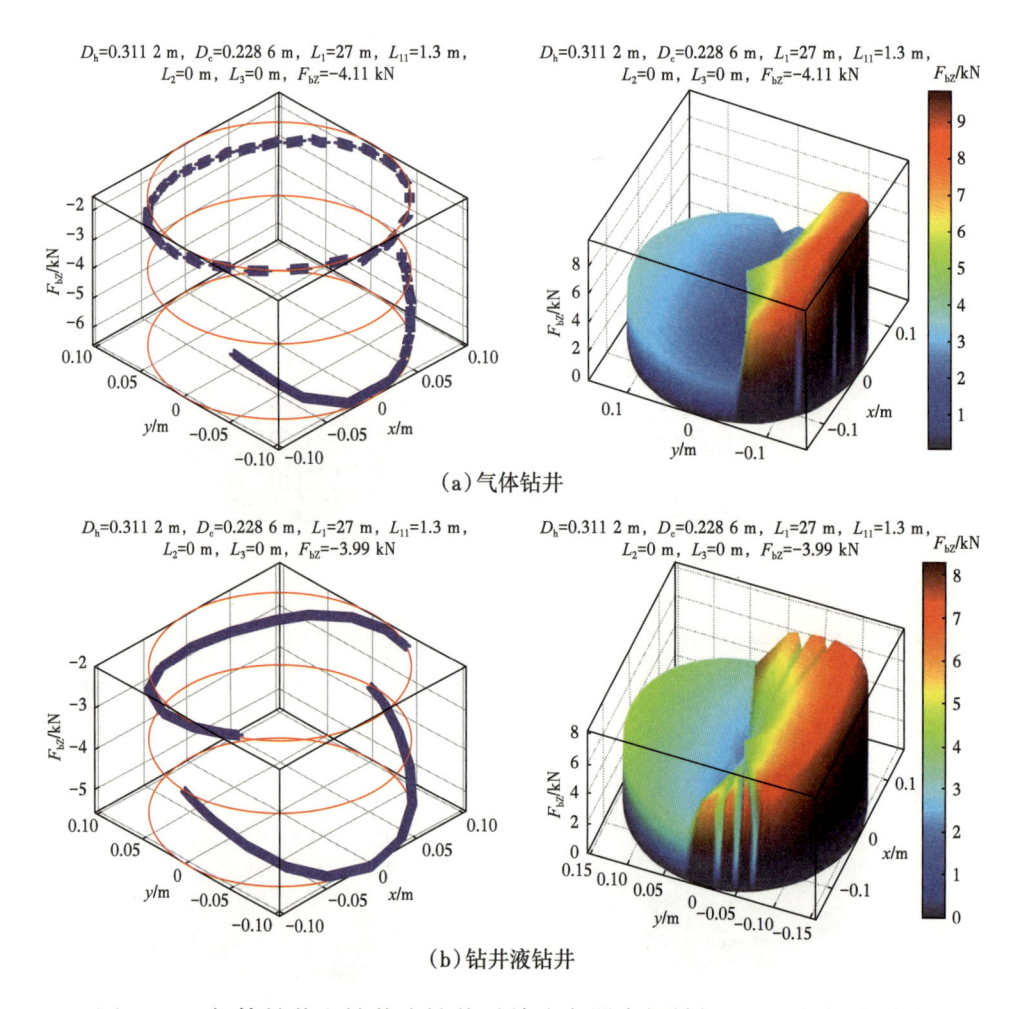

(a)气体钻井

(b)钻井液钻井

图 4-18 气体钻井和钻井液钻井时单稳定器常规钟摆 BHA 的钻头动态轴向力特征(L_1=27 m)

图 4-19 和图 4-20 分别展示了 L_1=18 m 和 L_1=27 m 时气体钻井和钻井液钻井时双稳定器常规钟摆 BHA 的钻头动态轴向力特征的模拟结果。从模拟结果可以发现：当 L_1=18 m 时，气体钻井时的钻头动态轴向力远大于钻井液钻井时的钻头动态轴向力，前者的平均值为 -6.6 kN，后者的平均值为 -1.99 kN，而且气体钻井时的钻头动态轴向力的变化更为剧烈，不均匀度提高；当 L_1=27 m 时，气体钻井时的钻头动态轴向力略大于钻井液钻井时的钻头动态轴向力，前者的平均值为 -5.51 kN，后者的平均值为 -5.05 kN。但值得注意的是，在两种情况下，钻头动态轴向力在一侧明显较大，这种不均匀性可以提高 BHA 的降斜能力。

(a)气体钻井

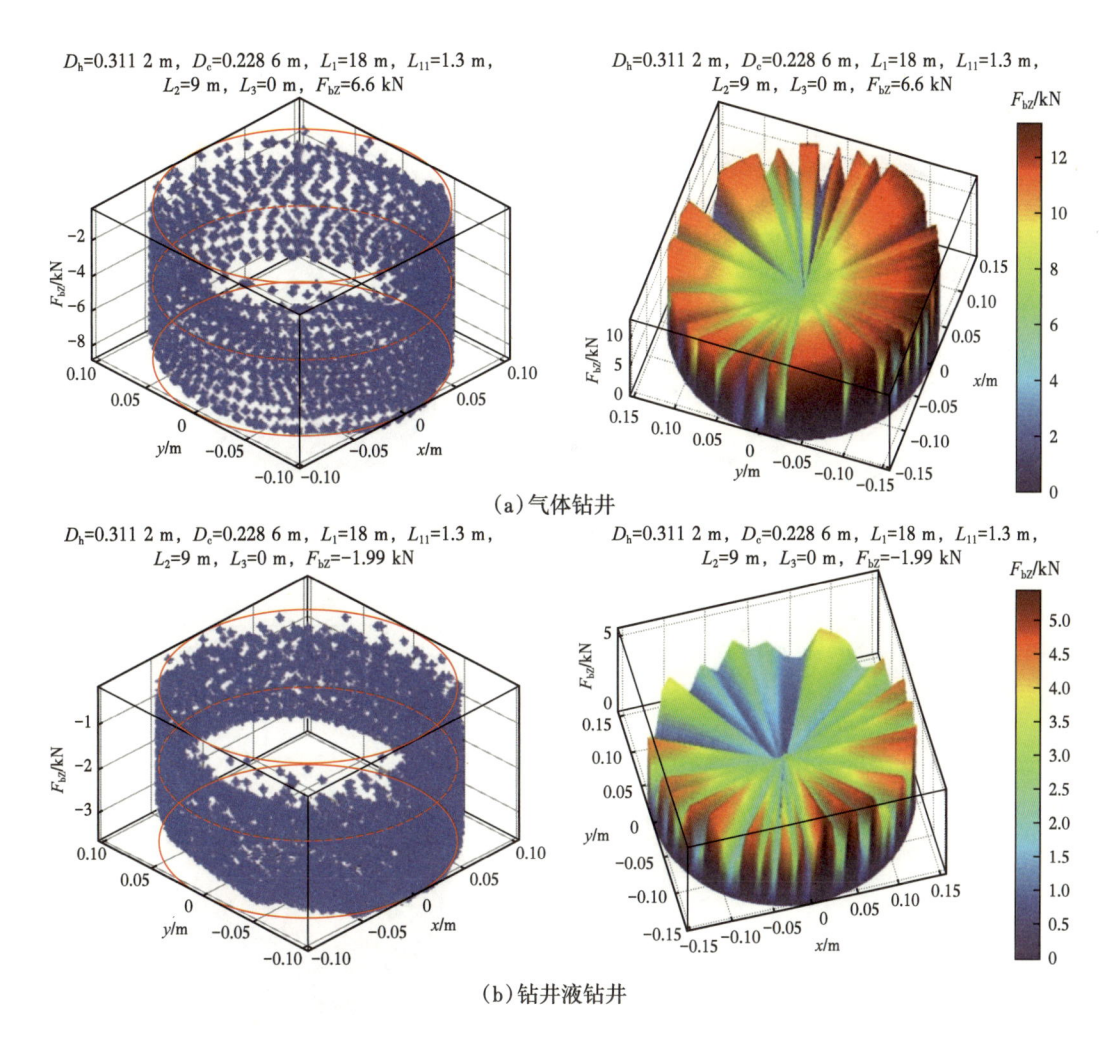

(b)钻井液钻井

图 4-19　气体钻井和钻井液钻井时双稳定器常规钟摆 BHA 的钻头动态轴向力特征（L_1=18 m）

4. 单稳定器预弯钟摆 BHA 的动态轴向力特征

采用仿真方法对单稳定器预弯钟摆 BHA 的动态轴向力特征进行模拟分析，模拟中设置的 BHA 结构及基本计算条件如下：ϕ311.2 mm 钻头 +ϕ228.6 mm 预弯短节（0.75°）+ϕ228.6 mm DC×L_1 +ϕ309 mm 稳定器 +ϕ228.6 mm DC……设置计算条件：钻压为 30 kN，转速为 60 r/min；井下气体密度为 35 kg/m³，对比计算所用钻井液密度为 1200 kg/m³，井斜角为 2°。设置不同的 L_1 值，对气体钻井和钻井液钻井时单稳定器预弯钟摆 BHA 的钻头动态轴向力进行模拟。

(a)气体钻井

(b)钻井液钻井

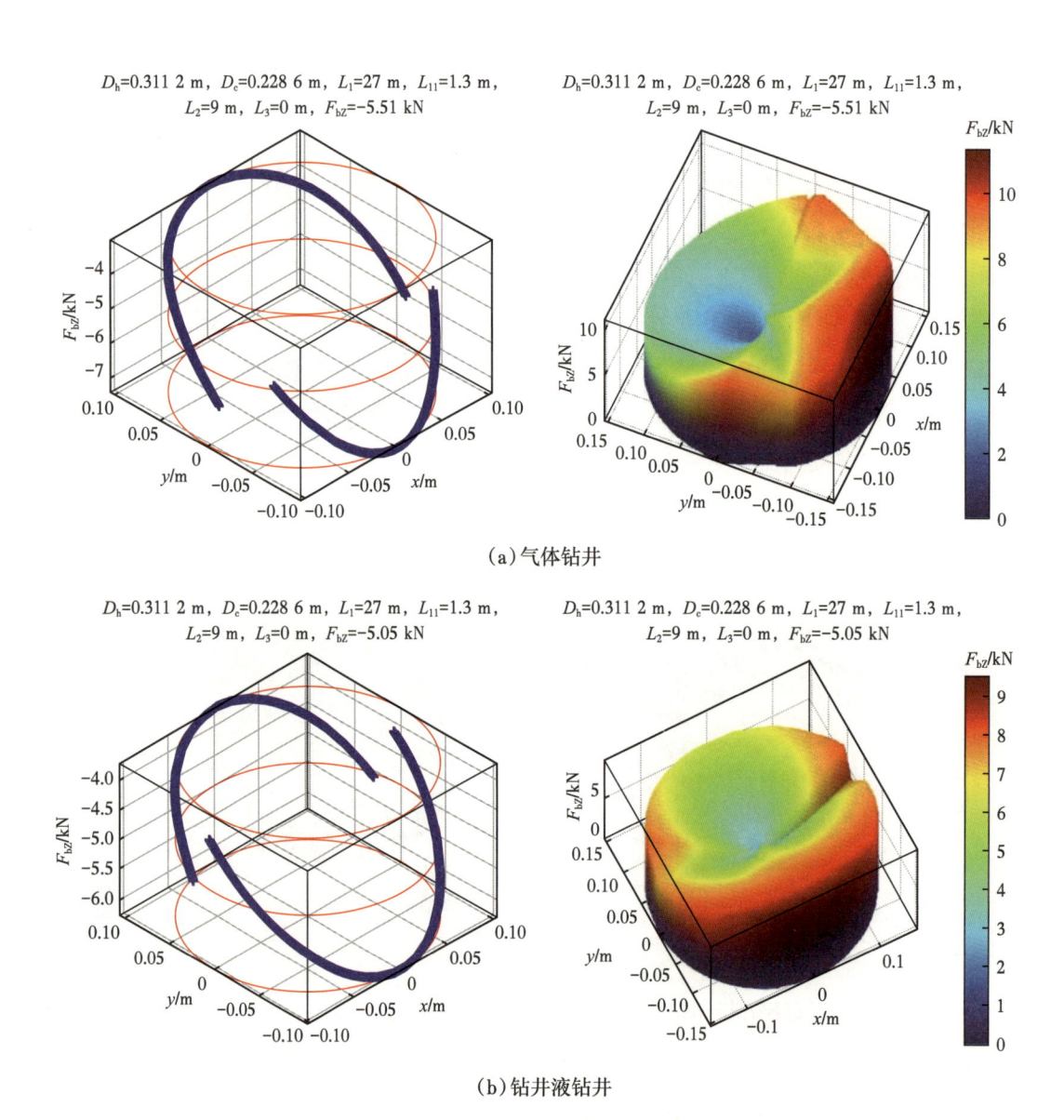

图 4-20　气体钻井和钻井液钻井时双稳定器常规钟摆 BHA 的钻头动态轴向力特征（L_1=27 m）

图 4-21 和图 4-22 分别展示了 L_1=18 m 和 L_1=27 m 时气体钻井和钻井液钻井时单稳定器预弯钟摆 BHA 的钻头动态轴向力特征的模拟结果。从模拟结果可以看出：当 L_1=18 m 时，气体钻井时的钻头动态轴向力远大于钻井液钻井时的钻头动态轴向力，由于存在弯角，前者的平均值为 -16.97 kN，后者的平均值为 -2.75 kN，而且气体钻井时的钻头动态轴向力的变化更为剧烈，不均匀度提高；当 L_1=27 m 时，气体钻井时的钻头动态轴向力略大于钻井液钻井时

的钻头动态轴向力,由于存在弯角,前者的平均值为 -16.86 kN,后者的平均值为 -4.24 kN。但值得注意的是,在两种情况下,钻头动态轴向力在一侧明显较大(低边),并明显大于常规钟摆 BHA(最大值达 36 kN,超过钻压 30 kN)。这种分布的不均匀性可以提高 BHA 的降斜能力。

(a)气体钻井

(b)钻井液钻井

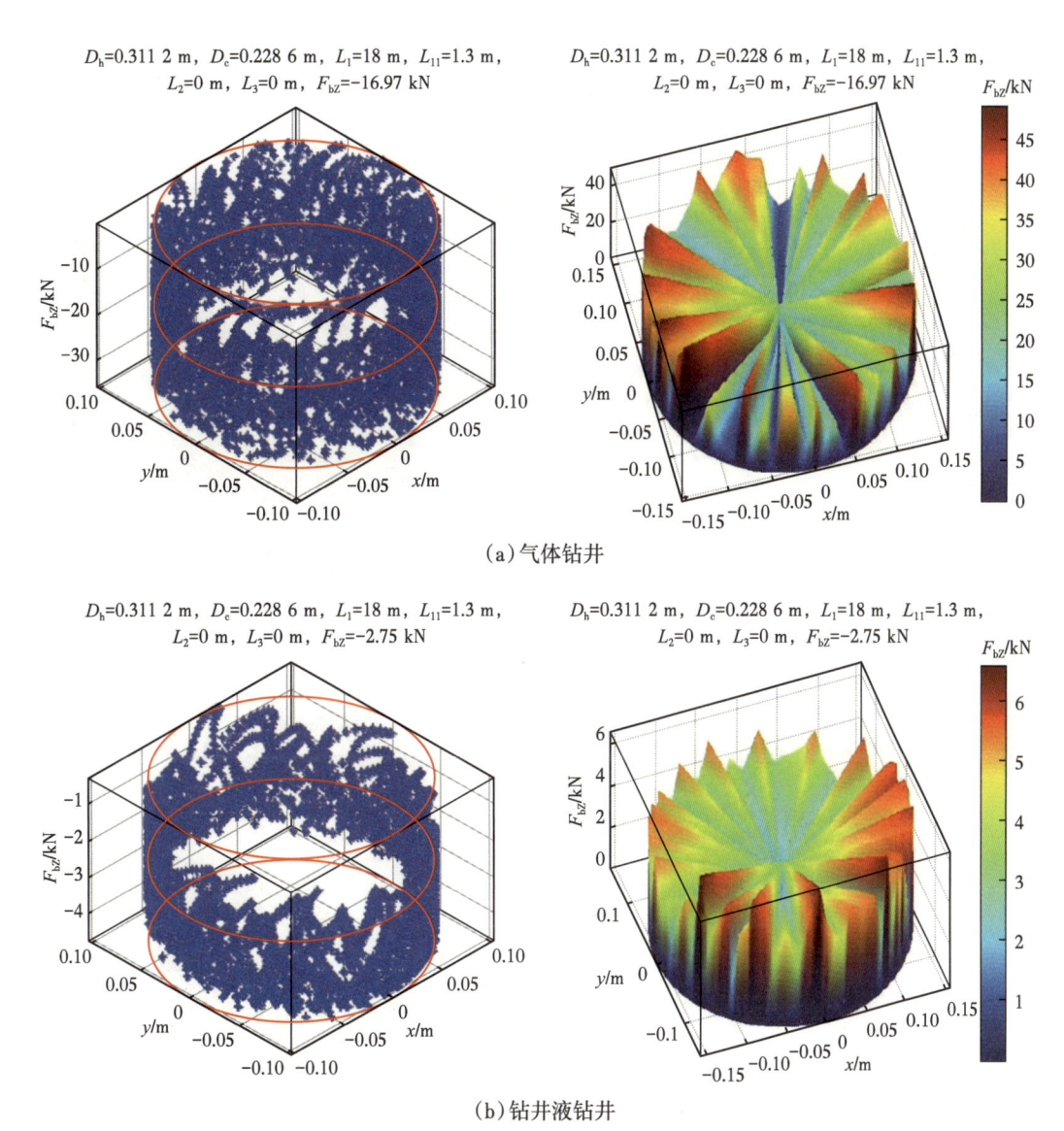

图 4-21 气体钻井和钻井液钻井时单稳定器预弯钟摆 BHA 的钻头动态
轴向力特征($L_1=18$ m)

5. 双稳定器预弯钟摆 BHA 的动态轴向力特征

采用仿真方法对双稳定器预弯钟摆 BHA 的动态轴向力特征进行模拟分析,

模拟中设置的 BHA 结构及基本计算条件如下：ϕ311.2 mm 钻头 +ϕ228.6 mm 预弯短节（0.75°）+ϕ228.6 mm DC×L_1 +ϕ309 mm 稳定器 +ϕ228.6 mm DC×9 m+ϕ309 mm 稳定器 +ϕ228.6 mm DC……设置计算条件：钻压为 30 kN，转速为 60 r/min，井下气体密度为 35 kg/m³，对比计算所用钻井液密度为 1200 kg/m³，井斜角为 2°。设置 L_1=27 m，对气体钻井和钻井液钻井时双稳定器预弯钟摆 BHA 的钻头动态轴向力进行模拟。

(a) 气体钻井

(b) 钻井液钻井

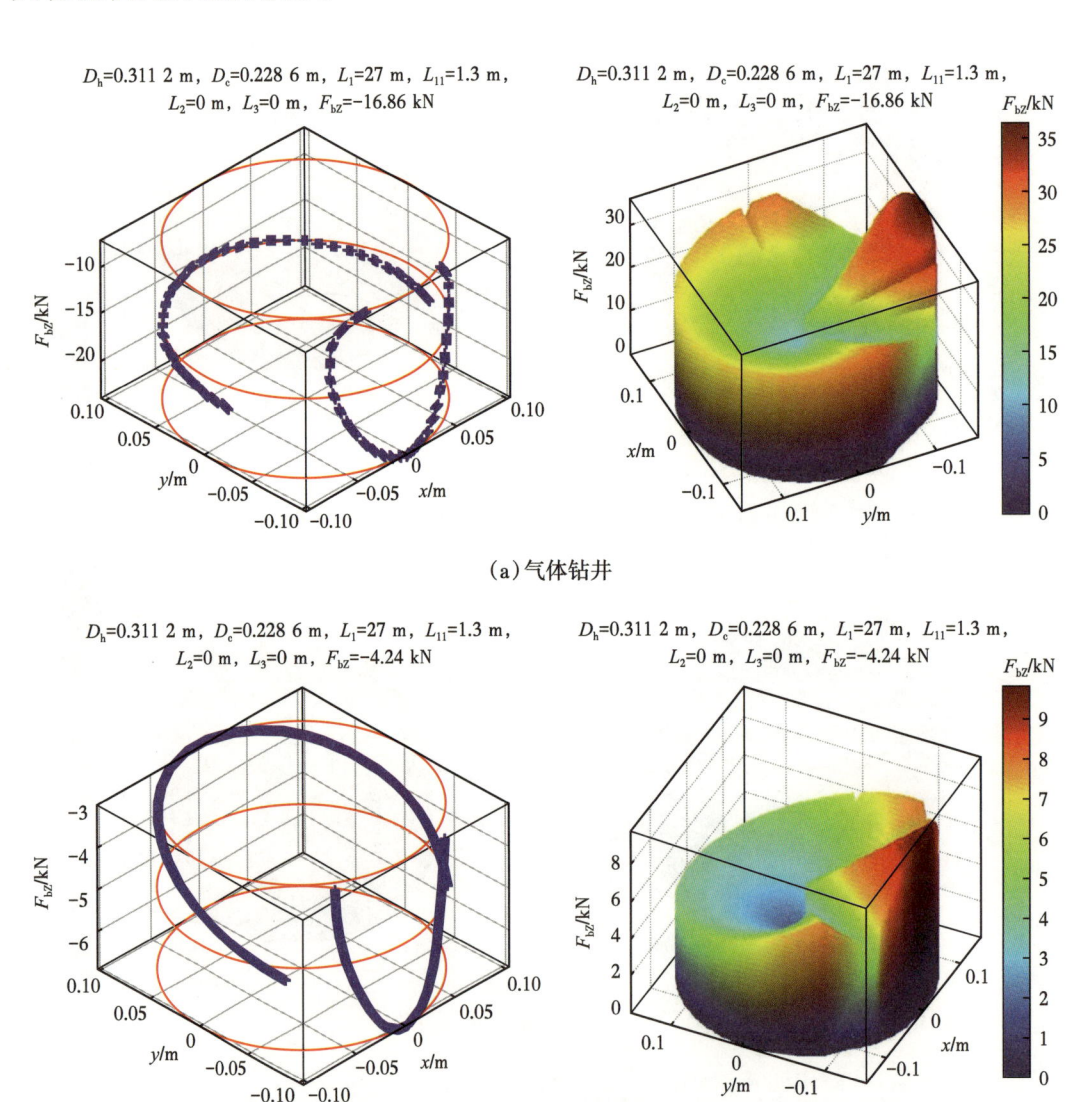

图 4-22　气体钻井和钻井液钻井时单稳定器预弯钟摆 BHA 的钻头动态轴向力特征（L_1=27 m）

图 4-23 展示了 L_1=27 m 时气体钻井和钻井液钻井时双稳定器预弯钟摆 BHA 的钻头动态轴向力特征的模拟结果。从模拟结果可以看出：气体钻井时的钻头动态轴向力远大于钻井液钻井时的钻头动态轴向力，由于存在弯角，前者的平均值为 -16.63 kN，后者的平均值为 -4.69 kN。但值得注意的是，在两种情况下，钻头动态轴向力在一侧明显较大，这种不均匀性可以提高 BHA 的降斜能力。相比较而言，双稳定器预弯钟摆 BHA 的动态轴向力分布比单稳定器预弯钟摆 BHA 在降斜方面更有优势，运动相对平稳。

(a) 气体钻井

(b) 钻井液钻井

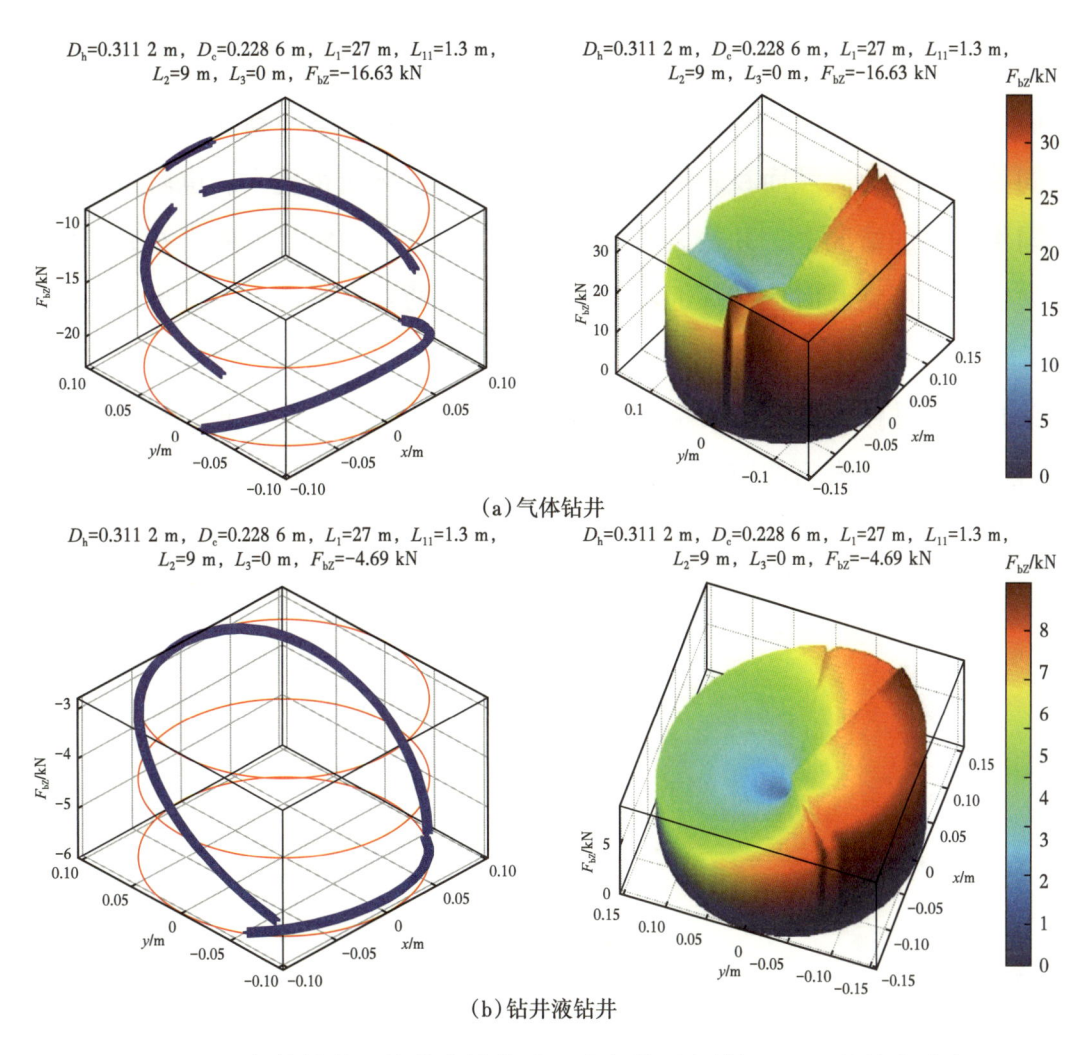

图 4-23　气体钻井和钻井液钻井时双稳定器预弯钟摆 BHA 的钻头动态轴向力特征（L_1=27 m）

三、地层倾角对气体钻井井斜的影响

地层倾角对地层应力有显著影响,同时由于气体钻井时,地层各向异性指数远大于钻井液钻井时的地层各向异性指数,所以地层倾角对地层应力的影响更加明显。换句话说,地层倾角越大,气体钻井时的地层应力就更大,井斜更加不容易控制。为进一步说明该现象,对气体钻井钻头附近的地层应力情况进行模拟并展开分析。

图 4-24 展示了地层倾角为 15° 时,在空气钻井和钻井液钻井情况下,钻头附近地层的 Von—Mises 应力云图。空气钻井的井底岩石的应力分布有向左面偏斜的趋势,此趋势比钻井液钻井更明显,同时空气钻井中的井底岩石相同等值线应力区域面积较钻井液钻井的应力区域面积更大。也就是说,在相同作用力的情况下,井底岩石被破坏时,空气钻井情况下的岩石破坏面积要大于钻井液钻井时的破坏面积,即破坏岩石的效率更高,钻速更快。一方面,这使得井眼的倾斜幅度产生了放大的作用,即在相同的地层,空气钻井比钻井液钻井产生的井斜可能性和幅度都更大。另一方面,井壁左侧岩石的应力值大于右侧岩石的应力值,岩石的应力分布是不对称的,沿倾斜面的更

(a) 气体钻井　　　　　　　　(b) 钻井液钻井

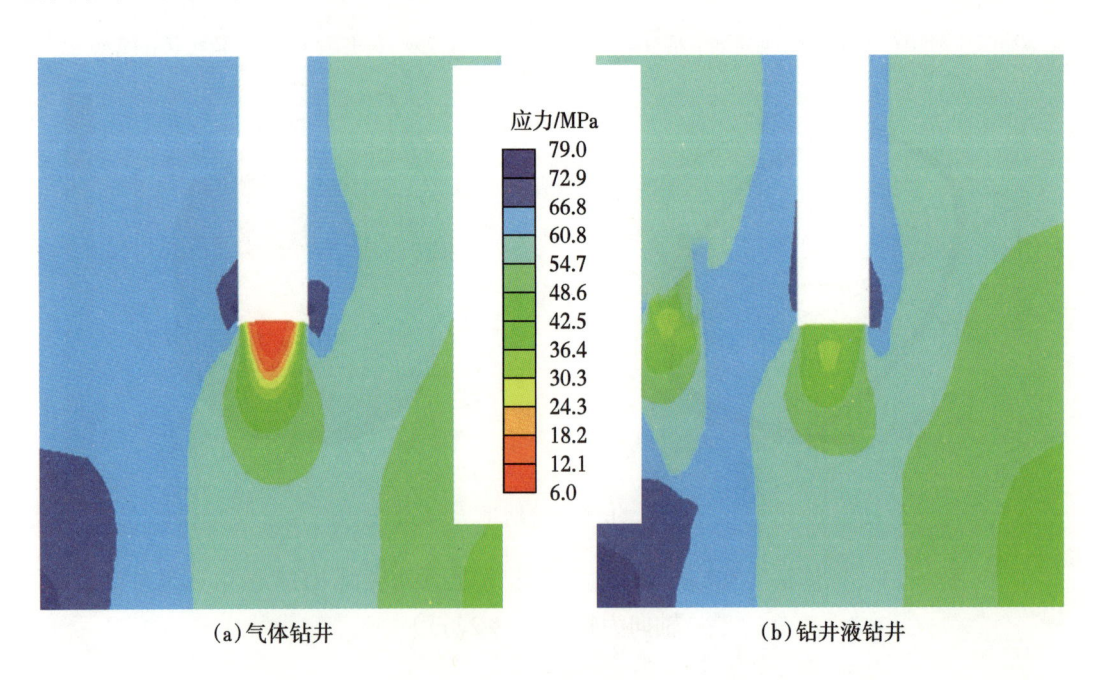

图 4-24　地层倾角为 15° 时空气钻井和钻井液钻井地层的 Von—Mises 应力云图

高一侧的应力值更大，即容易产生不对称破坏，从而造成井斜。空气钻井中的井壁岩石在井底附近出现明显的应力集中，应力值最大约为 79 MPa，而对于钻井液钻井，在 4 区出现的井壁岩石应力集中的应力值约为 70 MPa。因此，气体钻井条件下的地层倾角对井斜的影响比钻井液钻井更大。

为了更清楚地说明此问题，对钻头附近地层的剪应力做进一步分析。在井眼剖面上，在井底沿地层倾向方向取 -0.5 m 到 0.5 m 的地层，定义路径名为 Path，将 Path 路径在 X 坐标值为 -0.15 m 和 0.15 m 处分为左段（沿地层上倾方向）、井底和右段（沿地层下倾方向）三部分。分别计算在不同地层倾角情况下，空气钻井的井底岩石的剪应力情况，结果见表 4-1。

表 4-1　气体钻井的井底岩石的最大剪应力情况

地层倾角 /(°)		15	30	45	60	75
最大剪应力 / MPa	左段	19.0	19.4	16.0	9.8	3.0
	右段	5.8	12.0	15.3	14.4	13.2
	差值	13.2	7.4	0.7	-4.6	-10.2

在空气钻井中，地层倾角对井壁附近地层剪应力的影响与钻井液钻井相似。15° 和 30° 倾角的地层岩石的左段剪应力大于右段剪应力，差值分别为 13.2 MPa 和 7.4 MPa；45° 倾角的地层岩石的左段剪应力几乎等于右段剪应力，差值只有 0.7 MPa，两者没有明显的差别；60° 和 75° 倾角的地层岩石的左段剪应力小于右段剪应力，差值分别为 4.6 MPa 和 10.2 MPa（图 4-25）。根据莫尔—库仑破坏准则，同种岩石剪应力越大的区域越容易发生剪切破坏。因此，15° 和 30° 倾角的地层岩石的左段首先发生剪切破坏；45° 倾角的地层岩石的左段和右段几乎同时发生剪切破坏；60° 和 75° 倾角的地层岩石的右段首先发生剪切破坏。

"井底"岩石剪应力值为零的点几乎都在井筒中心附近。15° 和 30° 地层的剪应力曲线在地层上倾方向的剪应力值为正，剪切切削作用方向沿地层上倾方向，而在地层下倾方向的剪应力值为负，剪切切削作用方向也沿地层上倾方向。所以，15°和30°地层的剪应力在井底位置的剪切作用方向都是沿地层上倾方向的。而60°和75°地层的剪应力曲线在井底的变化正好与15°和30°地层的变化趋势相反，即60°和75°地层的剪应力在井底位置的剪切作用方向都是沿地层下倾方向的。45°倾角地层的剪切应力曲线在井底基本保持水平，其值约为0，没有明显的偏向。对于不同地层倾角，气体钻井时的地层最大剪应力值均大于钻井液钻井时的地层最大剪应力值。这进一步说明地层倾角对气体钻井井斜的影响更大。

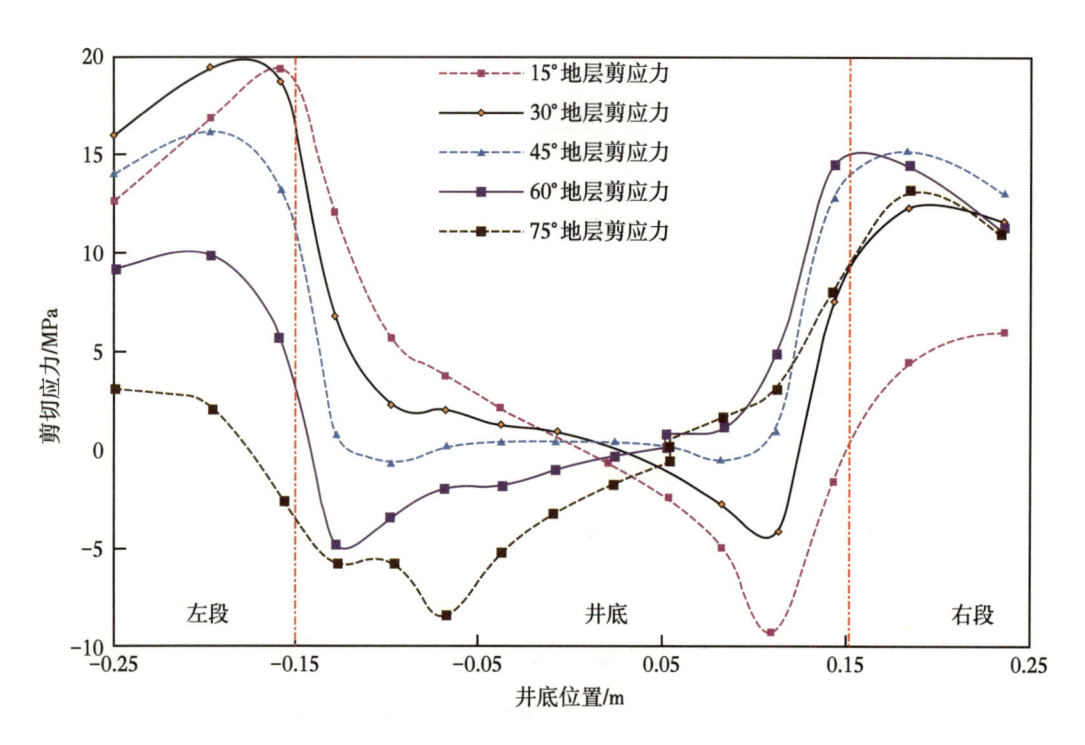

图 4-25 空气钻井中沿 Path 的剪切应力

四、地层出水对气体钻井井斜的影响

地层出水是气体钻井中遇到的难题之一，其与气体钻井井斜有密切的关联。长庆油田3口井的井斜都与出水有着密切的关系。在其他地区，虽然通过空气锤初步解决了气体钻井井斜问题，但一旦地层出水，就不得不改用牙轮钻头，此时井斜问题也会随之出现。因此，研究地层出水对气体钻井井斜的影响十分重要。

研究结果表明,当地层出水后,岩屑与水混合后形成黏性较强的混合物,并在钻铤和井壁低边黏积,使钻铤的活动空间变小且不均匀,犹如在井眼低边一侧形成"垫层"。而且这种"垫层"的黏结力较大,使得钻铤无法完成涡动运动,而较固定地在井眼下井壁一侧运动,形成类似与单弯螺杆增斜作业时的"造斜能力",使得井斜力急剧增大。图 4-26 展示了光钻铤 BHA 在无地层出水和有地层出水情况下的动力学特性对比。光钻铤 BHA 的结构参数为:ϕ311.2 mm 钻头 +ϕ228.6 mm DC×5 柱……模拟设置的计算条件为:转速为 60 r/min,钻压为 30 kN,井下气体密度为 35 kg/m³,井斜角为 2°。计算结果表明,无出水时的钻头侧向力为 -0.796 kN,而地层出水时的钻头侧向力达 1.111 kN。

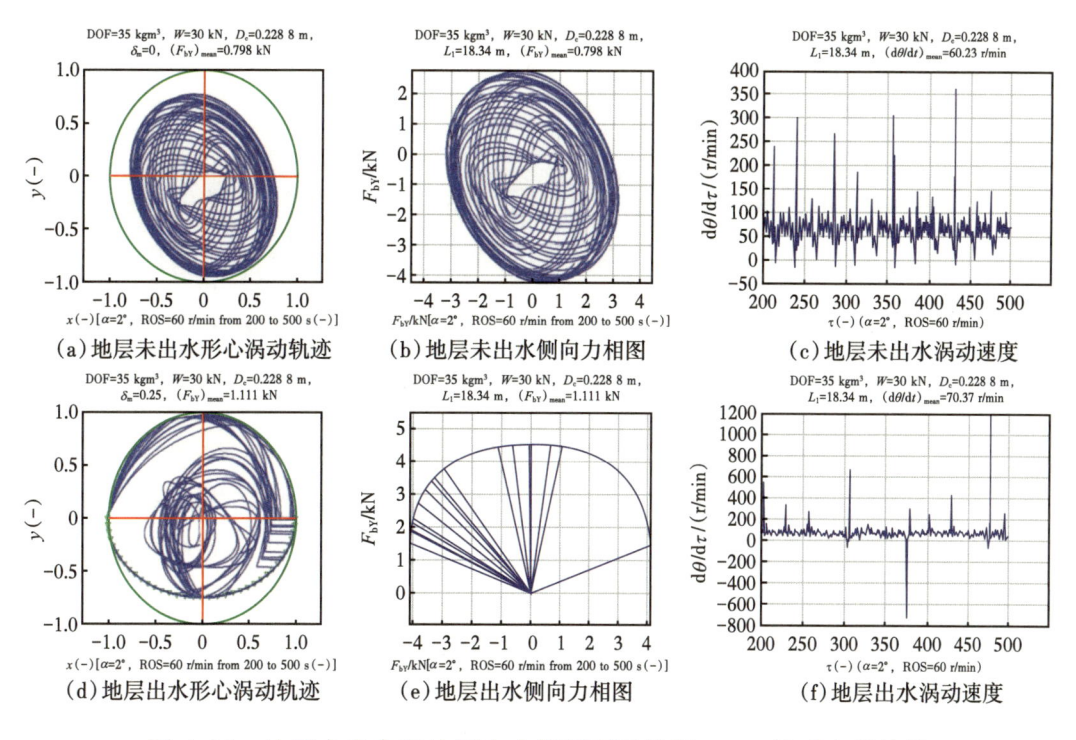

(a) 地层未出水形心涡动轨迹　(b) 地层未出水侧向力相图　(c) 地层未出水涡动速度

(d) 地层出水形心涡动轨迹　(e) 地层出水侧向力相图　(f) 地层出水涡动速度

图 4-26　地层未出水和地层出水情况下光钻铤 BHA 的动力学特性

图 4-27 展示了井斜角为 2° 时,不同垫层厚度对钻头上合作用力的影响。垫层厚度越大,钻头上的增斜力就越大,而且增幅明显加剧,但垫层厚度与出水的关系尚待进一步探索。

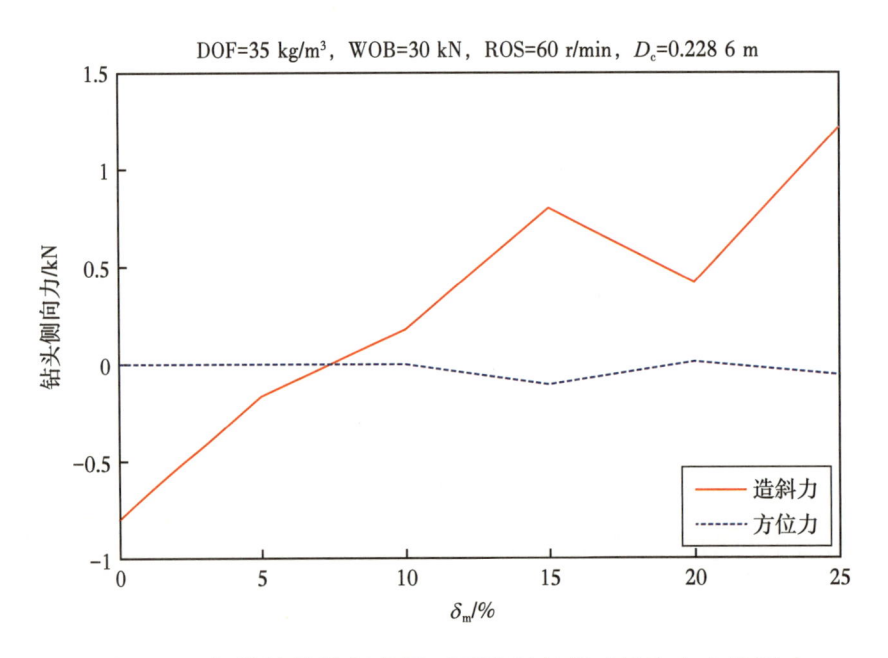

图4-27　气体钻井滞留岩屑不同堆积高度对钻头合力的影响

五、井筒不规则对气体钻井井斜的影响

气体钻井中的循环气体不能在井壁上形成有效保护的滤饼，井壁稳定性差，在空气锤的高频冲击、井底负压和上返含屑高速气流冲刷的作用下，易出现垮塌、掉块等井壁失稳现象，形成不规则井筒。特别是在软硬交错、互层复杂、含砾石层等复杂地层条件下，井筒的规则性很差。前文论述了在不同地层、不同控斜方式下的井筒特征及其对井斜的影响。

图4-28为某砾石层空气锤气体钻井时的实测井筒重构结果，所用钻头为空气锤，钻头直径为ϕ431.8 mm。该井段的井筒特征随井深的变化规律十分复杂，除椭圆形状十分明显外（长轴20 in，短轴17 in），其上、下截面形状之间的变化差异大，存在严重的不规则和不光滑现象。在如此不规则的井筒条件下，容易形成附加支点，改变BHA的受力特征（图4-29）。附加支点的存在会降低钻头上的降斜力，甚至可能在钻头上形成增斜力。本小节基于ABAQUS有限元软件建立不规则井筒与BHA相互作用的力学计算模型，分析井筒不规则性对BHA受力特征的影响。

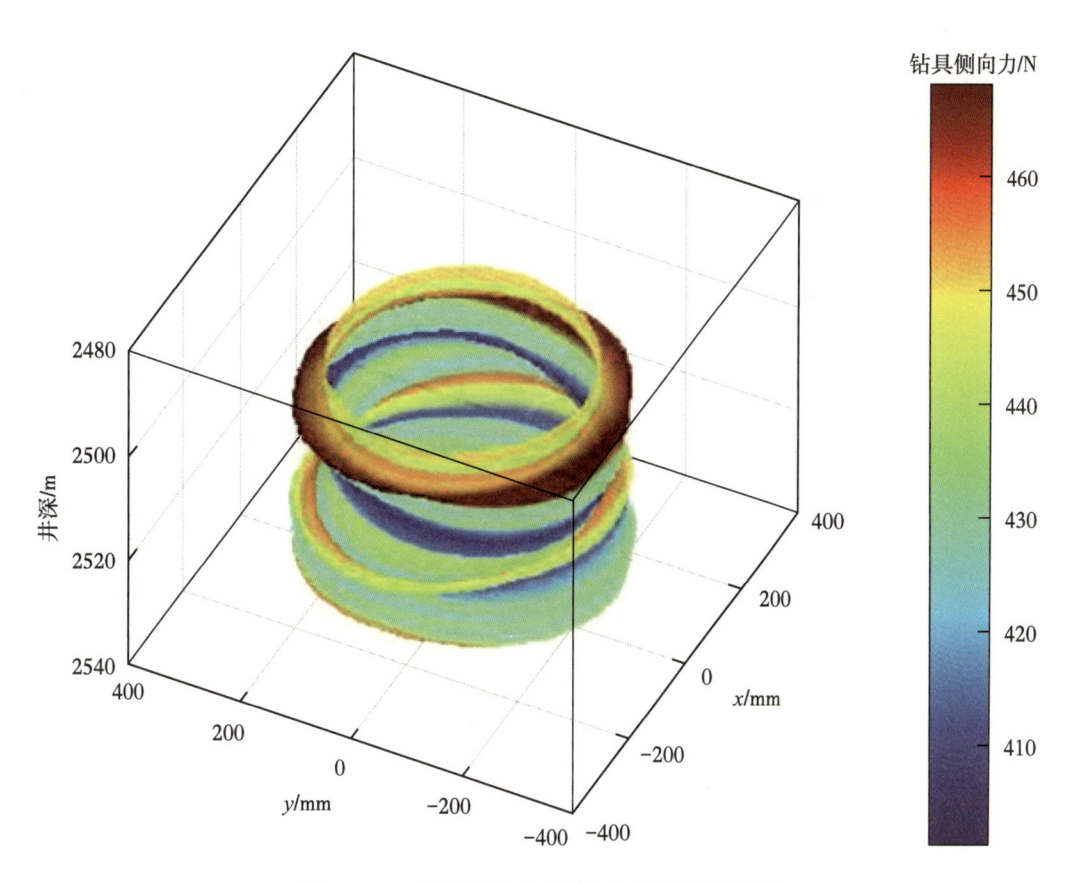

图 4-28　砾石层空气锤钻井井眼局部放大

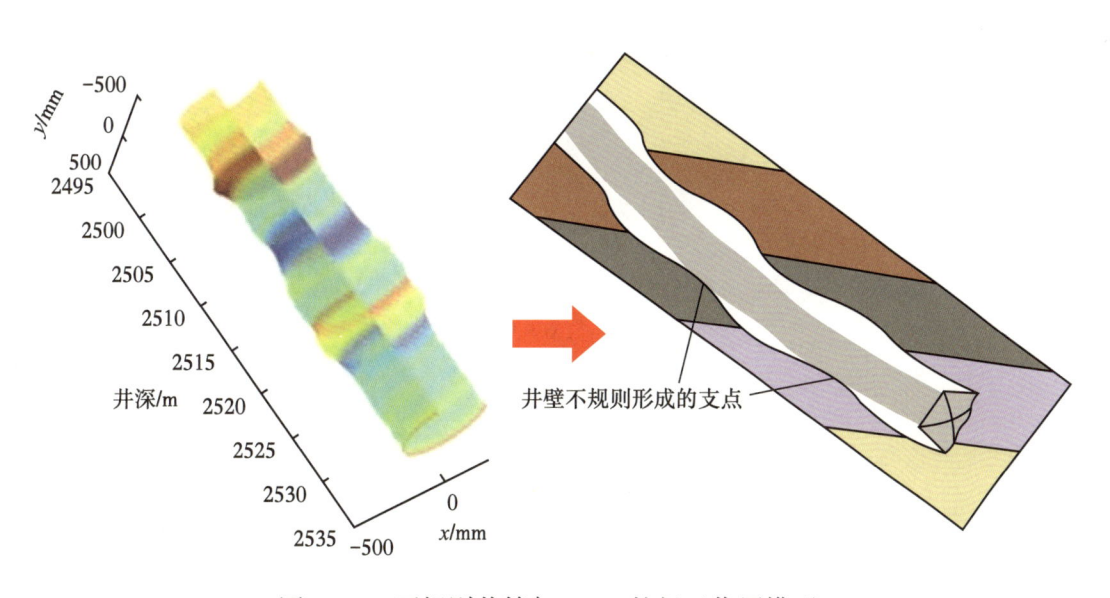

图 4-29　不规则井筒与 BHA 的相互作用模型

1. BHA 与井筒相互作用的有限元计算模型

钻柱与井壁间的摩擦接触示意图如图 4-30 所示，Ω_1 代表钻柱，Ω_2 代表井壁，$S^{(m)}$ 代表力学边界，其中，$m=1$，2，分别表示两个接触体，l 表示接触体增量步起始时刻的间隙值，负值表示过盈。

采用罚函数法处理摩擦接触问题，其在每一个时间步检查各从节点是否穿透主面，如有穿透，则在该从节点与被穿透主面间引入界面接触力，其大小与穿透深度、主面的刚度成正比。令 $P_c=\{P_T, P_N\}^T$ 表示接触面上的力、接触面的局部，则接触状态的三类特征可以表示为以下两种状态。

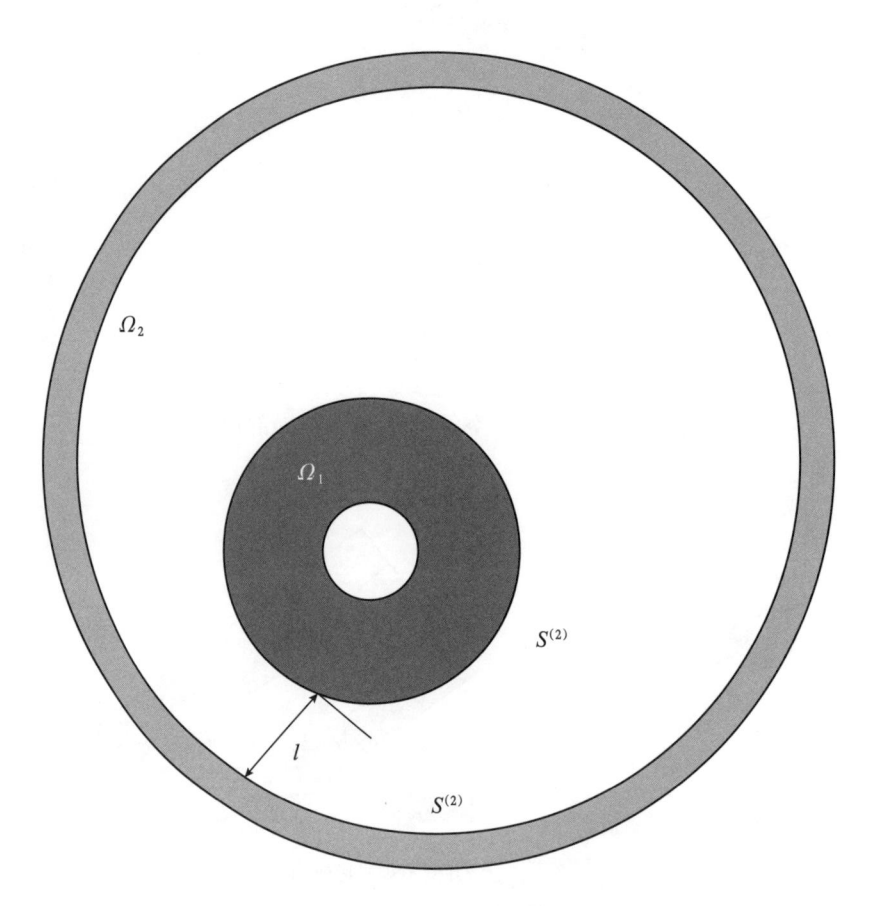

图 4-30 钻柱与井壁接触示意图

（1）分离状态：

$$\begin{cases} du_N^{(1)} - du_N^{(2)} + l > 0 \\ P_N = P_T = 0 \end{cases} \quad (4-8)$$

（2）黏结状态：

$$\begin{cases} \mathrm{d}u_\mathrm{N}^{(1)} - \mathrm{d}u_\mathrm{N}^{(2)} + l = 0 \\ \left|\mathrm{d}u_\mathrm{T}^{(1)} - \mathrm{d}u_\mathrm{T}^{(2)}\right| = 0 \\ P_\mathrm{N} = -\alpha_\mathrm{N}\left(\mathrm{d}u_\mathrm{N}^{(2)} - \mathrm{d}u_\mathrm{N}^{(1)} - l^*\right) \\ P_\mathrm{T} = -\alpha_\mathrm{T}\left(\mathrm{d}u_\mathrm{N}^{(2)} - \mathrm{d}u_\mathrm{N}^{(1)}\right) \end{cases} \qquad (4\text{-}9)$$

$$\begin{cases} \mathrm{d}u_\mathrm{N}^{(1)} - \mathrm{d}u_\mathrm{N}^{(2)} + l = 0 \\ \left|\mathrm{d}u_\mathrm{T}^{(0)} - \mathrm{d}u_\mathrm{T}^{(2)}\right| > 0 \\ P_\mathrm{N} = -\alpha_\mathrm{N}\left(\mathrm{d}u_\mathrm{N}^{(2)} - \mathrm{d}u_\mathrm{N}^{(1)} - l^*\right) \\ P_\mathrm{T} = -\mu_\mathrm{f}\left|P_\mathrm{N}\right|\mathrm{sign}\left(\mathrm{d}u_\mathrm{N}^{(2)} - \mathrm{d}u_\mathrm{N}^{(1)}\right) \end{cases} \qquad (4\text{-}10)$$

式中　$\mathrm{d}u_\mathrm{N}^{(m)}$——接触点法向增量位移，m；

$\mathrm{d}u_\mathrm{T}^{(m)}$——接触点切向增量位移，m；

l——接触体增量步起始时刻的间隙值，m；

P_N——接触面上的法向力（以压为正），N；

P_T——接触面上的切向力，N；

l^*——增量步结束时刻接触体的相对位移量，m；

μ_f——滑动摩擦系数；

α_N——法向罚参数；

α_T——切向罚参数。

以单稳定器钟摆BHA为例，分别建立其在规则井筒（工况1）、不规则井筒1（工况2）、不规则井筒2（工况3）、不规则井筒3（工况4）中的力学计算模型，如图4-31所示。钻头尺寸为ϕ431.8 mm，钻铤外径为ϕ228.6 mm，钻铤内径为ϕ71.4 mm，扶正器外径为ϕ428 mm，扶正器距钻头距离为27 m，井眼尺寸为ϕ431.8 mm，井斜角为5°。BHA与井筒间的摩擦系数假定为0.2。

对于规则井筒模型（工况1），井筒规则不弯曲；对于不规则井筒1（工况

2），井筒具有一定程度的弯曲特征，钻铤在特定位置与井筒相接触（即形成附加支点），但钻铤未发生变形；对于不规则井筒 2 和不规则井筒 3（工况 3 和工况 4），井筒具有较大程度的弯曲特征，钻铤在特定位置与井筒相接触，且附加支点的作用使得钻铤发生弯曲变形，其中，不规则井筒 3 的不规则性较不规则井筒 2 的不规则性更加严重。

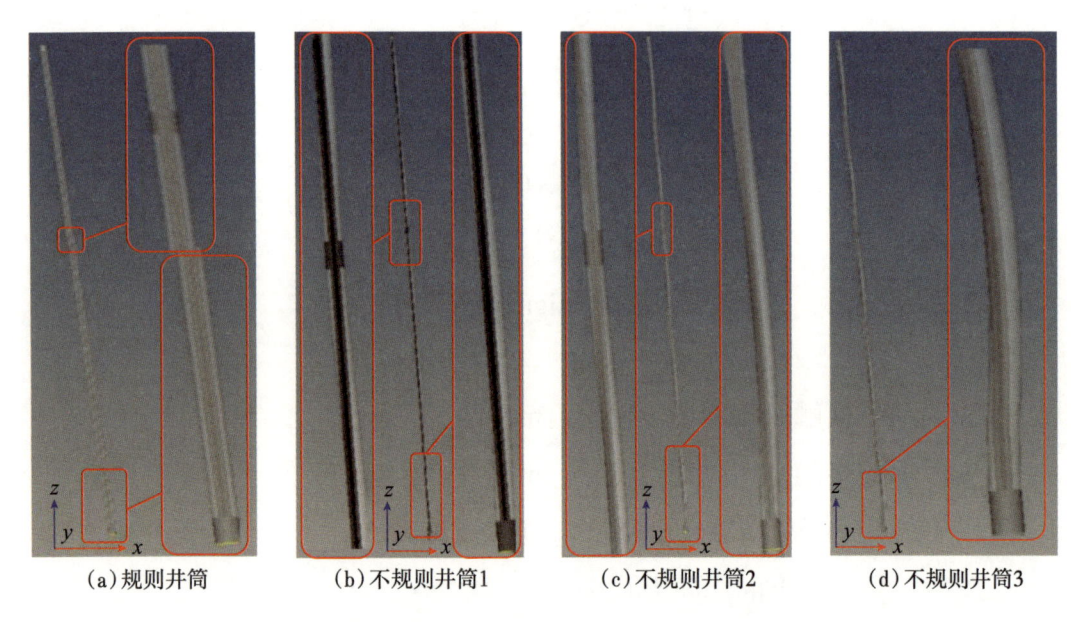

（a）规则井筒　　　（b）不规则井筒1　　　（c）不规则井筒2　　　（d）不规则井筒3

图 4-31　BHA 与井筒相互作用的力学模型

采用罚函数法求解 BHA 和井筒间的摩擦接触问题，根据虚位移原理，有

$$\begin{aligned}W_c|_{t+\Delta t} &= -\delta \Pi_{CP} \\ &= \int\Big|_{t+\Delta t}\Big[-\alpha_N\left(u_N^{(1)}-u_N^{(2)}+l^*\right)\Big|_t\left(\delta_N^{(1)}-\delta_N^{(2)}\right)- \\ &\quad \alpha_T\left(u_T^{(1)}-u_T^{(2)}\right)\left(\delta_T^{(1)}-\delta_T^{(2)}\right)\Big]\Big|_{t+\Delta t}\mathrm{d}S\end{aligned} \quad (4-11)$$

式中　W_c——接触界面耗散能，J；

$W_c|_{t+\Delta t}$——在时间 $t+\Delta t$ 时刻，BHA（底部钻具组合）与井筒间的接触力在虚位移上所做的虚功，J。

$\delta\Pi_{CP}$——摩擦接触系统的虚势能，J；

α_N——法向接触刚度，N/m；

$u_N^{(m)}$——接触点法向绝对位移，$m=1$，2，m；

$\delta_N^{(m)}$——接触点法向增量位移，$m=1$，2，m；

α_T——切向接触刚度，N/m；

$u_T^{(m)}$——接触点切向绝对位移，$m=1$，2，m；

$\delta_T^{(m)}$——接触点切向增量位移，$m=1$，2，m；

$\mathrm{d}S$——接触面微元，m^2。

应用库仑摩擦模型，此时接触界面上的接触力可表达为

$$P_N^{(1)}\big|_{t+\Delta t} = -P_N^{(2)}\big|_{t+\Delta t} = -\alpha_N\left(u_N^{(1)} - u_N^{(2)} + l^*\big|_t\right) = -\alpha_N l^*\big|_{t+\Delta t} \quad (4\text{-}12)$$

$$P_T^{(1)}\big|_{t+\Delta t} = -P_T^{(2)}\big|_{t+\Delta t} = -\alpha_T\left(u_T^{(1)} - u_T^{(2)}\right) = \mu_f \alpha_N\left(u_N^{(1)} - u_N^{(2)} + l^*\big|_t\right) \quad (4\text{-}13)$$

式中 $P_N^{(m)}$——接触面单位面积法向作用力，即接触压力，$m=1$，2，N/m²；

$P_T^{(m)}$——接触面单位面积切向作用力，即剪压力，$m=1$，2，N/m²。

将式（4-12）、式（4-13）代入式（4-11），可得

$$\begin{aligned} W_c\big|_{t+\Delta t} &= -\delta\Pi_{CP} \\ &= \int \Big|_{t+\Delta t} -\alpha_N\left(u_N^{(1)} - u_N^{(2)} + l^*\big|_t\right)\left[\left(\delta u_N^{(1)} - \delta u_N^{(2)}\right)\right. \\ &\quad \left. -\mu_f\left(\delta u_T^{(1)} - \delta u_T^{(2)}\right)\right]\Big|_{t+\Delta t} \mathrm{d}S \end{aligned} \quad (4\text{-}14)$$

式中 $\delta u_N^{(m)}$——接触面法向相对位移增量，$m=1$，2，m；

$\delta u_T^{(m)}$——接触面切向相对位移增量，$m=1$，2，m。

2. 井筒不规则程度对钻头侧向力的影响

采用 ABAQUS 显式算法模拟 BHA 与井筒间的相互作用机制，分别计算不同规则程度的井筒特征条件下的钻头侧向力。整个分析包含两个分析步：（1）第一个分析步：对 BHA 施加重力作用；（2）第二个分析步：在第一个分析步的基础上，在钻头处施加钻压。

在管柱自重和 50 kN 的钻压作用下，在各种工况条件下，钻头对井筒的作用力见表 4-2。可见，主要的作用力为 x 向作用力，即侧向力。其中，负为降斜力，正为增斜力。对比可见，在规则井筒条件下，由于钟摆效应，钻头降斜力为 1 708.5 N。在不规则井筒 1 中，井筒的不规则性使得其在特定位置形成附

加支点，降低了钟摆的摆距，进而使得钻头处的降斜力降低至 998.3 N。在不规则井筒 2 中，不规则井筒使得钻柱发生一定的变形，大幅削弱了 BHA 的降斜能力，此时降斜力仅为 0.1 N。在不规则井筒 3 中，严重不规则的井筒使得钻柱发生较大的变形，进而使得钻头处产生较大的增斜力，其值为 7 435.7 N。对比可见，井筒越不规则，钟摆 BHA 的降斜能力越弱，甚至可能变为增斜钻具组合。

表 4-2 钻头对井筒的作用力

工况	x/N	y/N	z/N
规则井筒	-1 708.50	-17.8	-150.50
不规则井筒 1	-998.30	-3.30	-87.70
不规则井筒 2	-0.10	0.01	0.01
不规则井筒 3	7 435.70	56.30	595.50

图 4-32 展示了不同工况条件下钻头处的侧向力特征。井筒的规则程度对钻头侧向力的影响很大，在严重不规则的井筒中，钻头处会产生增斜力，井斜快速增加。因此，在含砾石层等复杂条件下的气体钻井中，应尽可能消除井筒不规则，以更好地控制井斜。

3. 井筒不规则程度对井斜特征的影响

以我国西部某砾石地层空气锤钻井为例，该井使用空气锤钟摆钻具组合钻井，钻头直径为 ϕ431.8 mm。通过 3 次样条曲线插值重构出不同井段的井筒特征，如图 4-33（a）和（b）所示。可见，2580~2640 m 井段的井筒特征相对规则，而 2700~2760 m 井段的井筒特征较不规则，椭圆井眼特征明显。该井的井斜特征如图 4-33（c）所示，可见，2580~2640 m 井段由于井眼相对规则，钟摆钻具组合能产生一定的钟摆力，使得井斜有下降趋势。而 2700~2760 m 井段由于井眼极不规则，易形成附加支点，降低了钻头降斜力，甚至可能使之成为增斜力，使得井斜有增加趋势。可见，井筒的不规则性增加了井斜控制的难度，应尽可能消除井筒的不规则性，以更好地控制井斜。

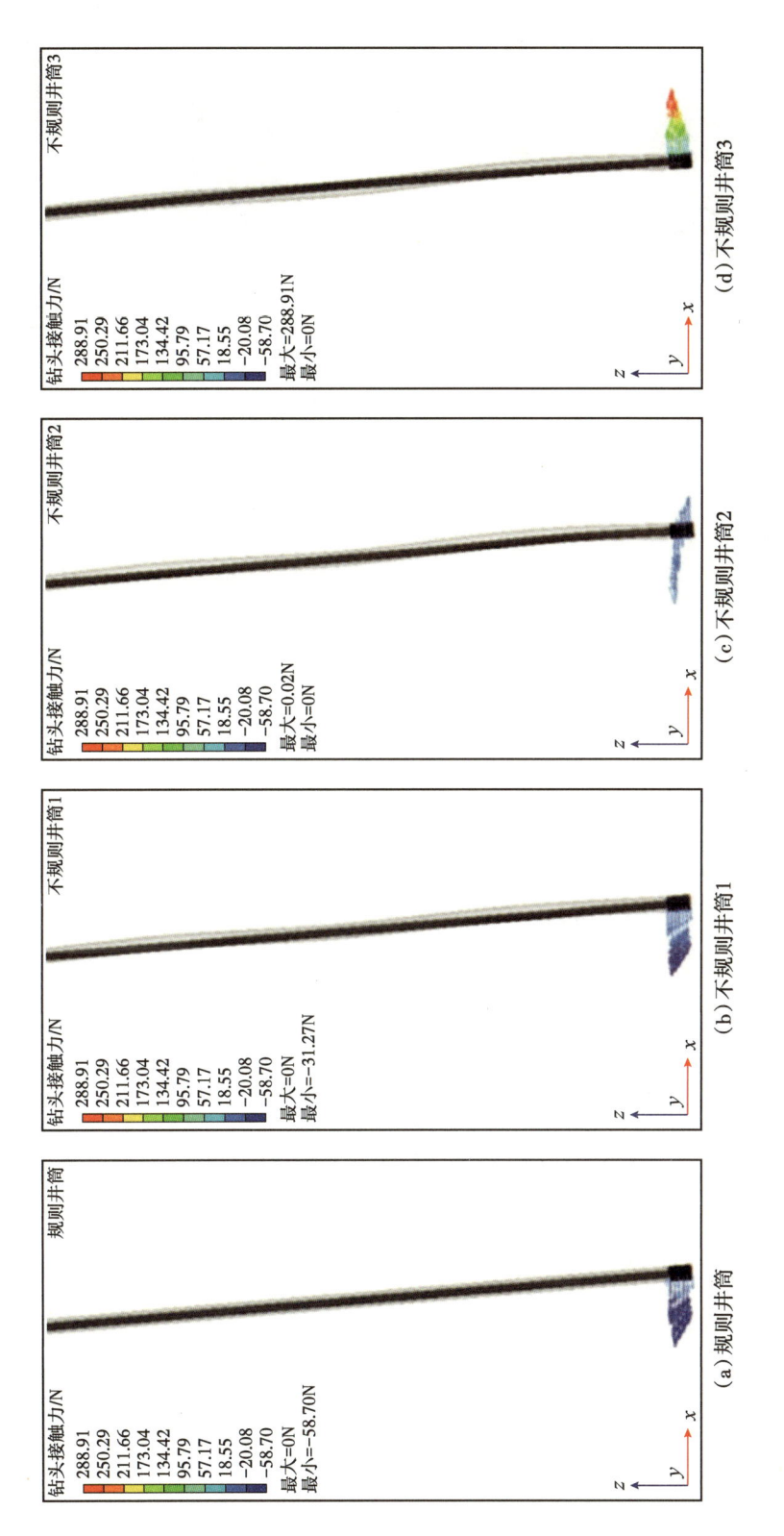

图4-32 钻头处作用力的矢量图

(a) 2580~2640 m井段空气锤所钻井筒特征　　(b) 2700~2760 m井段空气锤所钻井筒特征

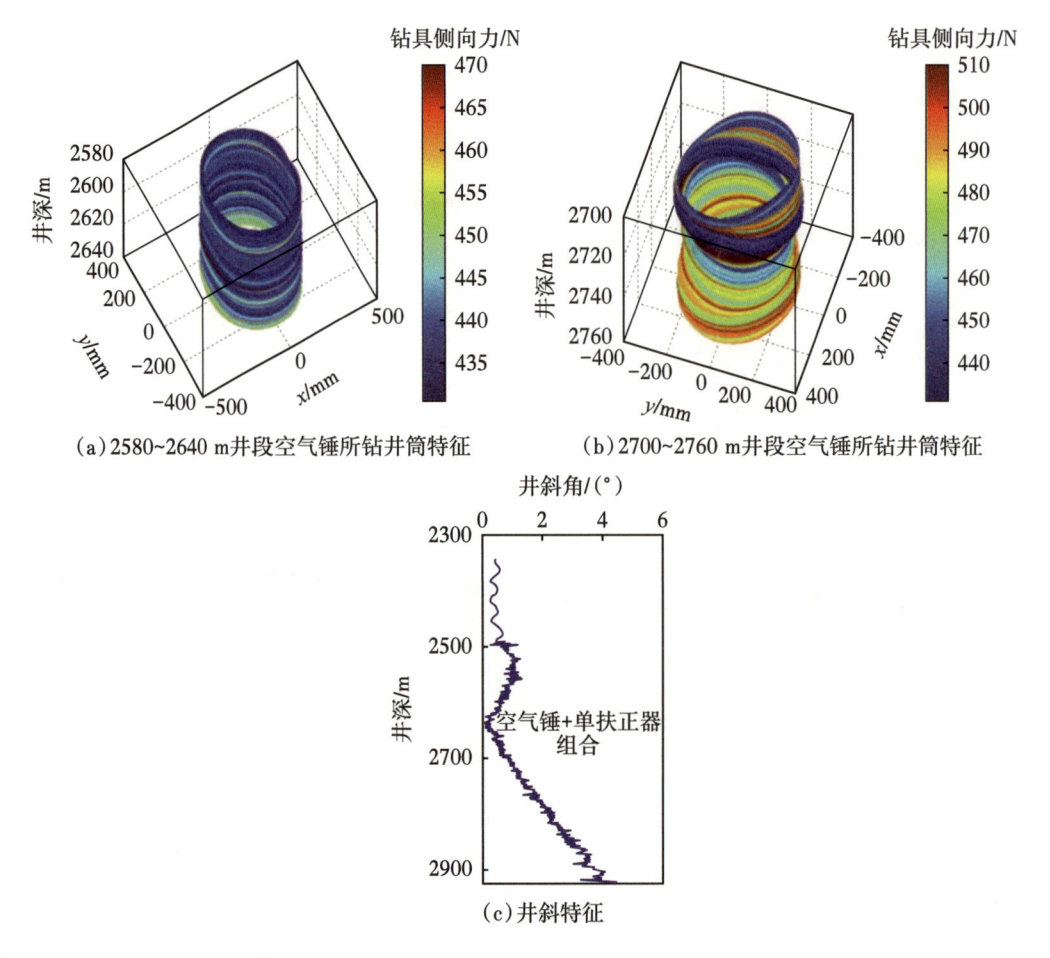

(c) 井斜特征

图 4-33　不同井段空气锤所钻井筒特征及井斜特征示意图

六、钻井参数对气体钻井井斜的影响

通过对井下钻具动态侧向力的仿真模拟计算，分析钻压、转速对动态侧向力的影响规律，以 ϕ311.2 mm 井眼为例，采用塔式钻具组合：ϕ311.2 mm 钻头 +ϕ228.6 mm DC×27 m（内径 ϕ71.4 mm）+ϕ203.2 mm DC（内径 ϕ71.4 mm）+ϕ177.8 mm DC（内径 ϕ71.4 mm）……

1. 钻压对动态侧向力的影响

模拟了 40 r/min、50 r/min、60 r/min 和 70 r/min 四种不同转速条件下，钻压对动态侧向力的影响（图 4-34）。结果表明：（1）转速一定，钻压较小时，动态侧向力随钻压波动很大，规律性很差；钻压较大时，随钻压增加，动态侧向力有减小的趋势，但仍是增斜力。（2）转速较大时，存在一个较稳定的钻压区间，在该区间，可以获得较大的降斜力，如转速为 60 r/min 时，钻压在 25~65 kN 区间的动态侧向力为降斜力；若转速为 70 r/min 时，钻压在 10~60 kN 区间动态侧向力为降斜力。

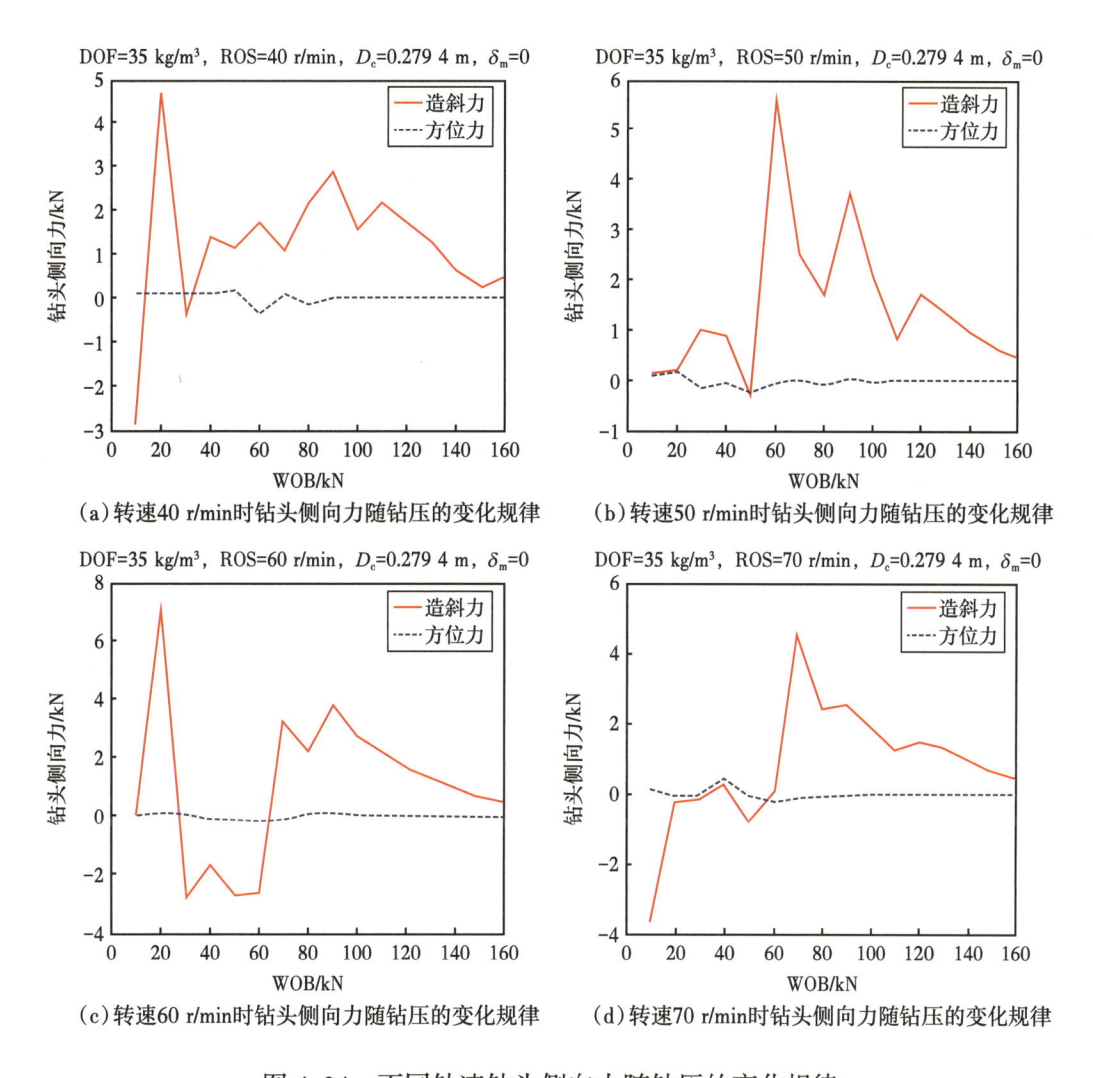

(a) 转速 40 r/min 时钻头侧向力随钻压的变化规律

(b) 转速 50 r/min 时钻头侧向力随钻压的变化规律

(c) 转速 60 r/min 时钻头侧向力随钻压的变化规律

(d) 转速 70 r/min 时钻头侧向力随钻压的变化规律

图 4-34　不同钻速钻头侧向力随钻压的变化规律

2. 转速对动态侧向力的影响

通过开展数值模拟，分析了对 10~100 kN 十种不同钻压条件下，转速对动态侧向力的影响，模拟结果如图 4-35 所示。模拟结果表明：(1) 钻压一定时，钻头动态侧向力随转速变化的规律性差。(2) 在 40~60 kN 钻压范围内，高转速下有一定的降斜力，而且特征较稳定。

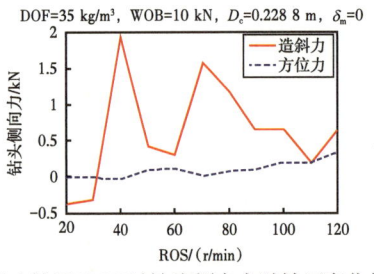

(a)钻压10 kN时钻头侧向力随钻压变化规律

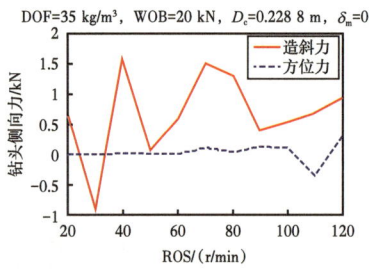

(b)钻压20 kN时钻头侧向力随钻压变化规律

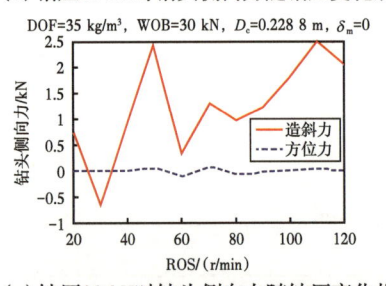

(c)钻压30 kN时钻头侧向力随钻压变化规律

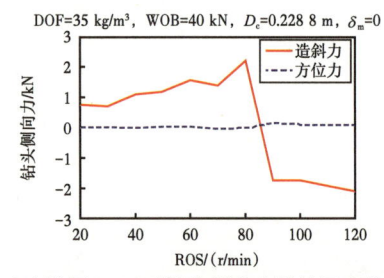

(d)钻压40 kN时钻头侧向力随钻压变化规律

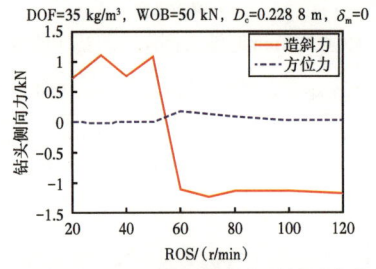

(e)钻压50 kN时钻头侧向力随钻压变化规律

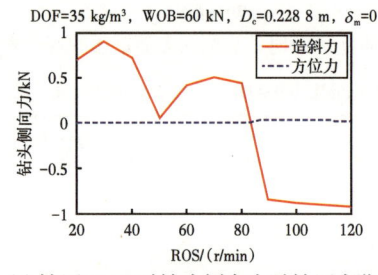

(f)钻压60 kN时钻头侧向力随钻压变化规律

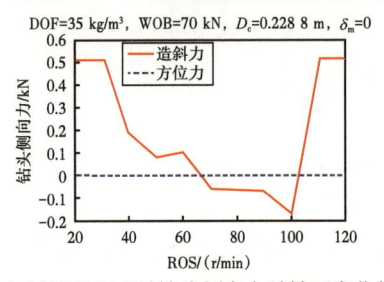

(g)钻压20 kN时钻头侧向力随钻压变化规律

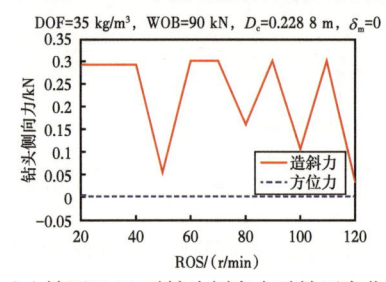

(h)钻压30 kN时钻头侧向力随钻压变化规律

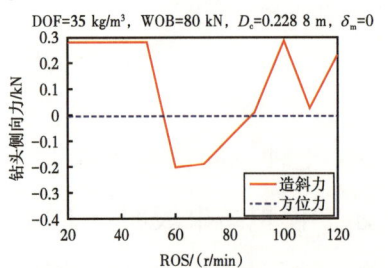

(i)钻压40 kN时钻头侧向力随钻压变化规律

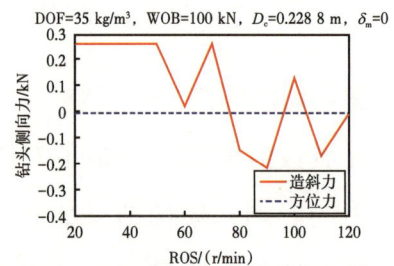

(j)钻压50 kN时钻头侧向力随钻压变化规律

图 4-35 不同钻压下钻头侧向力随转速变化规律

第二节 砾石层气体钻井井斜控制技术

由前面分析可知,气体钻井井斜的影响因素可分为不可控制因素和可控制因素。不可控制因素主要是地层因素,包括地层倾角、地产出水等,虽然是不可控制因素,但是如果能认识这些不可控制因素,施工时高度重视并采取相应技术措施,将这些因素的影响作用降到最低,将对气体钻井防斜起到重要作用。可控制因素主要包括下部钻具组合、钻井参数、工艺措施等。

在气体钻井防斜方面,国外早期在气体钻井中也试验了常规防斜钻具组合,在钻具组合上加稳定器(滚轮扶正器,有扩眼保径作用),能取得较好的防斜效果。除此之外,国外还试验了方钻铤,有利于防止井斜。近年来,国外发展了系列空气锤,通过与威德福、哈里伯顿等国外气体钻井专业化公司交流得知,目前气体钻井主要采用空气锤来防斜,利用其低钻压、低转速的特点,不仅能获得理想的机械钻速,还能够达到防斜打快的目的。

在钻井液钻井中,减小钻头偏转角能有效控制井斜,满眼钻具就是基于此设计的,通过增大下部钻具组合的刚性,依靠近钻头稳定器满尺寸限制钻头偏转,实现控制井眼狗腿度的目的。偏轴钻具是利用钻具公转改变钻头偏转角固定指向,达到防斜目的。此外,降低钻压即"减压吊打",也是为了减少钻头偏转角,增大钻头侧向力,实现防斜和纠斜的目的。

增大钻头侧向力也是各种防斜组合设计必须考虑的重要因素。钟摆钻具就是通过合理安装稳定器位置,匹配合理的钻井参数,达到控制钻头侧向力的目的,从而实现防斜、降斜的目的。同钻井液钻井防斜一样,气体钻井防斜一般通过改变钻具组合、钻井参数等可控制因素来控制易斜地层的钻进钻头偏转角、侧向力,达到控制井斜的目的。结合气体钻井特点及井斜影响因素,制定了以下气体钻井的井斜控制方案。

一、预弯曲动力学井斜控制技术

针对塔里木山前高陡构造气体钻井的井斜控制难度大,综合考虑良好的防斜效果与释放钻压的有机结合,提出了一套"预弯曲动力学"防斜技术,通过钻具组合的预弯曲变形,使钻头侧向力成为降斜力,而且这种降斜力远远大于钟摆钻具组合的降斜力,通过预弯曲变形来消除由钻头偏向造成的不利于井斜控制的侧向力。

1. φ431.8 mm 井眼预弯钻具组合

图4-36展示了φ431.8 mm井眼单扶正器、双扶正器与不同弯度的预弯短节组合的四种预弯钟摆钻具组合的动态钟摆力及轨迹特征,分析可知0.75°预弯短节+双扶正器钻具组合的降斜力最大。因此,φ431.8 mm井眼气体钻井推荐选用BHA-2预弯双稳定器钟摆钻具组合:φ431.8 mm钻头+φ228.6 mm预弯短节(0.75°)+φ228.6 mm钻铤×2根+φ425 mm扶正器+φ228.6 mm钻铤×1根+φ427 mm扶正器+φ228.6 mm钻铤……φ431.8 mm井眼预弯钻具组合模拟数据见表4-3。

表4-3 φ431.8 mm 井眼预弯钻具组合模拟数据

BHA 名称	BHA 组合	动态钟摆力	推荐钻井参数
BHA-1 预弯单稳钟摆	φ431.8 mm 钻头 +φ228.6 mm 预弯短节(0.75°)+φ228.6 mm 钻铤×2根+φ427 mm 扶正器+φ228.6 mm 钻铤……	-0.365 7	钻压<100 kN、转速60 r/min
BHA-2 预弯双稳钟摆	φ431.8 mm 钻头 +φ228.6 mm 预弯短节(0.75°)+φ228.6 mm 钻铤×2根+φ425 mm 扶正器+φ228.6 mm 钻铤×1根+φ427 mm 扶正器+φ228.6 mm 钻铤……	-1.422 0	钻压<100 kN、转速60 r/min
BHA-3 预弯单稳钟摆	φ431.8 mm 钻头 +φ228.6 mm 预弯短节(1°)+φ228.6 mm 钻铤×2根+φ427 mm 扶正器+φ228.6 mm 钻铤……	-0.250 9	钻压<100 kN、转速60 r/min
BHA-4 预弯双稳钟摆	φ431.8 mm 钻头 +φ228.6 mm 预弯短节(1°)+φ228.6 mm 钻铤×2根+φ425 mm 扶正器+φ228.6 mm 钻铤×1根+φ427 mm 扶正器+φ228.6 mm 钻铤……	-1.353 4	钻压<100 kN、转速60 r/min

(a) BHA-1预弯单稳钟摆侧向力相图

(b) BHA-2预弯双稳钟摆侧向力相图

(c) BHA-3预弯单稳钟摆侧向力相图

(d) BHA-4预弯双稳钟摆侧向力相图

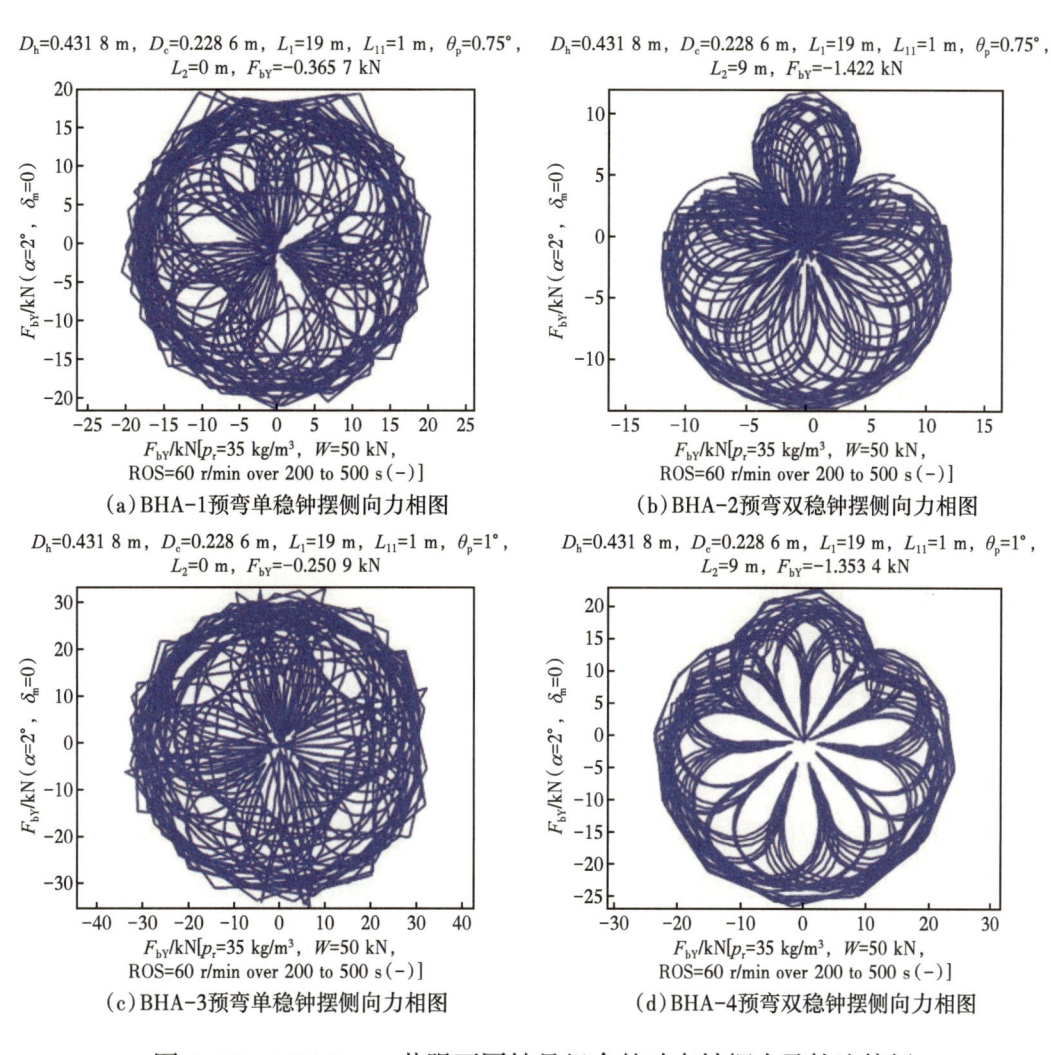

图 4-36　ϕ431.8 mm 井眼不同钻具组合的动态钟摆力及轨迹特征

2. ϕ333.4 mm 井眼预弯钻具组合

图 4-37 展示了 ϕ333.4 mm 井眼单扶正器、双扶正器与不同弯度的预弯短节组合的四种预弯钟摆钻具组合的动态钟摆力及轨迹特征，分析得到，0.75°预弯短节+双扶正器钻具组合的降斜力最大。因此，ϕ333.4 mm 井眼气体钻井推荐选用 BHA-6 预弯双稳钟摆钻具组合：ϕ333.4 mm 钻头+ϕ228.6 mm 预弯短节（0.75°）+ϕ228.6 mm 钻铤×3 根+ϕ329 mm 扶正器+ϕ228.6 mm 钻铤×1 根+ϕ330 mm 扶正器+ϕ228.6 mm 钻铤……ϕ333.4 mm 井眼预弯钻具组合模拟数据见表 4-4。

表 4-4　ϕ333.4 mm 井眼预弯钻具组合模拟数据

BHA 名称	BHA 组合	动态钟摆力	推荐钻井参数
BHA-5 预弯单稳钟摆	ϕ333.4 mm 钻头 +ϕ228.6 mm 预弯短节（0.75°）+ϕ228.6 mm 钻铤 ×3 根 +ϕ329 mm 扶正器 +ϕ228.6 mm 钻铤……	-0.558 0	钻压＜100 kN、转速 60 r/min
BHA-6 预弯双稳钟摆	ϕ333.4 mm 钻头 +ϕ228.6 mm 预弯短节（0.75°）+ϕ228.6 mm 钻铤 ×3 根 +ϕ329 mm 扶正器 +ϕ228.6 mm 钻铤 ×1 根 +ϕ330 mm 扶正器 +ϕ228.6 mm 钻铤……	-1.238 6	钻压＜100 kN、转速 60 r/min
BHA-7 预弯单稳钟摆	ϕ333.4 mm 钻头 +ϕ228.6 mm 预弯短节（1°）+ϕ228.6 mm 钻铤 ×3 根 +ϕ329 mm 扶正器 +ϕ228.6 mm 钻铤……	-0.512 5	钻压＜100 kN、转速 60 r/min
BHA-8 预弯双稳钟摆	ϕ333.4 mm 钻头 +ϕ228.6 mm 预弯短节（1°）+ϕ228.6 mm 钻铤 ×3 根 +ϕ329 mm 扶正器 +ϕ228.6 mm 钻铤 ×1 根 +ϕ330 mm 扶正器 +ϕ228.6 mm 钻铤……	-1.190 0	钻压＜100 kN、转速 60 r/min

二、钟摆钻具组合井斜控制技术

钟摆钻具防斜原理就是利用钻柱下部悬臂自重产生的钟摆力，制约钻头上受到的横向造斜力的作用，从而控制井斜角。光钻铤钻具是最简单的钟摆钻具，但其防斜作用是有限的，主要原因是切点低、钟摆力较小。在井斜较严重的地区，如果要使井斜保持较小的值，只有采用极低的钻压，以降低横向造斜力的作用。虽然从钟摆力的计算可知，采用大尺寸钻铤或特殊加重钻铤以提高下部钻具单位长度的重量，可以增加钟摆力。但最普遍而且最有效的措施是在适当高度处安放扶正器作支点，提高钟摆的降斜力。

在距钻头适当高度处安放稳定器作支点，可以有效地增加钟摆长度，这是增加钟摆力的有效方法。图 4-38 展示了单稳定器钟摆钻具组合，设计稳定器钟摆钻具组合主要是确定稳定器的安放高度（与钻头的间距），再保证稳定器以下的钻铤在纵横弯曲载荷作用下不与井壁提前接触的情况下，尽可能高地安放稳定器，可以获得更大的钟摆力。

稳定器的理想安放高度取决于井眼尺寸、钻铤尺寸、稳定器直径、井斜角、钻压等。根据文献资料，当稳定器以下采用同一尺寸钻挺时，可以把钟摆钻具简化为一个简支梁，相应的稳定器的理想安放高度可由式（4-15）计算：

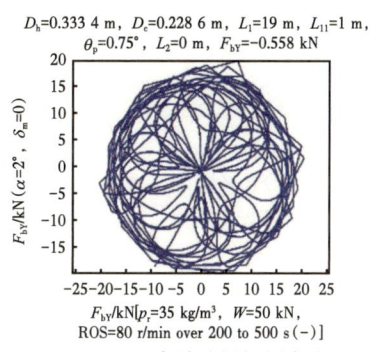

第四章 砾石层气体钻井井斜机理及防斜技术

(a) BHA-5预弯单稳钟摆侧向力相图
(b) BHA-5预弯单稳钟摆形心涡动轨迹 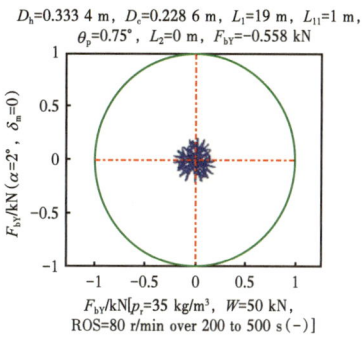
(c) BHA-6预弯双稳钟摆侧向力相图 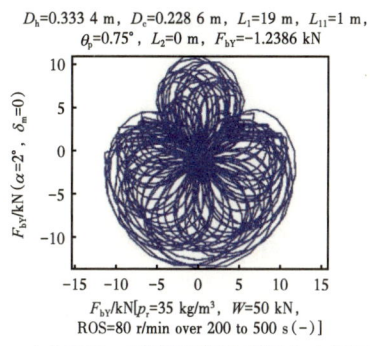
(d) BHA-6预弯双稳钟摆形心涡动轨迹 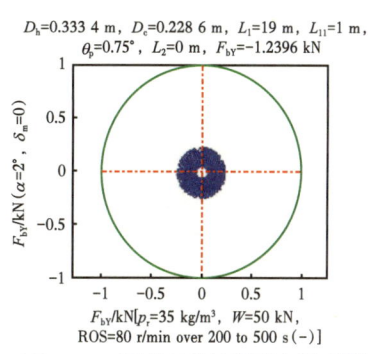
(e) BHA-7预弯单稳钟摆侧向力相图 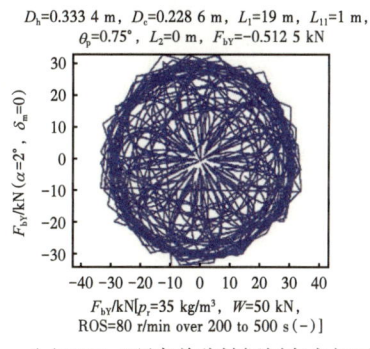
(f) BHA-7预弯单稳钟摆形心涡动轨迹 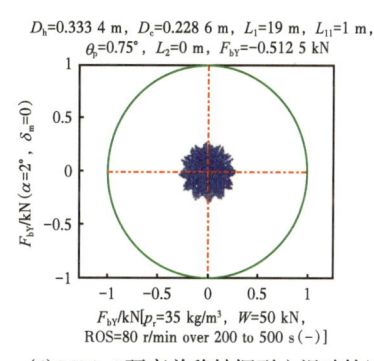
(g) BHA-8预弯双稳钟摆侧向力相图 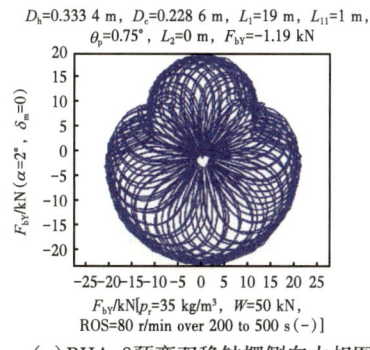
(h) BHA-8预弯双稳钟摆形心涡动轨迹 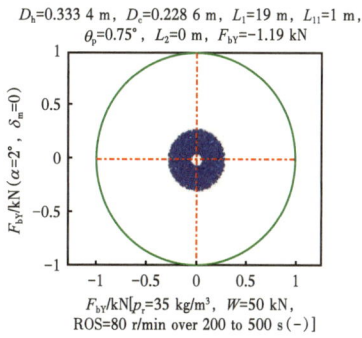

图 4-37 ϕ333.4 mm 井眼不同钻具组合动态钟摆力及轨迹特征

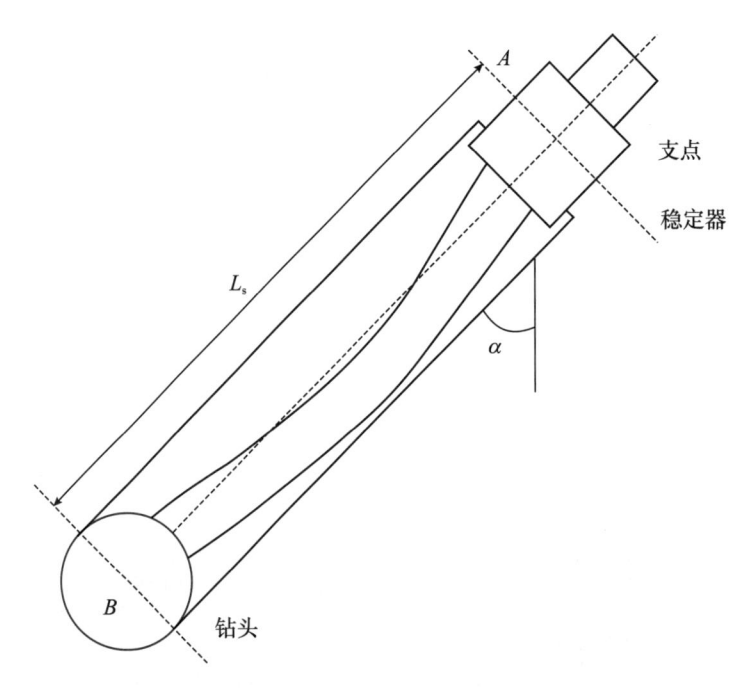

图 4-38 单稳定器钟摆钻具组合

$$L_s = \sqrt{\frac{-b + \sqrt{b^2 - 4ac}}{2a}} \quad (4-15)$$

$a = \pi^2 q \sin\alpha$，$b = 82Wr$，$c = -184.6\pi^2 rEI$

式中 L_s——稳定器的理想安放高度，m；

q——单位长度钻铤在空气中的浮重，kN/m；

α——井斜角，(°)；

W——钻压，kN；

r——钻铤与井眼间的视半径差值，m；

EI——钻铤的抗弯强度，kN·m。

利用这一简单实用的方法可以计算稳定器的安放高度。如果实际井斜角和钻压不一致，应相应地调整稳定器的安放高度。根据实际钻铤单根长度确定一定长度的钟摆钻具组合，使其在一定的井斜角范围和钻压范围内使用更有效，即保证稳定器以下的钻铤发生弯曲变形后不与井壁接触。可用式（4-16）和式（4-17）计算这种组合的最大允许井斜角 $a_{\max}$（钻压一定时）和允许最大钻压

W_{max}（井斜角一定时）。

$$a_{max} = \arcsin\left(\frac{184.6\pi^2 rEI - 82WrL^2}{\pi^2 qL^4}\right) \quad (4-16)$$

$$W_{max} = \frac{184.6\pi^2 rEI - \pi^2 q\sin\alpha L^4}{82rL^2} \quad (4-17)$$

式中 L——稳定器的实际安放高度，m。

在空气钻进的井眼里，存在着岩屑堵塞钻铤周围的危险，极有可能造成卡钻，并在一定条件下，还可能发生爆炸起火等井下事故。因此，空气钻井中较少使用扶正器钻具组合，而对于不出水且相对稳定的地层，完全可以采用扶正器钻具组合来防斜。

三、砾石层气体钻井井斜特征及防斜效果

通过调研塔里木油田巨厚砾石层大北 204 井、大北 6 井、博孜 101 井、博孜 102 井等 10 口井的气体钻井的钻具组合及井斜资料，对地层、钻具组合与井斜的特征展开了分析。不同钻具组合下的最大井斜数据见表 4-5 和表 4-6。通过分析得到：采用牙轮钻头 + 光钻铤钻具组合进行气体钻井时，大北 5 井的井斜控制较好，井斜角在 2°以内；采用空气锤 + 光钻铤或牙轮钻头 + 光钻铤钻具组合进行气体钻井时，井斜控制较好，井斜角在 1°以内；但采用 PDC 钻头 + 光钻铤组合进行气体钻井后，井斜显著增大，井斜角达 18.69°；大北 204 井上部采用空气锤 + 光钻铤或牙轮钻头 + 光钻铤钻具组合进行气体钻井时，井斜控制较好，井斜角在 1°以内；但中部采用牙轮钻头 + 光钻铤组合进行气体钻井后，井斜显著增大，井斜角达 9.2°；大北 302 井采用牙轮钻头 + 光钻铤钻具组合进行气体钻井时，井斜控制较好，井斜角在 2°以内；博孜 101 井采用空气锤 + 单扶正器钻具组合进行气体钻井时，井斜逐渐增大，当采用牙轮钻头 + 双扶正器 + 预弯钟摆钻具组合后，井斜逐渐减小，井斜角控制在 1°以内；博孜 102 井采用空气锤 + 单扶正器钻具组合进行气体钻井时，井斜逐渐增大，当采用牙轮钻头 + 双扶正器 + 预弯钟摆钻具组合后，井斜逐渐减小。

表 4–5 砾石储层钻具及井斜数据表

井名	井段 / m	钻头类型	扶正器数量	预弯短节数量	最大井斜角 / (°)
博孜 101 井	2 502.00~2 506.50	牙轮钻头	0	0	0.60
	2 506.50~2 766.00	空气锤	1	0	1.84
	2 766.00~3 602.00	牙轮钻头	2	1	1.14
	3 602.00~4 652.00	牙轮钻头	1	1	2.19
博孜 102 井	2 503.00~2 532.98	牙轮钻头	0	0	3.08
	2 532.98~2 926.00	空气锤	1	0	3.96
	296.00~2 975.00	牙轮钻头	1	1	4.90
	2 975.00~3 502.00	牙轮钻头	2	1	4.14
大北 5 井	307.18~835.00	牙轮钻头	0	0	2.00
大北 6 井	308.47~503.00	空气锤	0	0	1.50
	503.00~957.00	牙轮钻头	0	0	
	3 902.00~5 012.00	PDC 钻头	0	0	18.69
大北 204 井	10.50~109.00	空气锤	0	0	1.00
	109.00~451.40	牙轮钻头	0	0	
	3 101.00~3 456.00	牙轮钻头	0	0	9.20
大北 302 井	495.00~565.00	牙轮钻头	0	0	1.50
乌泊 1 井	4 632.00~4 673.00	牙轮钻头	0	0	1.14
	4 673.00~4 796.00	空气锤	2	0	2.79
	4 796.00~4 932.17	牙轮钻头	2	0	3.24
柯东 1 井	218.62~1 488.38	空气锤	0	0	3.37
	1 488.38~1 491.00	牙轮钻头	0	0	3.24
	1 491.00~1 930.00	空气锤	2	0	5.36
	1 930.00~2 192.00	牙轮钻头	0	0	8.02
柯东 2 井	500.00~1 200.00	牙轮钻头	1	0	5.00

表 4-6 不同钻具组合下的最大井斜数据

钻头类型	牙轮钻头	牙轮钻头	空气锤	空气锤
BHA	光钻铤 BHA	双稳预弯钟摆 BHA	光钻铤 BHA	单稳定器 BHA
最大井斜角/(°)	9.20	1.00	3.37	5.36

综上所述，砾石地层采用空气锤控斜方式的效果一般，采用空气锤+光钻铤组合控制，最大井斜角为 3.37°，采用空气锤+单扶正器组合控制，最大井斜角为 5.36°；采用牙轮钻头+光钻铤组合的井斜控制效果差，最大井斜角达 9.2°，采用牙轮钻头+双稳预弯钟摆组合的井斜控制效果好，井斜角控制在 2.2° 以内。

第五章　砾石层气体连续循环钻井技术

目前气体钻井主要面临井眼沉砂多和大出水地层生产时效低两大难题,中断循环后可能引起井壁垮塌、卡钻等井下复杂情况,以及充气钻井井底压力波动大、井控风险高等问题,制约了气体钻井技术的推广应用。气体连续循环钻井技术通过连续循环阀和控制系统来改变循环通道,在接立柱(单根)、起下钻过程中保持井下连续循环,避免因循环中断引起的井下复杂情况,有效解决由井眼沉砂严重和地层出水带来的工程难题,提高气体钻井的安全性、延长进尺。

第一节　砾石层气体钻井连续循环必要性分析

一、大尺寸井眼沉砂多,停泵易发生沉砂卡钻

博孜构造空气钻井作业的井眼尺寸普遍为 ϕ333.4 mm 和 ϕ311.2 mm,井段深 2800~5000 m,加之空气钻井井眼的 15%~20% 扩大率,易形成井筒沉砂,若在接立柱或起下钻过程中,停止注气循环,极易发生沉砂卡钻。气体钻井不具有钻井液钻井的悬浮能力,在"大肚子"等携砂不畅的复杂地层,中断循环后未带出井筒的大颗粒岩屑、局部轻微掉块及"大肚子"井段的岩屑会急速下落堆积,带来卡钻风险。连续循环气体钻井技术可以持续悬浮掉块或将掉块携带出井底,减少憋压、卡钻的风险。

例如博孜井区,在博孜区块博孜 1 井区的井深 2500~5000 m 地层,砾石层的为准成岩与成岩地层,随井深增加,砾石层的成岩性变好,在气体钻井过程

中，由于气体高速冲刷与井壁不规则，井筒沉砂不能完全排出，停止循环后，井底沉砂较多，经常存在沉砂厚度超过 30 m，甚至达到 80 m 的情况，如图 5-1 所示。

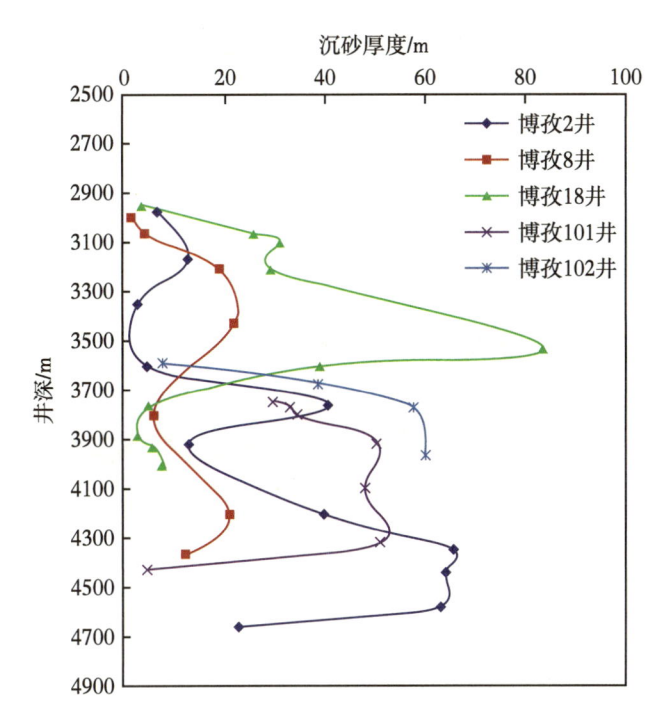

图 5-1　博孜 1 井区气体连续循环钻井时的沉砂厚度统计图

二、大出水地层气体钻井时机械钻速慢、钻井时效低，卡钻风险高

大出水地层接立柱时，由于停止注气，井底大量积液，造成环空当量密度升高，降低了气体钻井的机械钻速；同时注气举液压力高、波动大、时间长，给地面设备及管线带来较大的安全风险。在大北 6 井气体钻井期间，地层出水量约为 74 m³/h，钻完一柱立柱大约 6 h，而接立柱后注气举液至压力稳定需 4 h 以上，最高压力为 14 MPa，压力稳定前后的钻速相差 1 倍（图 5-2）。连续循环气体钻井技术不仅可以保持相对稳定的循环当量密度，降低滑脱效应的影响，提高气体钻井的生产时效，降低地面风险，还可以将地层水持续循环出井，避免形成井底积液，降低井壁浸泡垮塌的风险。

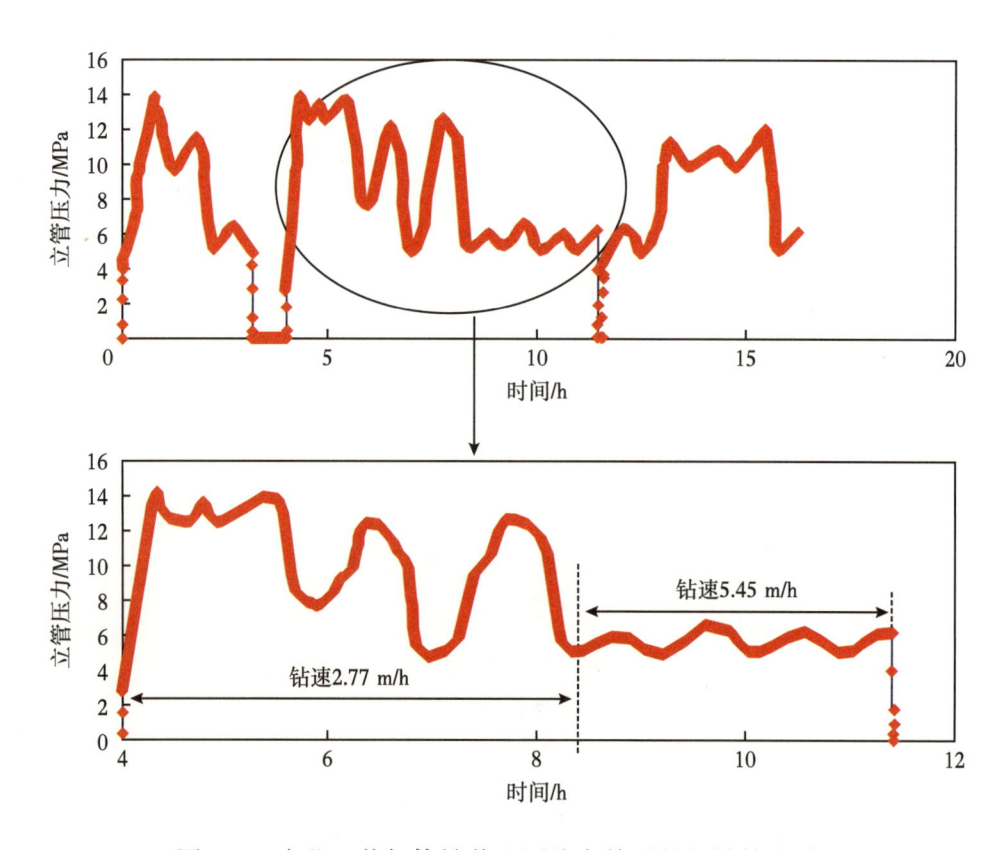

图 5-2　大北 6 井气体钻井立压稳定前后的机械钻速对比

连续循环钻井技术实现了在接立柱、起下钻过程中气体介质的连续循环，持续清洁井眼，可以解决深井"大出水"层段携水带砂、压力波动大、钻井时效低等难题，极大程度地减少大尺寸井眼砾石沉砂卡钻的风险，显著提高出水、沉砂等复杂层段气体钻井的安全性，提升气体钻井应对复杂地层的能力，因而在库车山前砾石层气体钻井全过程实施连续循环钻井是十分必要的。

第二节　气体连续循环钻井技术原理及配套工具研制

一、气体连续循环钻井原理

阀式连续循环钻井技术是预先将连续循环阀配在立柱顶端，在接立柱、起下钻时，连接一条侧循环管线至连续循环阀，通过地面循环通道切换装置对主循环通道和侧循环通道进行切换，保持钻井介质始终处于连续循环状态。连续循环系统包括连续循环阀和连续循环控制系统。要实现正循环时,通过地面控制系统操作闸阀倒换实现侧循环通道的关闭和密封,反之亦然。该系统应具备4个外接通道:一是连接循环介质注入通道,即注气设备/注液设备与控制系统连接通道;二是连接立管主循环通道,即控制系统与立管管汇连接通道;三是连接循环阀的侧循环通道,即控制系统与连续循环阀连接通道;四是泄压通道,即控制系统与泄压排放装置连接通道(图5-3)。

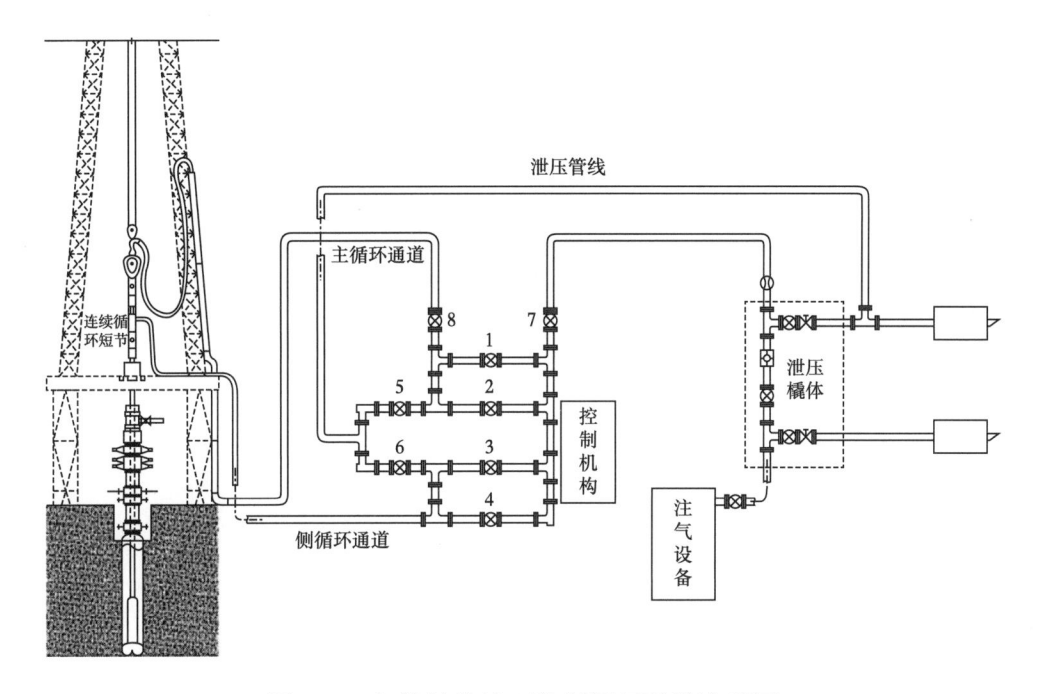

图 5-3 气体钻井地面控制循环通道流程图

控制系统主要由包含8个阀门的阀组构成,通过改变各个阀门的状态来实现正、侧循环的相互转换。7#阀门与循环介质注入设备连接(纯气相介质时与增压机连接,液相介质时与钻井泵连接,气液两相介质时,在进入7#阀门前就完成了两相介质的混合),8#阀门与正循环管线、立管连接,5#、6#阀门与泄压管线连接,3#、4#阀门与侧循环管线连接。正循环时,打开1#、2#闸阀,关闭3#、4#闸阀,循环介质经1#、2#、8#闸阀进入立管;侧循环时,关闭1#、2#闸阀,打开3#、4#闸阀,循环介质经3#、4#、8#闸阀进入侧循环管线;此外,在转换正循环时,需关闭5#闸阀,打开6#闸阀以卸掉侧循环管线内的压力;同样在转换侧循环时,需打开5#闸阀,关闭6#闸阀以卸掉正循环管线内的压力。正、侧循环时的闸阀状态如图 5-4 和图 5-5 所示。各个阀门采用电控液方式操作，各阀门状态和开关操作集中在液压控制柜上，设置联动开关，缩短切换时间，减少人为误差率。

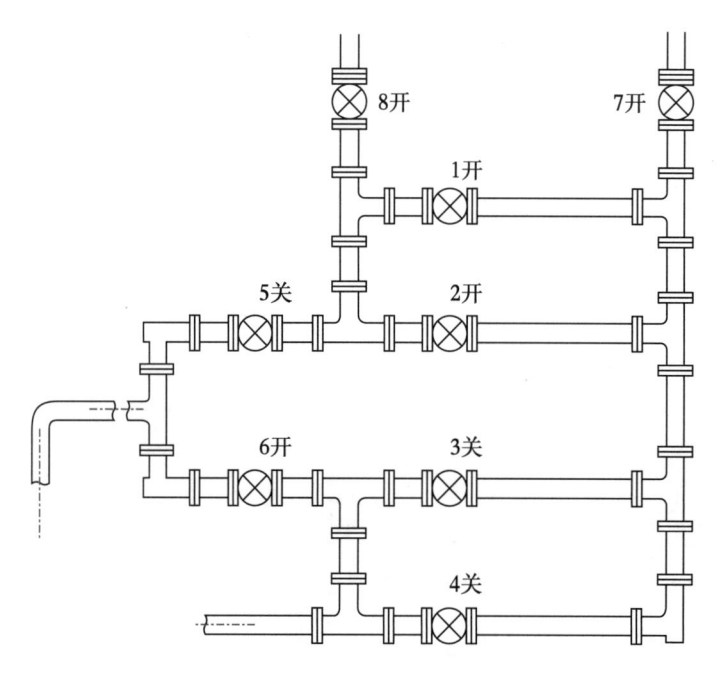

图 5-4　正循环阀组开关状态

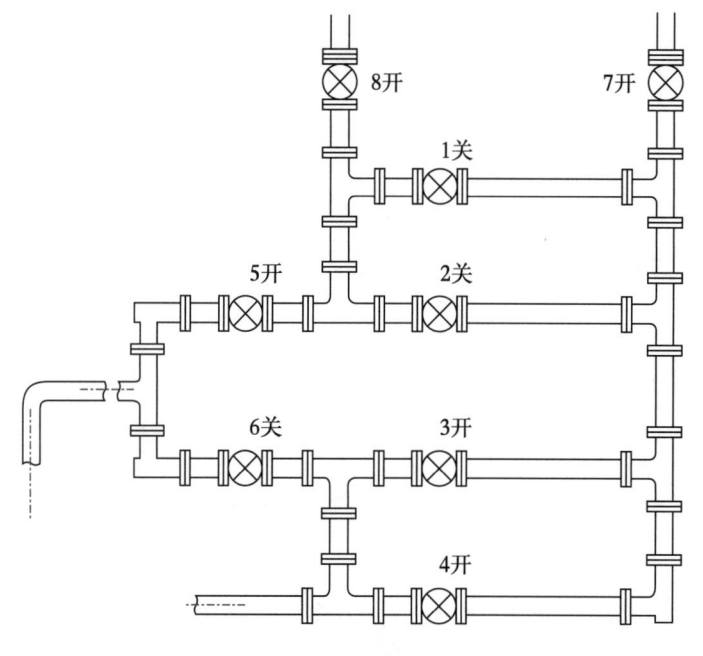

图 5-5　侧循环阀组开关状态

二、连续循环钻井装备配套研制

针对塔里木山前构造气体钻井存在水层分布多、掉块及沉砂多、钻井时效低等难题,气体钻井全过程配套连续循环钻井系统,提高气体钻井应对复杂地层的能力,提升气体钻井作业的安全性和时效性。

阀式连续循环钻井技术预先将连续循环阀配在立柱(单根)顶端,在接单根(立柱)、起下钻时,连接一条侧循环管线至连续循环阀,通过地面循环通道切换装置对主循环通道和侧循环通道进行切换,保持钻井介质始终处于连续循环状态,主循环和侧循环流程图如图5-6和图5-7所示。

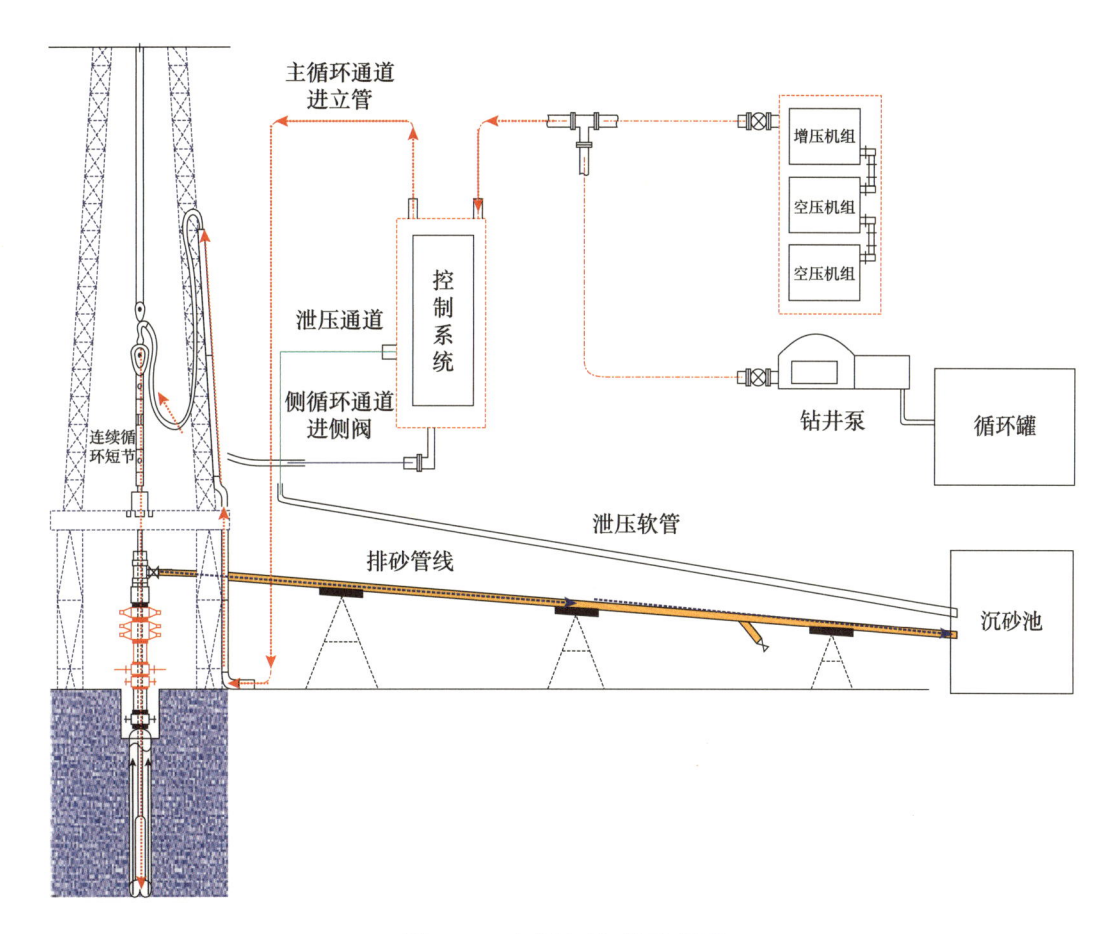

图 5-6　主循环流程示意图

阀式连续循环钻井系统包括连续循环阀、旁通插管、控制管线等。该系统的主要工具为二位三通阀短节,它可以实现轴向或侧口连接。连续循环阀使用时，需提前将短节连接在即将下井的钻柱或单根上端。正常钻井时，钻井液通过接在顶驱上的钻杆，流经连续循环阀，进入下部钻杆，形成一个内部循环通路；在接、卸单根或立柱时，将旁通管插入其侧口孔内，操作内部机构转换阀通道（关闭上部通道，同时打开侧位通道），钻井液通过旁通管，流经连续循环阀，进入下部钻杆，形成一个旁通内部循环通道。钻柱连接完成后，操作内部机构转换阀通道（关闭侧位通道，同时打开上部通道），钻井液经轴向通道循环。此时，可将旁通管拔出、移开。通过两个通道的不断切换，实现了钻井液的不间断循环（图5-8）。在正常工况下，连续循环阀随钻柱一起下入井内。当完成一个钻柱或立根的钻深后，在钻柱上部再接入提前接有连续循环阀的立柱；提升钻柱时的操作过程与接钻柱时相反，可随立柱一起将连续循环阀提出井筒。

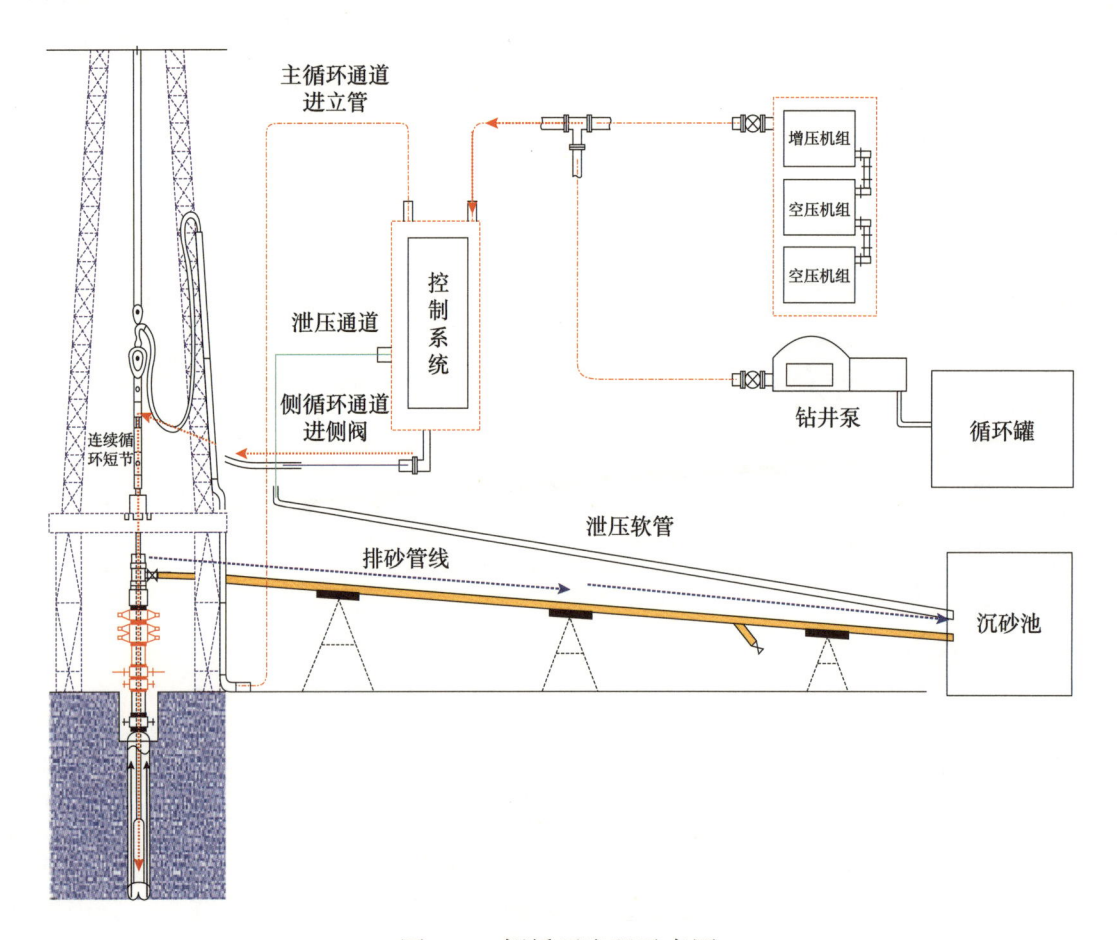

图 5-7 侧循环流程示意图

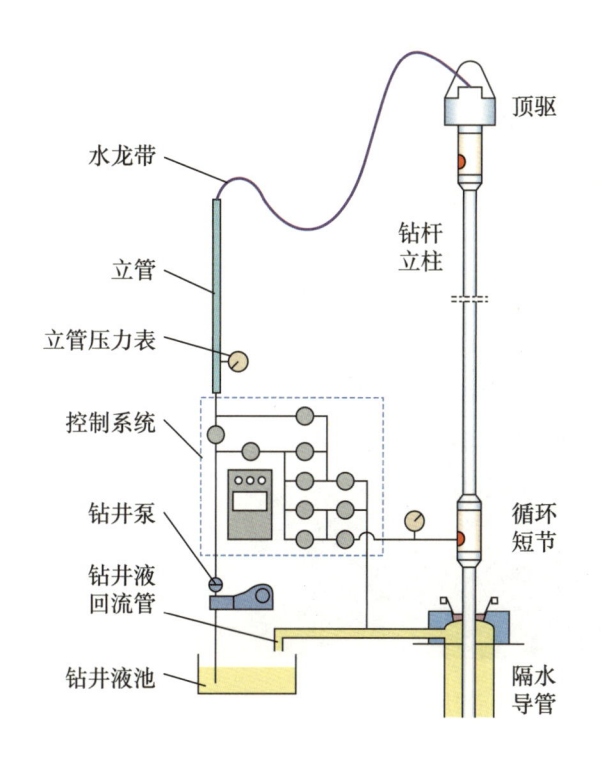

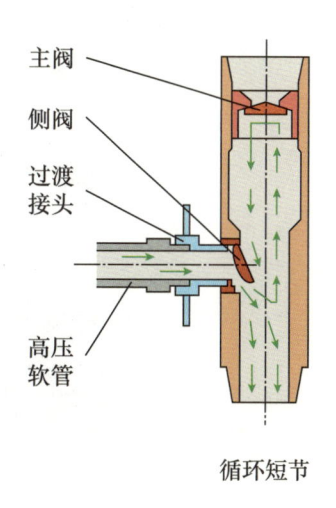

图 5-8　连续循环阀

连续循环阀主要参数包括匹配钻杆尺寸、扣型、外径、通径、抗拉强度、抗扭强度、气密封强度、液密封强度、长度等，见表 5-1。

表 5-1　连续循环阀的主要参数

匹配钻杆尺寸/in	螺纹	外径/mm	通径/mm	抗拉强度/kN	抗扭强度/kN·m	气密封强度/MPa	液密封强度/MPa	长度/m
3½	NC38	127.0	42	3000	54.24	42	72	0.90
4	NC40	139.7	42	3000	54.24	42	72	0.90
5	NC50	168.3	63	5000	135.60	42	72	0.96
5½	5½FH	184.2	72	5000	135.60	42	72	0.96

连续循环地面切换装置负责控制循环通道的走向，该装置及配套管汇的气密封压力为 35 MPa、液密封压力为 70 MPa，地面执行装置和地面控制装置如图 5-9 和图 5-10 所示。

图 5-9　地面执行装置

图 5-10　地面控制装置

三、连续循环控制系统的改进

通过现场试验发现，立式控制系统存在诸多问题需要改进和完善。首先，在安装固定上，立式控制装置的外接端口高低分布，侧循环管线接口位于装置中部，与钻井泵和立管的连接需从装置顶部接出，还必须首先通过弯头和高压软管降低高度，整个安装过程属于高处作业，操作人员打紧由壬时难以用力，安装难度大，且存在诸多不安全因素；其次，高压软管连接后上下交错，现场杂乱不利于应急逃生；最后，立式结构的占地面积虽小，但其稳定性显然差于卧式橇装体，需要单独用水泥基墩和地脚螺栓固定，增加了安装时间。

在正常使用时，控制柜和控制管路布置得过于紧凑，内部空间狭窄，维护保养不便。控制面板上没有阀门状态指示，无法直观判断阀门是否开关到位。操作手柄没有限位和保护装置，在操作过程中可能导致误操作，存在重大安全隐患。在月005-H1井的现场试验过程中就发生过类似情况：操作人员在泄压时误操作，将高压流体与侧循环管线连通，导致高压钻井液从未使用的侧循环端口处喷出。

针对前期试验中暴露出来的问题，重新设计了地面控制系统，将立式结构改为卧式结构，所有外接管线均可贴地连接并固定，大大提高了安装效率，减轻了工作量。将控制管路与液压控制柜布置在同一橇装体上，橇装体尺寸为6.0 m×2.5 m，方便吊装和运输，如图5-11和图5-12所示。

图5-11 改进后的控制系统橇体

图 5-12 改进后新增的紧急关断装置和应急备用通道

新增了应急关断功能。在控制管路钻井液过滤装置的进口端和与立管连接的第三立柱的出口处设计了紧急关断装置(第七、第八控制阀);在与立管、钻井泵连接的两条平行管路之间设置了应急备用通道,并在该应急备用通道的中间设置了一个手动旋塞阀(第九控制阀)。当控制管路故障或密封失效时,为了不影响正常钻进、不中断循环,立即打开第九控制阀,然后关闭第七和第八控制阀,将立管和钻井泵出口管线连通,如此,循环介质不通过地面控制系统而继续循环。紧急关断装置同样由液压控制柜远程控制。

四、控制系统压耗的计算

因气体条件下的压耗小于钻井液状态下的压耗,采用钻井液为循环介质对连续循环控制系统的压耗开展计算。根据功能试验控制系统的实测数据资料,求得通过控制系统地面管汇压耗 K 值:

$$K=\frac{p}{9.818\rho\left(\dfrac{Q}{100}\right)^{1.86}} \tag{5-1}$$

式中　ρ——钻井液密度，g/cm^3；

　　　Q——钻井液排量，L/s；

　　　p——控制系统压耗，MPa。

根据 12 点的测试数据，求得 $K=0.001\,1$，则控制系统地面压耗为

$$p = 0.001\,1\rho Q^{1.86} = 0.001\,1\times 1.25\times 60^{1.86} = 2.79\text{ MPa} \tag{5-2}$$

原立管管汇的压耗计算：

$$p' = K\rho\left(\frac{Q}{100}\right)^{1.86}C \tag{5-3}$$

式中　p'——原立管管汇的压耗，MPa；

　　　C——管道的摩阻系数。

式（5-3）中的其余物理量同上式，取 $K=0.5$，则立管管汇压耗为

$$p' = 0.5\times 1.25\times\left(\frac{60}{100}\right)^{1.86}\times 9.818 = 2.37\text{ MPa} \tag{5-4}$$

通过连续循环立式控制系统的压耗增加值（Δp）为

$$\Delta p = p - p' = 2.79 - 2.37 = 0.42\text{ MPa} \tag{5-5}$$

通过计算可知，钻井液钻井使用连续循环控制系统会产生压耗 0.42 MPa。相对于整个钻井系统来说，地面系统造成的立压增加 0.42 MPa 对钻井作业的影响不大，对井底压力也不会造成影响。

在对连续循环控制系统持续改进和对连续循环控制系统进行压降分析的基础上，优选龙探 1 井、塔 32 井、长宁 H4 平台、长宁 H7 平台、长宁 H13 平台、长宁 H24 平台、威 202H3 平台、YS108H7 平台、YS112H6 平台、相监 4 井、相储 10 井、川龙 1 井和溪 202 井开展连续循环控制系统现场性能测试，对控制系统的现场安装工艺与系统密封性能、抗冲刷性能进行测试，测试结果满足现场作业需求。通过现场测试与现场试验逐步完善定型连续循环控制系统。

第三节　气体连续循环钻井工艺技术

一、连续循环接立柱

1. 纯气体连续循环接立柱工艺

纯气体连续循环接立柱工艺的具体操作步骤如下：（1）上提钻具至连续循环阀出转盘面，坐吊卡；（2）钻台操作人员连接好侧循环管线，并固定好钢丝绳；（3）发出"倒换流程"信号；（4）连续循环控制箱操作人员收到信号后，进行闸阀倒换，由立管主循环切换至侧循环；（5）泄主循环通道压力；（6）卸顶驱，接立柱；（7）发出"倒换流程"信号；（8）连续循环控制箱操作人员收到信号后，进行闸阀倒换，由侧循环切换至立管主循环；（9）泄侧循环通道压力；（10）钻台操作人员拆除侧循环管线；（11）待各项注入参数正常后，恢复钻进。

2. 气液两相连续循环接立柱工艺

气液两相连续循环接立柱工艺的具体操作步骤如下：（1）上提钻具至连续循环阀出转盘面，坐吊卡；（2）钻台操作人员连接好侧循环管线，并固定好钢丝绳；（3）发出"倒换流程"信号；（4）连续循环控制箱操作人员收到信号后，进行闸阀倒换，由立管主循环切换至侧循环；（5）泄主循环通道压力；（6）卸顶驱，接立柱；（7）发出"倒换流程"信号；（8）连续循环控制箱操作人员收到信号后，进行闸阀倒换，由侧循环切换至立管主循环；（9）泄侧循环通道压力；（10）钻台操作人员拆除侧循环管线；（11）待各项注入参数正常后，恢复钻进。

二、连续循环起钻

1. 气液两相介质纯气体连续循环起钻工艺

气液两相介质连续循环起钻工艺的具体操作步骤如下：（1）保持正循环工况下，上提钻具至连续循环阀出转盘面，坐吊卡；（2）钻台操作人员连接好侧循环管线，并固定好钢丝绳；（3）钻台发出"倒换流程"信号；（4）连续循环控制箱操作人员收到信号后，进行闸阀倒换，由立管主循环切换至侧循环通道，泄主循环通道压力；（5）井队操作人员从连续循环阀之上卸扣，倒出立柱和连续循环阀后，接顶驱；（6）钻台发出"倒换流程"信号；（7）连续循环控制箱操作人员收到信号后，进行闸阀倒换，由侧循环通道切换至立管主循环通道，泄侧循环通道压力；（8）钻台操作人员拆除连接在连续循环阀上的侧循环管线，继续起钻；（9）重复（1）~（8）操作步骤，完成连续循环起钻作业；（10）当起钻至最后一个连续循环阀时，操作步骤为：①发出停止注入信号；②停止注气；③待泄压为零后，卸顶驱；④恢复常规起钻作业。

2. 气液两相介质连续循环起钻工艺

气液两相介质连续循环起钻工艺的具体操作步骤如下：（1）保持正循环工况下上提钻具至连续循环阀出转盘面，坐吊卡；（2）钻台操作人员连接好侧循环管线，并固定好钢丝绳；（3）钻台发出"倒换流程"信号；（4）连续循环控制箱操作人员收到信号后，进行闸阀倒换，由立管主循环切换至侧循环通道，泄主循环通道压力；（5）井队操作人员从连续循环阀之上卸扣，倒出立柱和连续循环阀后，接顶驱；（6）钻台发出"倒换流程"信号；（7）连续循环控制箱操作人员收到信号后，进行闸阀倒换，由侧循环通道切换至立管主循环通道，泄侧循环通道压力；（8）钻台操作人员拆除连接在连续循环阀上的侧循环管线，继续起钻；（9）重复（1）~（8）操作步骤，完成连续循环起钻作业；（10）当起钻至最后一个连续循环阀时，操作步骤为：①发出停止注入信号；②停止注气，继续注液 3~5 min 再停钻井泵，充气钻井需注液将气体替出钻头再停泵；③待泄压为零后，卸顶驱；④恢复常规起钻作业。

三、连续循环下钻

1. 纯气体连续循环下钻工艺

纯气体连续循环下钻工艺的具体操作步骤如下：（1）下钻遇阻后，接入钻杆旋塞阀，安装好旋转控制头；（2）接入顶部带有连续循环阀的立柱，接好顶驱，恢复注气，立管主循环正常，进行下步作业；（3）下放钻具，将连续循环阀坐于转盘面上，连接好侧循环管线；（4）钻台发出"倒换流程"信号，连续循环控制箱操作人员收到信号后，进行闸阀倒换，由立管主循环切换至侧循环通道，泄主循环通道压力，卸顶驱，接入顶部带连续循环阀的钻杆，接顶驱;(5)钻台发出"倒换流程"信号,连续循环控制箱操作人员收到信号后,进行闸阀倒换,由侧循环切换至立管主循环通道,泄侧循环通道压力;(6)钻台操作人员拆除连接在连续循环阀上的侧循环管线,下钻;(7)重复(3)~(6)步骤,完成连续循环下钻作业。

2. 气液两相连续循环下钻工艺

气液两相连续循环下钻工艺的具体操作步骤如下:(1)下钻遇阻后,接入钻杆旋塞阀,安装好旋转控制头;(2)接入顶部带有连续循环阀的立柱,接好顶驱,恢复注液、注气,立管主循环正常,进行下步作业;(3)下放钻具,将连续循环阀坐于转盘面上,连接好侧循环管线;(4)钻台发出"倒换流程"信号,连续循环控制箱操作人员收到信号后,进行闸阀倒换,由立管主循环切换至侧循环通道,泄主循环通道压力,卸顶驱,接入顶部带连续循环阀的钻杆,接顶驱;(5)钻台发出"倒换流程"信号,连续循环控制箱操作人员收到信号后,进行闸阀倒换,由侧循环切换至立管主循环通道,泄侧循环通道压力;(6)钻台操作人员拆除连接在连续循环阀上的侧循环管线,下钻;(7)重复(3)~(6)步骤,完成连续循环下钻作业。

四、地面循环工艺

1. 纯气体介质地面循环工艺

纯气体介质连续循环工艺即由注气设备产生的压缩气体,通过连续循环地面控制机构分别形成主循环及侧循环两个通道,通过操作地面控制机构闸阀,使压缩气体的注入通道在主循环通道和侧循环通道间相互切换,从而实现在接单根(立柱)、起下钻等作业期间纯气体介质的连续循环。

注气设备由ϕ76.2 mm—35 MPa硬管与泄压橇体连接,泄压橇体由球阀、单流阀、针阀及消音器等组成,在泄压橇体泄压管线上安装一个ϕ76.2 mm的三通短节,用于接入控制机构泄压管线;泄压橇体由ϕ76.2 mm—35 MPa硬管接入控制机构的入口端,控制机构主循环通道端口通过ϕ76.2 mm—35 MPa硬管与立管相连,形成主循环通路,侧循环通道端口通过ϕ50.8 mm—35 MPa软管连接至钻台面,与接入钻具上的连续循环阀相连接,形成侧循环通路;控制机构的泄压端口通过 ϕ50.8 mm—35 MPa 软管连接至泄压橇体的泄压接入口，构成控制机构泄压通路。

纯气体介质主循环状态时的控制机构各闸阀开关状态为：1#、7#、8# 阀保持开位，2#、3#、4#、5#、6# 阀保持关位；纯气体介质侧循环状态时的控制机构各闸阀开关状态为：3#、4#、7# 阀保持开位，1#、2#、5#、6#、8# 阀保持关位。

纯气体介质条件下的主循环通道倒换成侧循环通道工序：(1)建立侧循环通道，关闭主循环通道。打开控制机构 3#、4# 阀，关闭 1#、2# 阀，观察侧循环通道压力值是否正常；(2)泄压，将各闸阀开关状态恢复至待令状态。打开 5# 阀泄压，观察主循环通道压力降零泄压完成后，关闭 5#、8# 阀(图 5-13)。

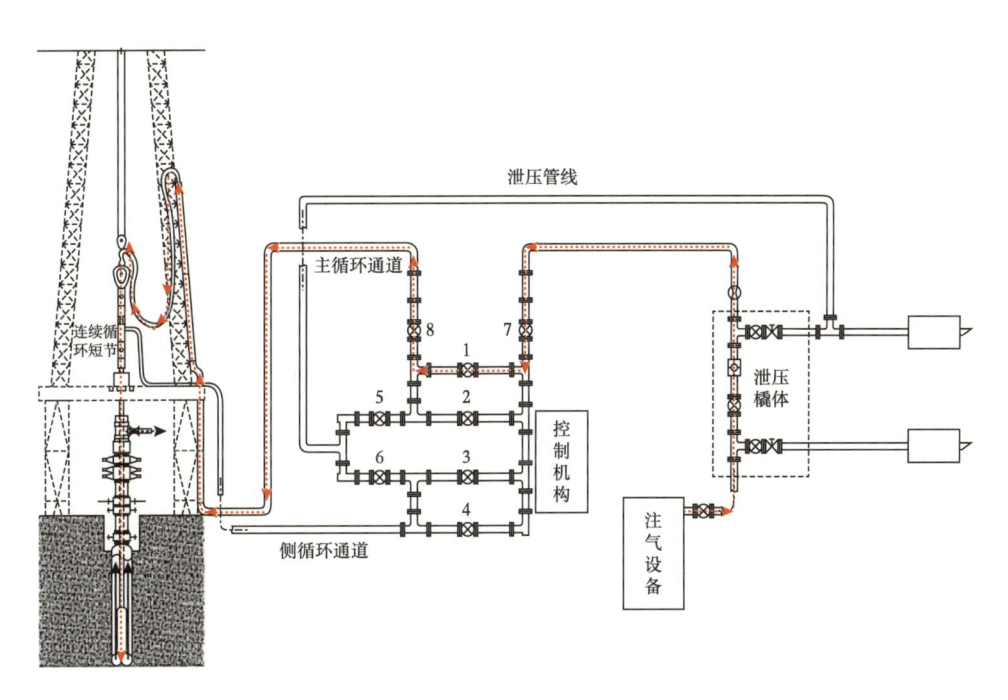

图 5-13 纯气体条件下的地面循环示意图(正循环)

纯气体介质条件下的侧循环通道倒换成主循环通道工序：(1)建立主循环通道，关闭侧循环通道。打开控制机构 1# 阀和 8# 阀，关闭 3# 阀和 4# 阀，观察主循环通道压力值是否正常；(2)泄压，将各闸阀开关状态恢复至待令状态。打开 6# 阀泄压，观察侧循环通道压力降零泄压完成后，关闭 6# 阀(图 5-14)。

2. 气液两相介质地面循环工艺

在进行雾化、泡沫及充气连续循环钻井作业时，需要同时注入气相和液相作为循环介质，气液两相介质条件下的地面循环工艺相对于单相流体而言，流体介质必须提前混合后再进入地面控制机构，即在控制机构上游段安装一个 3 in 的气液混合装置。气液混合装置为一种将气体和液体均匀混合的装置，一端与注气设备连接，另一端与钻井泵连接，则注入的气相、液相介质在气液混合装置处混合后，进入控制机构。控制机构主循环通道端口通过 ϕ76.2 mm—35 MPa 硬管与立管相连，形成主循环通路，侧循环通道端口通过 ϕ50.8 mm—35 MPa 软管连接至钻台面，与接入钻具上的连续循环阀相连接，形成侧循环通路；控制机构的泄压端口通过 ϕ50.8 mm—35 MPa 软管连接至钻井液循环罐，构成控制机构泄压通路。

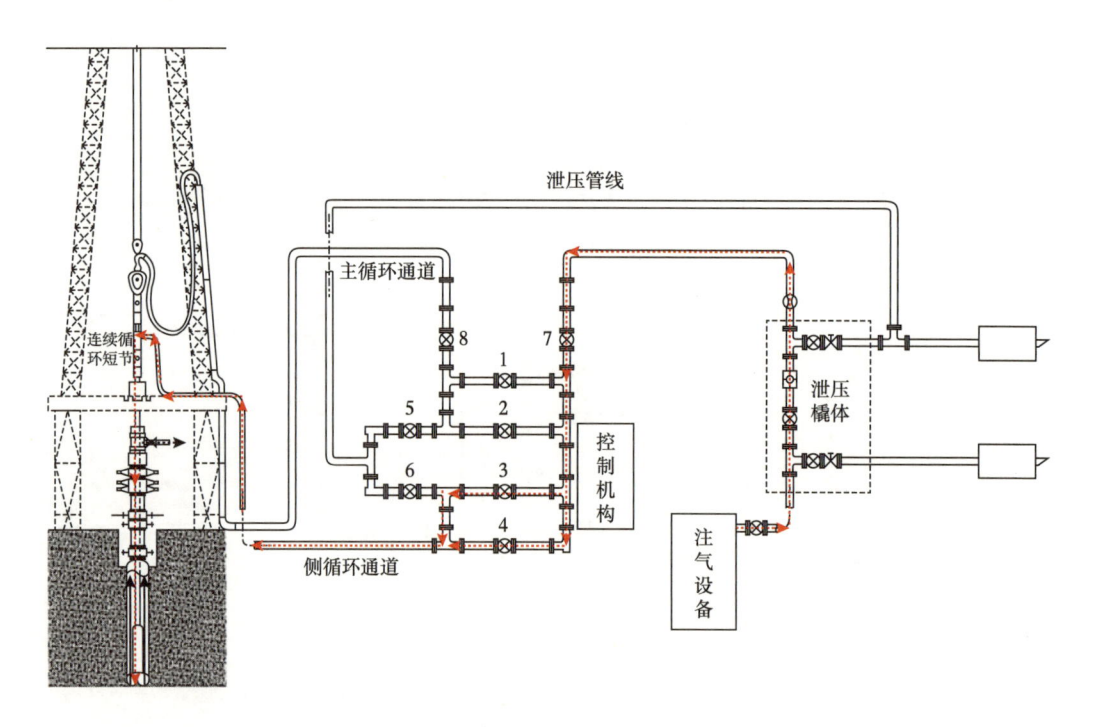

图 5-14 纯气体条件下的地面循环示意图（侧循环）

气液两相介质连续循环工艺是通过操作地面控制机构闸阀，使气液混合流体的注入通道在主循环通道和侧循环通道间相互切换，实现在接单根（立柱）、起下钻等作业期间气液混合流体介质的连续循环。气液两相介质主循环状态时的控制机构各闸阀开关状态为：1#、7#、8# 阀保持开位，2#、3#、4#、5#、6# 阀保持关位；气液两相介质侧循环状态时的控制机构各闸阀开关状态为：3#、4#、7#阀保持开位，1#、2#、5#、6#、8#阀保持关位，正循环和侧循环分别如图 5-15 和图 5-16 所示。

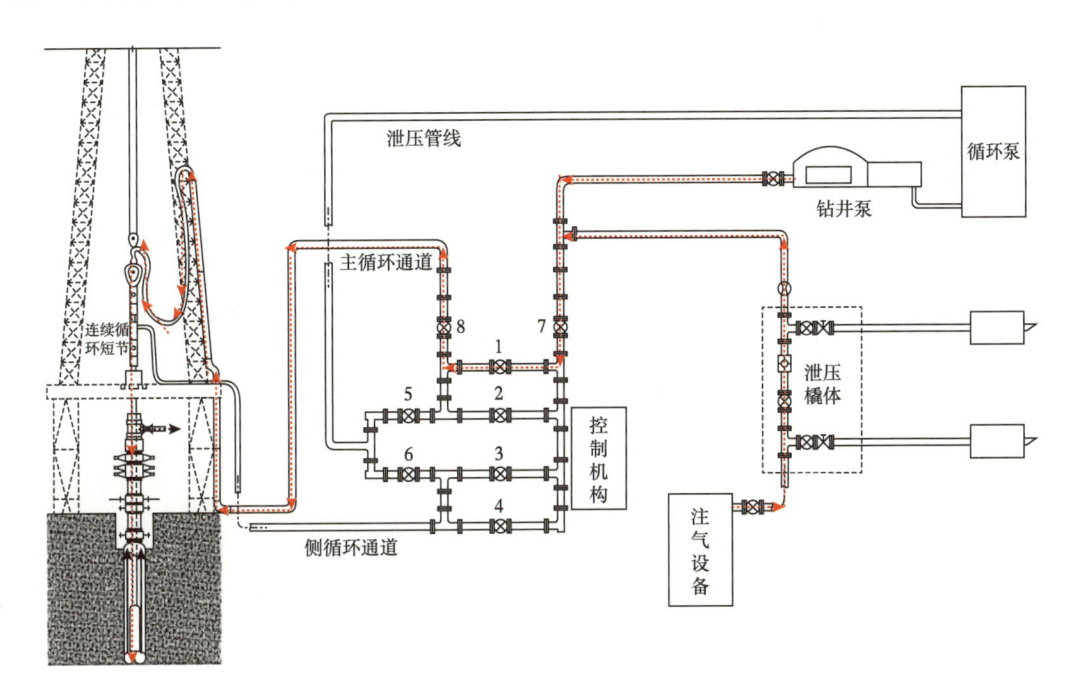

图 5-15　气液两相条件下的地面循环示意图（正循环）

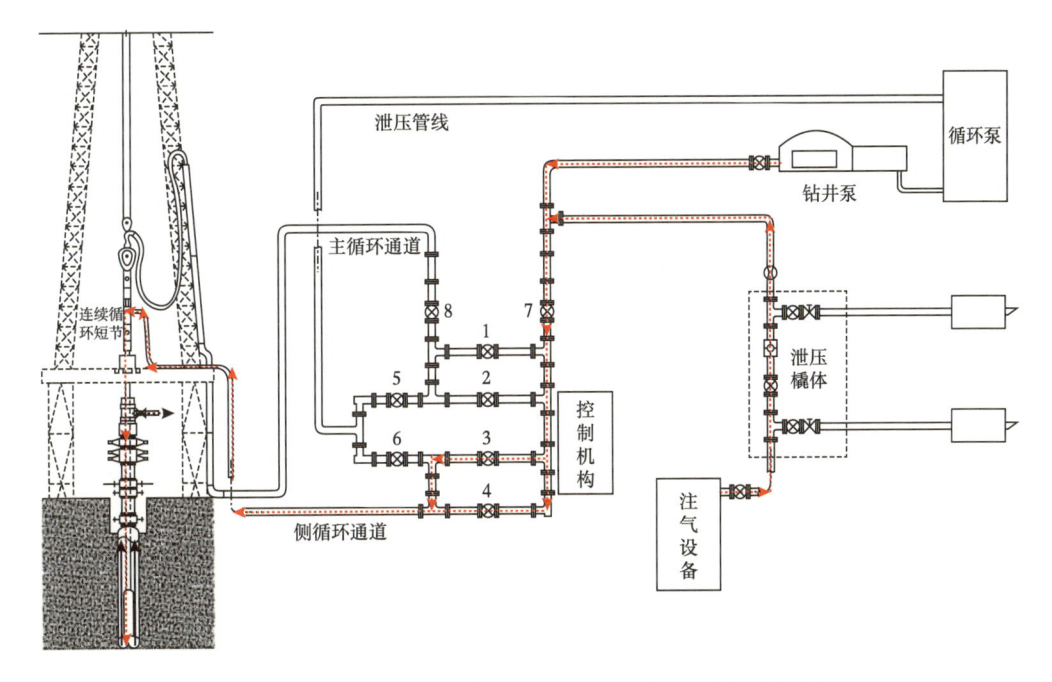

图 5-16　气液两相条件下的地面循环示意图（侧循环）

气液两相介质条件下的主循环通道倒换成侧循环通道工序：（1）建立侧循环通道，关闭主循环通道。打开控制机构 3#、4# 阀，关闭 1#、2# 阀，观察侧循环通道压力值是否正常；（2）泄压，将各闸阀开关状态恢复至待令状态。打开 5# 阀泄压，观察主循环通道压力降零泄压完成后，关闭 5#、8# 阀。

气液两相介质条件下的侧循环通道倒换成主循环通道工序：（1）建立主循环通道，关闭侧循环通道。打开控制机构 1#、8# 阀，关闭 3#、4# 阀，观察主循环通道压力值是否正常；（2）泄压，将各闸阀开关状态恢复至待令状态。打开 6# 阀泄压，观察侧循环通道压力降零泄压完成后，关闭 6# 阀。

第六章　砾石层钻井液转换技术

由于库车山前砾石层厚度大，二开、三开裸眼段长达 3000 m 以上，气体钻井钻遇第四系、库车组上部成岩段较差的砾石层段，以及吉迪克组下部泥岩含量高且水层发育层段，极易发生井壁失稳卡钻，所以气体钻井难以钻完全部井段，必须转换成钻井液后继续钻进。气液介质转换过程中易发生井壁失稳、井漏等井下复杂情况，因此需从转换钻井液性能以及转换工艺技术入手开展砾石层钻井液转换技术研究，同时做好转换期间井下复杂情况的预防与处理准备。

第一节　砾石层气体钻井钻井液转换面临的挑战

塔里木库车山前砾石层由于其胶结与成岩性差，在气体钻井结束后，钻井液转换中主要存在以下难点：

（1）易发生井漏。库车山前砾石层自身存在裂缝、孔隙、小溶洞和渗漏层，即气体钻井钻遇的水层为潜在漏层，在进行钻井液转换时易发生井漏。

（2）井壁失稳。库车山前第四系—库车组上部砾石层胶结差，较松散，地层自身井壁稳定性差；另外，井壁经气体高速运行后存在大量的应力释放缝和层理发育不均质缝，钻井液转换期间，在没有形成"滤饼"保护的情况下，钻井液中的自由水、胶体粒子、小尺寸颗粒会通过地层孔隙、裂缝进入砾石层。对于泥质胶结砾石层而言，随着自由水的进入，降低泥质胶结强度，诱发失稳；对于库车组下部、康村组泥岩层段，自由水沿着微裂缝进入泥岩层段，泥岩发生水化失稳。

（3）井眼不规则，存在携砂问题。库车山前砾石层气体钻井期间易出现掉块,加之井径扩大率约为20%,气体钻井井眼不规则,存在"葫芦状"扩大井段,给钻井液携砂带来困难。同时博孜构造气体钻井井筒沉砂较多,在转换钻井液后需进行高黏清砂。

第二节 转换钻井液体系及性能

气液转换过程中,原来未受到浸泡的地层,会因钻井液液相和固相的侵入,引起地层岩性的物理化学变化,从而造成地层的变化,有可能造成井壁垮塌,甚至会导致井下复杂情况及事故的发生。因此,转换钻井液必须考虑以下几个问题:

(1)钻井液必须具有合理的密度。合理的钻井液密度有利于平衡地层流体压力,更有利于平衡地层坍塌压力、膨胀压力,但是钻井液密度过高易导致地层漏失、钻井液滤失量增加,从而影响井壁的稳定性。这是因为以气体作为循环介质进行钻井作业时,所钻井眼完全裸露,井壁上无任何保护层(钻井液钻井时会在井壁上形成滤饼保护层),如果地层中有裂缝,这时裂缝处于开启状态。因此提前配制的钻井液的密度应尽量低,待钻井液在井壁上形成致密封堵层后,再适当提高钻井液的密度,以减少钻井液的漏失量。

(2)钻井液必须具有强抑制性。空气钻井结束后,钻井液进入井眼,开始与裸露地层相接触,由于钻井液滤液中的离子类型和离子摩尔浓度不同于地层水的离子类型和离子摩尔浓度,导致泥页岩中黏土矿物发生水化膨胀作用。因此,要求钻井液具有强抑制性,以阻止泥页岩的水化、分散。

(3)钻井液必须具有强封堵能力。空气钻井所钻井眼的井壁上无任何保护层,地层中的裂缝处于开启状态。要想减少钻井液的漏失量,必须尽快在井壁周围形成屏蔽带,这就要求钻井液中必须含有一定数量的封堵粒子,而且具有广谱性,有一定的粒度范围,以封堵不同微裂缝。封堵质量越高,形成的滤饼就越致密,进入地层的滤液就越少,就越有利于井壁稳定。所选择的封堵材料要多元化,且封堵材料的加量要适当,加量太少不利于架桥形成,太多则浪费。

（4）钻井液须具有良好的流变性。在大井眼施工中，由于钻井液上返速度低，钻井液必须具有良好的携岩性能，才能满足钻井的正常施工。钻井液要具有合适的流变参数（动切力、动塑比、静切力），这就要求严格控制钻井液中膨润土和固相的含量。

（5）钻井液须具有较强的抗污染能力。地层可能出油、出水（高矿化度盐水）、出气（H_2S、CO_2），也可能含有盐层、石膏层，钻井液应具有较强的抗污染能力，防止钻井液性能被破坏。

（6）钻井液滤失量小。当工作液与地层作用时，应尽量减少工作液的瞬间失水，防止黏土水化、分散、膨胀，有利于保护地层。因此，在正压差较小的情况下，为有效地保护井壁稳定，钻井液必须在井壁表面快速形成致密滤饼，尽可能降低滤失量和减小钻井液的侵入深度，因此必须优选出与地层相配伍的高效降滤失剂。

针对库车山前砾石层钻井液转换难点，要求气体钻井转换用钻井液同时具备良好防漏、防塌性能，通过室内研究，形成了"强抑制、强封堵、高防塌性、高润滑性、低滤失"特点的"二强二高一低"含油聚磺—KCl钻井液体系，能够满足空气钻后钻井液转换要求和井下安全目的。该钻井液体系的基本配方为：3%~4% 的膨润土 +0.1%~0.3% NaOH+0.05%~0.10% KPAM 或 80A-51+2%~3% 润滑剂 +3%~5% SMP-1+3%~4% SPNH+2%~3% YL-80+0.5%~0.6% PAC-LV+2%~3% 聚合醇 +5%~6% 柴油 +1%~1.5% SP-80（占柴油的体积分数）+3%~5% KCl 和适量的加重剂。

塔里木库车山前砾石层用"二强二高一低"钻井液体系主要由"二强二高一低"聚磺钻井液、特殊堵漏浆及举砂液组成，各部分的性能指标如下：

（1）"二强二高一低"聚磺钻井液：通过合理搭配高分子聚合物、降滤失剂以及KCl等物质，组成强抑制性的钻井液体系，其性能要求：密度（ρ）为 1.15~1.35 g/cm^3、漏斗黏度（FV）为 40~55 s、滤失量（FL）≤ 3 mL、摩阻系数（kf）≤ 0.08。

（2）前置液：前置液是在替入水基流体前，先对井筒进行预处理，即让空气钻井完后的干井眼由亲水性变为憎水性，为后续钻井液转换打下基础。前置液一般由 40% 润湿反转剂配置而成。

（3）特殊堵漏浆：在泵入"二强二高一低"聚磺钻井液前，先泵入一定量的特殊堵漏浆。通过在钻井液中加入适量无渗透、聚合醇、阳离子乳化沥青等处理剂来实现钻井液的防漏作用。

（4）举砂液：举砂液主要是在建立井筒循环之后清洁井眼所用，通过举砂液的高密度、高黏度的特点充分携带井筒岩屑，其性能要求：ρ 为 1.5 g/cm³、FV 为 120~150 s、$FL \leqslant 3$ mL。

"二强二高一低"钻井液配制好后要及时维护，主要是及时补充各种处理剂，特别是 KCl 和柴油。"二强二高一低"钻井液的性能指标见表 6-1。

表 6-1　"二强二高一低"钻井液的性能指标

常规性能											流变参数				
密度 / g/cm³	漏斗黏度 / s	API 失水量 / mL	滤饼厚度 / mm	pH 值	含砂量 / %	HTHP 失水量 / mL	摩阻系数	静切力 /Pa		塑性黏度 / mPa·s	动切力 / Pa	n 值	K 值	固含量 / %
								初切力	终切力					
1.30~ 1.50	40~55	≤ 3	≤ 0.5	8.5~10	< 0.3	≤ 15	≤ 0.08	1~5	2~12	12~24	6~10	0.40~ 0.85	0.40~ 0.85	12~22

第三节　钻井液转换工艺技术

一、转换方式选择

塔里木山前砾石层在第四系—库车组上部岩石胶结较疏松，井壁稳定性较差，在钻井液转换过程中易发生井壁失稳、井漏等井下复杂情况，为防止钻井液转换期间发生卡钻等复杂情况，替浆时，钻头位置的选择尤为重要。

不同转换方式的适用条件以及优缺点见表 6-2，针对塔里木山前不同层段的井壁稳定性情况，制定了如下转换方式：

（1）对于第四系—库车组上部不稳定砾石层段，选用"管鞋转换"方式，即转换钻井液前短起钻至套管内，进行钻井液转换；

（2）对于库车组中下部—康村组稳定砾石层段，采用"裸眼一次转换"方式，即转换钻井液前短起 3~5 柱，直接进行钻井液转换。

表 6-2　钻井液不同转换方式的优缺点对比

转换方式	转换过程	适用条件	优点	缺点
裸眼一次转换	气体钻具结束后，直接将钻头起离井底 30~50 m 替入钻井液	井眼畅通，无阻卡等复杂情况，钻井液性能稳定	所需时间短，快速转换钻井液	不适用有复杂情况的井眼，风险大
分段转换	先将钻具起至离井底 20~30 m，将堵漏浆替至套管鞋以上，再将钻具起至套管鞋，替入套管内所需钻井液	井壁存在垮塌迹象，在转换过程中可能发生失稳	能及时实现裸眼钻井液转换，降低垮塌卡钻风险	增加堵漏浆在井筒内的停留时间
管鞋转换	起钻至套管鞋位置，进行钻井液转换	井壁失稳严重	安全，不会因替浆造成卡钻	裸眼段雾化基液污染泥浆
光钻杆+铣齿替浆	起钻完下光钻杆+铣齿钻具组合到井底，替入钻井液	任何井眼条件	安全，能应对替浆时出现的复杂情况	增加起下钻作业时间，裸眼段雾化基液污染钻井液

二、转换钻井液密度的确定

对大北—博孜构造砾石层段气体钻井中的井下扩径情况、钻井液转换时的井漏井塌情况，以及地层含水含气情况进行综合分析可知：

（1）第四系易垮塌，属砾石泥质充填物水化分散导致，库车组、康村组气体钻井形成的"葫芦状"井眼为薄层泥岩表面水化掉块造成的。

（2）气体钻井证明大北构造第四系、库车组、康村组坍塌应力不大，且无高压气层和盐水层（大北 6 井盐水层的测试压力系数为 0.81）。

（3）大北 5 井在第四系用密度为 1.35 g/cm³ 的钻井液转换时发生严重井漏；大北 204 井在第四系用密度为 1.17 g/cm³ 的钻井液转换时发生严重井漏；大北 6 井在库车组、康村组用密度为 1.35~1.55 g/cm³ 的钻井液转换时未发生井漏、井塌；博孜 101 井在库车组、康村组用密度为 1.40 g/cm³ 的钻井液转换时未发生井漏、井塌；博孜 701 井在库车组、康村组用密度为 1.5 g/cm³ 的钻井液转换时未发生井漏、井塌。

结合上述气体钻井替浆中的实测数据，为了防止井漏和井塌，推荐的大北构造转换钻井液密度如下：

（1）第四系转换的钻井液的密度为 1.15~1.18 g/cm³。

（2）库车组、康村组转换的钻井液的密度为 1.30~1.50 g/cm³。

气液转换时按以上推荐密度进行，如果井下有复杂情况，则可逐步提高密度以应对，但第四系的钻井液密度不能超过 1.35 g/cm³，库车组、康村组的钻井液密度不能超过 1.60 g/cm³。

三、替浆前的准备工作

在确定钻井液转换方式以及钻井液性能参数之后，需开展替浆前的准备工作，各类工作液的准备以及工作液性能的保持措施如下：

（1）按照确定的特殊堵漏浆配方，根据所钻裸眼井段的长度，提前配置好相当量的特殊堵漏浆。

（2）按优选体系配方拟定所钻井段的井筒容积和地面循环容积，配置好钻井液，密度以高出原水基钻井液设计密度的 0.05~0.1 g/cm³ 为宜，漏斗黏度为 50~75 s，API 滤失量小于 3 mL，动切力为 8~12 Pa，pH 值为 9~10，膨润土含量为 30~40 g/L。

（3）配置适量举砂液，将聚磺—KCl 钻井液密度升高至 1.50 g/cm³、漏斗黏度为 120~150 s，失水量为 3 mL。

（4）配置坂土浆要求用水 Cl^- 含量小于 500 mg/L，并充分水化，处理剂加入要均匀。

（5）地面储备的优质钻井液每天定时搅拌 2 h 以上，并适时检测钻井液的常规性能，确保钻井性能稳定。

四、钻井液转换工艺

1. 第四系、库车组上部的钻井液转换工艺

该地层雾化钻井时容易发生井塌、加不上压或放空现象，钻井液转换时易

发生井塌和井漏复杂情况。对此，提出先防塌后堵漏的钻井液转换工艺。

（1）地面配制体积为井眼容积 1.5 倍的转换钻井液，严格按配方进行配制，其性能满足"二强二高一低"（强抑制、强封堵、高防塌性、高润滑性、低滤失）要求。

（2）转换钻井液前，短起钻至套管鞋内。

（3）该井段井眼大、返速低，再加上井漏、井塌同存，转换钻井液的黏度、切力应适当控制高一些，漏斗黏度在 90 s 以上。

（4）为了缩短地层被地层水浸泡的时间，减少坍塌因素，有效保护井壁，坚持先转换钻井液后堵漏的原则，顶替转换钻井液排量控制在 20~25 L/s，尽量让钻井液充满井筒。

（5）若发生井漏，则实施桥接堵漏措施。推荐配方：清水＋核桃壳（特粗）＋1%~3% 核桃壳（粗）6%~8%＋核桃壳（中粗）8%~10%＋核桃壳（细）4%~6%＋SQD-98（中粗）2%~3% ＋SLD-12%~4%＋棉籽壳 1%＋锯末 1%~2%＋乳化沥青 1%~3%＋膨润土 3%~4%＋适量 NaOH，总浓度为 25%~35%。按正常的堵漏施工工艺进行堵漏作业，以候堵为主，以挤压为辅，且挤压压力不超过 3 MPa。

（6）堵漏成功后，用转换钻井液顶替堵漏浆恢复正常钻井。

2. 库车组下部、康村组的钻井液转换工艺

库车组下部至康村组为成岩砾石层，岩石胶结程度高，地层不出水或微出水，井壁较为稳定，因此在此层段主要考虑工作液漏失。

（1）地面配制体积为井眼容积 1.5 倍的转换钻井液，严格按配方进行配制，其性能满足"二强二高一低"（强抑制、强封堵、高防塌性、高润滑性、低滤失）要求。

（2）替换钻井液前，短起钻具距离井底 30~50 m。

（3）以 20~25 L/s 的小排量注入前置液 45 m^3。

（4）以 20~25 L/s 的小排量注入特殊防漏钻井液 90 m^3。

（5）以 30~35 L/s 的排量替入设计要求的聚磺 KCl 钻井液。

（6）聚磺 KCl 钻井液返出后，以大于 35 L/s 的排量循环钻井液一周。

（7）举砂，以大于 35 L/s 的排量替入 ρ 为 1.50 g/cm^3、FV 为 120~150 s 的举

砂液 45 m³。

（8）短起，举砂液返出后短起 10~15 柱，探静砂面，如砂面低于 2 m，即可恢复钻进，如砂面高于 2 m，可再替入 45 m³ 举砂液后，起钻换钻头下钻，再恢复钻进。

第四节　钻井液转换期间井下复杂预防与处理技术

根据邻井钻井液钻井情况，及时掌握气体钻井井下情况：（1）水层分布情况、产水量大小及水质特征；（2）是否发生井壁失稳，失稳井段及出口返出垮塌物大小等；（3）气体钻井放空井段。钻井液转换前，弄清楚各单井的井下情况，从而制定相应钻井液转换工艺技术及处理措施。

一、井塌的处理

塔里木山前大北构造第四系—库车组上部砾石层胶结疏松，井壁稳定性差，易垮塌，气体钻井中地层出水加剧了井壁失稳。处理井塌的措施如下：

（1）根据邻井实钻资料确定气体钻井后转换用钻井液密度。第四系使用钻井液的密度为 1.15~1.18 g/cm³；库车组、康村组使用钻井液的密度为 1.30~1.35 g/cm³。

（2）处理井塌时利用力学治理井塌，第四系的钻井液密度可逐步控制在 1.25~1.35 g/cm³；库车组、康村组的钻井液密度可逐步控制在 1.45~1.55 g/cm³。

（3）采用高黏度、高切力钻井液进行处理，漏斗黏度为 120~150 s，屈服值在 12 Pa 以上，初切力和终切力分别在 6~10 Pa 和 15~25 Pa 以上，膨润土含量 MBT 值为 50~60 g/L。

（4）进一步增强钻井液抑制防塌的能力，KCl、YL-80、聚合醇加量取设计配方的高限。

（5）进一步改善钻井液滤失造壁性能，滤失量控制在 3 mL 以内，做到滤饼薄而韧。

（6）工程上在处理没有胶结的砾石地层垮塌时，多采用上、下拉的方式进行划眼，尽量不使用转盘转动划眼。控制起下钻速度，起钻按要求灌满钻井液。

二、井漏和井塌并存的处理

气体钻井过程中，井筒整体处于欠平衡状态，钻具的振动极易引起井壁周围微裂缝或诱导裂缝的发育，从而引起转换过程中的井漏以及井塌等复杂工况。针对第四系—库车组漏层、垮塌层同存的情况，处理思路为先防塌后治漏。

（1）首先向井筒注入足量的转换钻井液，保护井壁。

（2）按照塔里木油田推荐堵漏的桥堵配方下光钻杆进行专门堵漏作业，其工艺按常规堵漏方法进行。不同漏速情况下推荐的桥堵配方见表6-3。

表6-3 不同漏速情况下推荐的桥堵配方

井漏程度	漏速/m³/h	漏层判断	优选次序	蛭石	果壳（粗）	果壳（中）	果壳（细）	棉籽壳	锯末	SQD-98（中）	SLD-2	总加量
严重漏失	失返	大裂缝、溶洞	①	3~4	5~6	8	4	3	3~4	—	—	25~30
			②	3~4	5~6	8	4	3	—	6~8	—	28~33
			③	3~4	5~6	8	4	3	—	—	8~10	30~35
			④	—	8~10	8	4	2	2~3	—	—	25~27
		大砾砂层	①	—	8~10	8	4	—	3~4	—	—	23~26
			②	—	8~10	8	4	—	—	8~10	—	25~30
			③	—	8~10	8	4	—	—	—	10~12	27~32
大漏	大于50	裂缝	①	2~3	4~6	8	4	3	2	—	—	21~23
			②	2~3	4~6	8	4	—	1~2	6~8	—	23~28
			③	2~3	4~6	8	4	—	1~2	—	8~10	25~30
			④	—	6~8	6~8	4	2~3	2	—	—	18~24
		砾砂岩渗漏	①	—	6~8	6~8	4	—	3~4	—	—	23~30
			②	—	6~8	6~8	4	—	—	8~10	—	21~25
			③	—	6~8	6~8	4	—	—	—	10~12	22~27

续表

井漏程度	漏速/m³/h	漏层判断	优选次序	蛭石	果壳（粗）	果壳（中）	果壳（细）	棉籽壳	锯末	SQD-98（中）	SLD-2	总加量
中漏	20~50	裂缝	①	—	6~8	6~8	4	2	3	—	—	24~30
			②	—	6~8	6~8	4	—	3~4	—	—	17~20
			③	—	6~8	6~8	4	—	—	8~10	—	20~24
			④	—	6~8	6~8	4	—	—	—	10~12	22~26
		砾砂岩渗漏	①	—	4~6	6	4	—	3~4	—	—	20~22
			②	—	4~6	6	4	—	—	8	—	22~24
			③	—	4~6	6	4	—	—	—	10	24~26
小漏	10~20	砾砂岩渗漏、微裂缝	①	—	—	4~6	6~8	—	3~4	—	—	13~18
			②	—	—	4~6	6~8	1~2	4~6	—	—	15~22
			③	—	—	4~6	6~8	—	5~8	—	—	15~22
			④	—	—	4~6	6~8	—	—	—	7~10	17~24
微漏	小于10	砾砂岩渗漏	①	—	—	2~4	4~6	—	2	—	—	8~12
			②	—	—	—	—	—	3~4	—	—	3~4
			③	—	—	—	—	—	—	4~6	—	4~6
			④	—	—	—	—	—	—	—	6~8	6~8
			⑤	降密度、降排量、静止、提黏切								—

注：①桥堵材料加入顺序：蛭石→果壳（粗、中、细）→复合堵漏剂→锯末→棉籽壳；②锯末加入前必须充分润湿；③每个配方中以①号配方为优先；④目的层可加少量酸溶性材料。

根据大北 5 井的实际堵漏情况和塔里木油田的推荐配方进行分析，优选出适合大北构造第四系的堵漏配方：清水 + 核桃壳（特粗）1%~3%+ 核桃壳（粗）6%~8%+ 核桃壳（中粗）8%~10%+ 核桃壳（细）4%~6%+SQD-98（中粗）2%~3% +SLD-1 2%~4%+ 棉籽壳 1%+ 锯末 1%~2%+ 乳化沥青 1%~3%+ 膨润土 3%~4%+ 适量 NaOH，总浓度为 25%~35%。第一次堵漏浆浓度尽量保持在 30% 以上。根据现场实际情况确定堵漏浆体积和挤压压力，堵漏成功后方能进行划眼作业。

（3）起钻采用吊灌，井筒尽量灌满钻井液。

（4）划眼作业时确定合理的钻井液密度有利于井壁稳定。第四系使用钻井液密度为 1.25~1.35 g/cm^3、库车组使用钻井液密度为 1.45~1.55 g/cm^3。

（5）采用高黏度、高切力钻井液进行处理，漏斗黏度为 120~150 s，屈服值在 12 Pa 以上，初切力和终切力分别在 6~10 Pa 和 15~25 Pa 以上，膨润土含量 MBT 值为 50~60 g/L。

（6）进一步增强钻井液抑制防塌的能力，KCl、YL-80、聚合醇加量取设计配方的高限。

（7）进一步改善钻井液滤失造壁性能，滤失量控制在 3 mL 以内，做到滤饼薄而韧。

（8）工程上在处理没有胶结的砾石地层垮塌时，多采用上、下拉的方式进行划眼，尽量不使用转盘转动划眼。

第七章　干井筒固井工艺技术

空气钻井钻至设计井深后，为进行表层套管或技术套管固井，需再替入钻井液，这会带来井壁水化失稳、巨厚虚滤饼、水泥浆顶替效率低等一系列问题，严重影响空气钻井缩短建井周期的效果。因此，空气钻井完成后，在不替入任何液体钻井液的情况下，直接进行表层套管或技术套管固井即为干井筒固井，该技术能解决常规固井技术顶替效率差的技术瓶颈难题，并提高固井质量、缩短钻井周期、降低钻井成本、减少环境污染、加快勘探速度。

第一节　干井筒固井的必要性分析

一、空气介质条件下固井井下复杂情况分析

1. 岩石吸水膨胀引起井壁水化失稳

井壁地层的孔隙、裂隙是水泥浆失水的通道条件，其大小和密集情况是由地层岩土性质客观决定的。除了较大的裂隙和孔隙外，一般地层的孔隙、裂隙较小，只允许自由水通过，而黏土颗粒周围的吸附水随着黏土颗粒及其他固相附着在井壁上构成滤饼，不再渗入地层。

钻井液钻井时，钻井液在井壁上失水形成滤饼后，渗透性减小，减慢水钻井液的继续失水。若钻井液中的细粒黏土多而且水化效果好，则形成的滤饼致密且薄，水钻井液失水较少。反之，若钻井液中的粗颗粒多且水化效果差，则形成的滤饼疏松且厚，水钻井液的失水较多。

由于气体钻井时，井内液柱压力极低，井眼周围地层岩石应力得到充分释放，加之空气锤和钻头的振荡，在井壁横向形成更多的应力释放缝，或者加剧

了井壁周围微裂缝的发育，使得地层的连通性更好，渗透性得到改善。同时，气体钻井时无外来流体浸入，井壁周围地层的破碎程度加剧，加之地层干燥，没有井壁滤饼，无水化现象产生，在水钻井液出套管上返初期，水钻井液中的自由水迅速大量地进入地层，若地层中含有吸水性强的泥页岩矿物，它们会迅速吸水膨胀水化而引起井壁失稳。因此，气体钻井后下套管固井，极易引起井壁失稳和井漏复杂情况。

2. 形成厚水泥滤饼堵塞环空通道

在空气介质下下套管固井时，水泥浆出套管上返初期，由于水泥浆中的自由水迅速大量地进入地层，在渗透性极好的井壁上形成厚水泥滤饼，使环空过流面积减小，循环阻力和压力激动增大，产生堵塞或高泵压复杂情况。

3. 形成"砂堵"憋泵

气体钻井时，所钻开的地层没有液柱压力的支撑和平衡地应力，井壁更容易发生应力失稳，有的井在空气钻井时，井径扩大率较大，形成"葫芦状"井眼，水泥浆进入裸眼段后，在破碎带、裂隙发育的地层，渗入的自由水洗涤了破碎物接触面之间的黏结，减小了摩擦阻力，破碎物易滑入井眼内，加上水泥浆强的携砂能力，易造成井壁坍塌、"砂堵"憋泵等事故。

4. 井漏

在气体钻井时，由于流体柱压力低，在钻井过程中不会表现出井漏问题，注水泥浆过程中，井下压力持续增加，引发低压漏失层发生井漏。水泥浆中的自由水通过地层孔隙、裂缝或微裂缝大量而迅速地进入地层，加速地层诱导裂缝的形成，进一步扩张地层裂缝导致井漏。

5. 套管下不到位

空气介质下固井如何确保套管柱安全顺利下至设计井深是研究的关键内容。空气介质下下套管若遇阻，其处理手段受限，只能上下活动或适当拨转管柱，无法采取开泵方式冲开砂桥或沉砂。因此，如何在下套管前充分做好井眼准备工作，是保证套管柱能否顺利下入的关键。

6. 水泥浆浆体的稳定性和水化性能

气体条件下干燥井壁有润湿性需求，水泥浆中自由水的大量渗透会影响水泥浆的稳定性和水化性能，从而影响固井的胶结质量。井壁地层的孔隙、裂隙是水泥浆失水的通道条件，其大小和密集情况是由地层岩土性质客观决定的。除了较大的裂隙和孔隙外，一般地层的孔隙、裂隙较小，只允许自由水通过，而黏土颗粒周围的吸附水随着黏土颗粒及其他固相附着在井壁上构成滤饼，不再渗入地层。

7. "U"形管效应

大尺寸套管在气体条件下固井，其施工作业量较大，施工时间较长，固井注水泥浆过程中，由于管内为水泥浆，管外为空气，这种密度差使得管内外压差进一步加大，就会出现所谓的"U"形管效应，即当管内液柱压力大于环空压力时，返出排量将大于井口注入排量，且在管内井口处出现真空段。之后，若环空液柱压力逐渐大于管内压力，则真空段逐渐减小直至完全消失，此时返出排量又等于注入排量。这种客观存在的"U"形管效应可能给固井施工带来一系列危害。若环空返速过大，所增加的环空摩阻压降有可能使套管下部附近的薄弱地层发生破裂，影响井壁稳定性，岩屑掉块可能发生环空堵塞。

8. 工具附件要求性能高

为缩短施工时间，减少"U"形管效应，大尺寸套管一般都采用内插管固井，插座的承压能力、插头与插座之间能否有效密封是固井过程的关键，而在实际应用中，经常发生密封失效或回压阀失灵等事故，因此内管注水泥装置的性能和质量是整个固井工艺工程的保障。同时，由于套管内为气体，注水泥浆结束后，底部套管所受的挤压力大，必须校核套管的抗挤安全系数，并根据安全系数调整浆柱结构或注浆工艺。

二、常规固井技术对固井质量的影响

（1）固井的根本目的是需要实现水泥环与套管和地层两者的良好胶结及密封。为此，首先要做到水泥浆对钻井液的完全置换，由于水泥浆和钻井液同为胶凝液体，水泥浆在套管环间顶替钻井液时，因受套管居中度、井眼规则程度、黏稠钻井液和死钻井液、环空顶替流态等客观因素的影响，事实上，顶替效率难以达到100%，这样势必对固井后的水泥环的封固质量产生不利影响,并可能引起地层流体在水泥环间的窜漏,大大缩短套管的生产寿命。

(2)钻井液在井眼内,由于其本身所具有的特点,在压差作用下,使其向具有孔缝及渗透性地层失水,从而在井壁形成一层薄而韧的滤饼(渗透性良好的地层还会形成疏松的厚滤饼),同时,具有黏滞性的钻井液还会吸附在套管壁上,在固井施工过程中,即使采用冲洗液和滤饼溶蚀剂,仍难以有效清除这些滤饼和附着物,由此影响水泥环与套管壁(第一界面)和地层(第二界面)的胶结质量。这样势必又对固井后的水泥环的密封质量产生不利影响,甚至发生环间窜气现象,并可能引发地面安全风险和地下油气资源的浪费。

(3)采用钻井液介质进行常规固井作业,常常带来较大的环保压力。一是替入水泥浆会置换出大量废弃或待处置的钻井液;二是因钻井液与水泥浆接触产生大量的混浆,需要直接排进污水池;三是为了提高固井质量,对水泥用量常常采用超量设计,替钻井液完后会直接返出大量的纯水泥浆。显然,上述几种情况都会面临因钻井液和水泥浆带来的环境污染,解决此问题会耗费大量的物力和财力,并对环境造成一定程度的不良影响。

三、干井筒固井工艺技术优势

空气钻井条件下不替钻井液固井技术,则完全解决了常规固井技术存在的技术瓶颈难题和一系列的环保问题。干井筒固井技术的优势主要表现在以下几方面:

(1)省去了注钻井液和替钻井液等工序,减少了井漏、井壁失稳等复杂情况的发生,保证了施工的顺利进行,缩短了固井时间;

(2)减少了钻井液总量,不需要附加更多的水泥浆来驱替钻井液,避免了往污水池排泄混浆,节省成本,保护环境;

(3)不存在钻井液污染水泥浆的问题,采用水泥浆直接去置换空气,很容易实现套管环空水泥浆的有效充满,理论顶替效率可达100%,井壁无滤饼,两界面水泥胶结牢固,确保了水泥环的胶结质量,从而最大限度地提高了固井质量。

第二节 干井筒固井套管安全下入工艺

一、通井钻具结构优化

充分有效地做好井眼准备工作，是确保套管成功下至设计井深的关键。充分了解和掌握所钻井实钻的第一手资料，认真分析井身质量、井眼轨迹特点和实钻钻具的结构特点，并针对下入套管的尺寸和刚性特点，制定科学合理的通井钻具结构是充分有效地做好井眼准备工作的前提条件。

通井的主要目的是扩划井壁、破除台肩、消除井壁阻点。通井钻具结构应充分考虑所钻井的井眼轨迹和入井管柱的特殊性，通过计算下部钻柱和入井无接箍套管的刚性，对比分析其尺寸、刚性和长度因素，综合考虑该井与其他井的井眼准备情况，设计通井钻具结构进行通井作业。

通井前应进行通井技术交底，并制定详细的通井技术措施，严防通井作业中卡钻。对全井复杂井段、重点井段充分做好井眼准备工作，对于起下钻过程中的摩阻大小，应分井段记录好相关数据，所有通井作业都必须注意摩阻变化，严格区分和掌握摩阻与遇阻吨位，不能猛提猛放，严防阻卡，确保通井安全；每次通井在重点井段及复杂井段若不能顺利通过，则进行划眼并反复多次上下提放钻柱，以修整井壁、破除台肩、消除井壁阻点，最终实现井眼光滑、通畅、无沉砂、无阻卡等目的。对出入井的所有通井工具应丈量和记录好其尺寸。最后一次通井到底后，充分循环将井底岩屑和沉砂彻底携带干净。

通井钻具结构主要是增大下部钻柱刚性，钻头之上增加大尺寸钻铤并加入相应外径较大的扩大器，以大幅增大钻柱刚性，并提供与井壁的多个切点。

大尺寸井段多采用塔式组合钻具，即从下到上钻铤尺寸由大变小，由钻铤构成塔式。它利用"铅笔"机理，利用不同尺寸的钻铤组合，按下大上小的原则，使钻具产生"铅笔"效应，在钻具受压状态下，近钻头的钻铤不易弯曲变形，同时产生较大的垂直力。这种钻具组合适用于大井眼防斜，能有效保证井眼轨迹的垂直程度。

根据下入套管刚度,结合空气钻井的钻具组合,制定 ϕ444.5 mm 井眼下入 ϕ339.7 mm 套管、ϕ311.2 mm 井眼下入 ϕ244.5 mm 套管井眼通井钻具组合和通井扶正器规范,确保套管顺利下到设计井深。

1. 通井钻具组合

1)ϕ444.5 mm 井眼下入 ϕ339.7 mm 套管

(1)第一次通井:ϕ444.5 mm 钻头 +ϕ254.0 mm 钻铤 ×1 根 +ϕ400 mm 扶正器 ×1 只 +ϕ254.0 mm 钻铤 ×2 根 + 原钻具组合;

(2)第二次通井:ϕ444.5 mm 钻头 +ϕ254.0 mm 钻铤 ×1 根 +ϕ400 mm 扶正器 ×1 只 +ϕ254.0 mm 钻铤 ×1 根 +ϕ390~400 mm 扶正器 ×1 只 +ϕ254.0 mm 钻铤 ×1 根 +ϕ390~400 mm 扶正器 1 只 + 原钻具组合。

$$m = \frac{D_{钻铤}^4 - d_{钻铤}^4}{D_{套管}^4 - d_{套管}^4} = \frac{254^4 - 76.2^4}{339.7^4 - 315.32^4} = 3.68 \quad (7\text{-}1)$$

由式(7-1)计算结果可知,钻铤与套管的刚度比值 m 为 3.68,说明钻铤的刚度大于套管刚度,套管在井下比钻铤更柔软,因此在不考虑其他因素的影响情况下,套管应能下至预定位置。

2)ϕ311.2 mm 井眼下入 ϕ244.5 mm 套管

(1)第一次通井:ϕ311.2 mm 钻头 +ϕ228.6 mm 钻铤 ×1 根 +ϕ300 mm 扶正器 ×1 只 +ϕ228.6 mm 钻铤 2 根 + 原钻具组合;

(2)第二次通井:ϕ311.2 mm 钻头 +ϕ228.6 mm 钻铤 ×1 根 +ϕ300 mm 扶正器 ×1 只 +ϕ228.6 mm 钻铤 ×1 根 +ϕ290~300 mm 扶正器 ×1 只 +ϕ228.6 mm 钻铤 ×1 根 +ϕ290~300 mm 扶正器 ×1 只 + 原钻具组合。

$$m = \frac{D_{钻铤}^4 - d_{钻铤}^4}{D_{套管}^4 - d_{套管}^4} = \frac{228.6^4 - 71.4^4}{244.5^4 - 220.52^4} = 4.23 \quad (7\text{-}2)$$

由式(7-2)计算结果可知,钻铤与套管的刚度比值 m 为 4.23,说明钻铤的刚度大于套管刚度,套管在井下比钻铤更柔软,因此在不考虑其他因素的影响情况下,套管应能下至预定位置。

2. 通井扶正器规范

扶正器要求具有正倒划眼和修整井壁、破除井壁台阶的功能，扶正棱数量4棱，呈右螺旋分布，360°全封闭，棱上下倒角处理并铺焊耐磨合金，扶正器结构安全、可靠。扶正器棱长要求：ϕ390~400 mm 扶正器棱长不小于 400 mm，ϕ290~300 mm 扶正器棱长不小于 300 mm。

二、固井前井眼净化

空气介质条件下不替钻井液固井最关键的问题就是确保气体流动速率足以满足清洁井眼的需要，如果通井时和注水泥施工前，井底钻屑颗粒不能从井眼带走，就会危及施工安全。井眼净化程度对注水泥施工的顺利进行有着非常重要的作用。固井前可以通过相关方法判断井眼净化程度，及时地发现井眼净化不良的情况，避免井下复杂情况的发生。

1. 根据立压参数判断井眼净化程度

立压传感器安装在气体入口导管上，用来监测气体钻井过程中的气体注入压力状况。立压是井底压力、穿过钻头的压降，以及沿立管和钻头之间钻柱的压降共同作用的结果，在判断井眼净化程度方面起到非常重要的作用。通井到底和下套管到设计位置后，气体循环时，环空当量压力梯度远小于1，立压保持稳定。当环空净化不良时，环空内上返流体当量密度升高，增大了循环系统的负荷，进而造成气体注入口压力的异常变化。图 7-1 是某口井在气体循环过程中，井眼净化不良前后的立压监测曲线。由图 7-1 可见，01:36 之前，正常循环时，立压在 2 MPa 左右保持稳定，接完单根恢复钻进后，循环开始出现不畅，压力异常升高，峰值达到 6 MPa 左右，说明井下存在钻屑颗粒无法正常返出的情况。

2. 根据排砂管压力参数判断井眼净化程度

排砂管线一般都有很长一段处于水平或近水平状态，因此，流体在其中的流动可视为在水平管中的流动。在排砂管线上一定位置处安装压力传感器，用来监测排砂管线内流体的流动状态。由于排砂管线与井眼环空是连通的，所以流体在排砂管线中的流动状态可以反映环空流动状态。

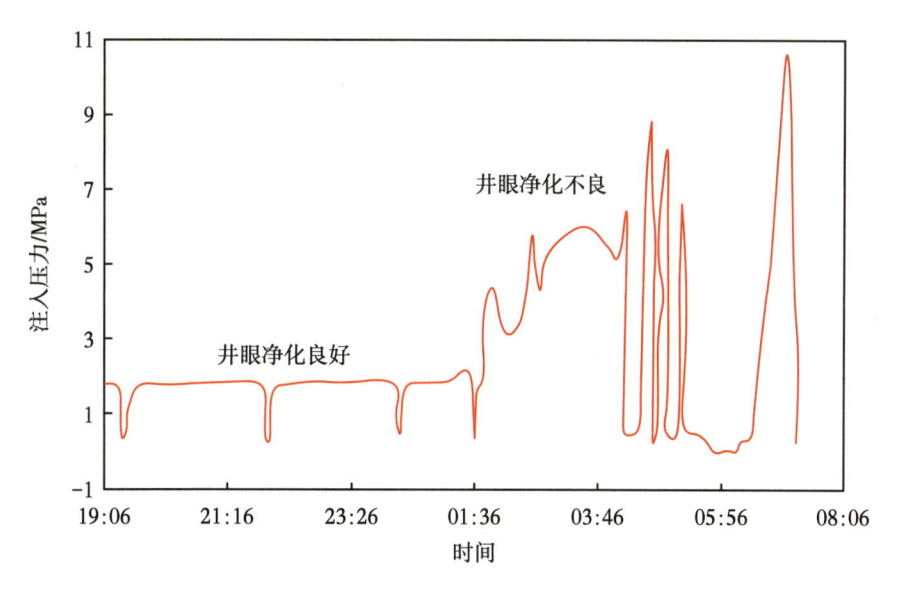

图 7-1 井眼净化不良时的立压变化图

气体的携岩能力非常小，被带到地面的大都是粉末状的钻屑。由于粉末状微粒溶入气体后成为均质流体，可以认为这种尘状气流与管壁间的摩擦近似于纯净气体与管壁间的摩擦，因此气流与管壁间的摩擦可以应用气—壁摩擦理论，且不会有太大的误差，其排砂管压力为

$$p_\mathrm{b} = \left[\left(f_\mathrm{b} \frac{L_\mathrm{b}}{D_\mathrm{b}} \right) \left(\frac{1.75 \times 10^{-5} Q_\mathrm{g}^{\,2} S_\mathrm{g} RT}{g A_\mathrm{b}^2} \right) + p_\mathrm{at}^{\,2} \right]^{0.5} \quad (7-3)$$

式中 p_b——排砂管压力，Pa；

f_b——排砂管线的范宁摩阻系数；

L_b——传感器到排砂管线出口的距离，m；

D_b——排砂管线的内径，m；

Q_g——气体体积流量，m³/s；

S_g——气体相对密度；

R——气体常数；

T——地面温度，K；

g——重力加速度，m/s²；

A_b——排砂管线的内横截面积，m^2；

p_{at}——大气压，Pa。

由式（7-3）可知，在排砂管线规格、传感器安装位置及环境条件一定时，排砂管压力只跟气体的体积流量有关。井眼环空净化不良的实质是气体流量不足，因缺乏足够的动能有效地携带固相流动而堵塞环空。环空横截面积因堵塞而减小，气流速度增大，固相又能移动一段距离，周而复始，出现不稳定的跳跃式流动。环空压力的不稳定变化造成排砂管压力的异常变化。图 7-2 是某口井井眼净化不良前后的排砂管压力监测曲线。01:36 之前，在正常循环过程中，排砂管压力在 3 kPa（表压）左右波动。接完单根开始钻进后，排砂管压力开始持续上升，然后出现较大幅度的波动，最大值达到 22 kPa，最终判定是因为井眼净化不良。

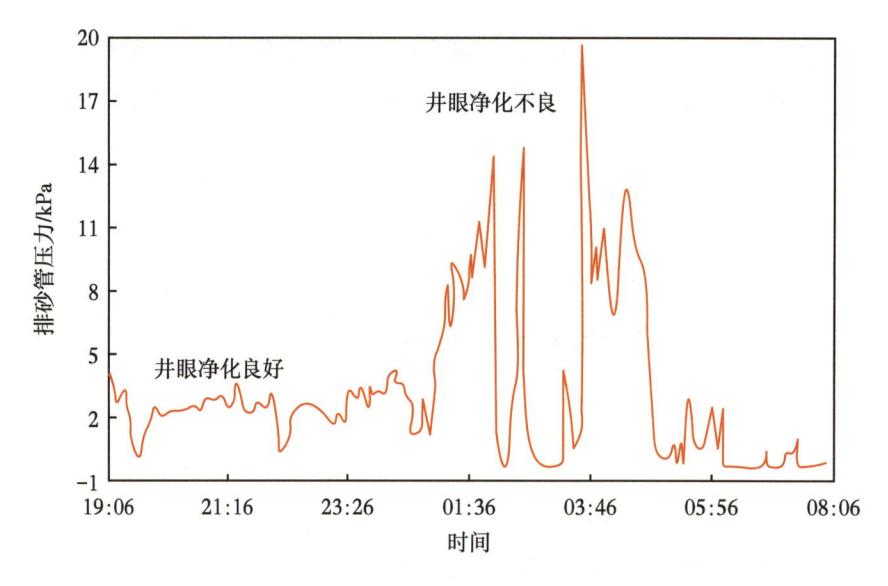

图 7-2 井眼净化不良时的排砂管压力变化图

3. 根据排砂管出口状态判断井眼净化程度

在排砂管线出口附近安装一台摄像头，监测排砂管线的出口情况，图像信号通过无线传输到装有配套软件的计算机。气体钻井正常循环过程中，井眼净化良好时，排砂管线出口返出的是没有携带粉尘状钻屑颗粒的高速气流；当井眼净化出现问题时，从排砂管口返出的是比较大的钻屑颗粒。

4. 根据排砂管线的声音判断井眼净化程度

由于气体循环主要是靠气体的冲击动能携带钻屑，井下气流速度较低，所以携岩能力较差。正常循环过程中，没有粉尘状颗粒被带出地面，所以排砂管线传出的主要是高速气流的声音；随着气体在向上流动过程中不断地膨胀，气体流动速度逐渐增大，其携岩能力也随之增强，钻屑颗粒就会被气流带到地面，大颗粒与排砂管线内壁发生碰撞，从而发出较大的撞击声，所以，通过在排砂管线上安装声音传感器监测排砂管线内的声音变化可以判断井眼净化程度。同时，现场的工作人员也可以随时到排砂管线旁直接听取声音判断环空返砂情况。

三、空气介质条件下的固井套管柱结构

套管柱结构设计的原则：（1）有利于固井施工和提高固井质量；（2）满足钻井作业和油气层开采的工艺要求；（3）满足特殊地层条件下的工作要求。套管柱附件包括安装或连接在套管串上的有利于固井施工或提高固井质量的井下工具，包括引鞋、套管鞋、套管扶正器、浮箍、套管承托环、浮鞋和内管注水泥器、联顶节等。根据空气钻井实施情况和固井工艺技术，采用的注水泥套管柱的结构类型见表 7-1、表 7-2。

表 7-1　ϕ444.5 mm 井段空气介质下固井套管柱的结构类型

注水泥方式	套管柱结构类型
内管注水泥	引鞋＋套管＋插座＋套管（扶正器）＋联顶节
常规注水泥	引鞋＋套管＋浮箍（套管承托环）＋套管（扶正器）＋联顶节

表 7-2　ϕ311.2 mm 井段空气介质下固井套管柱的结构类型

注水泥方式	套管柱结构类型
常规注水泥	管鞋＋套管＋回压阀＋套管＋回压阀＋套管＋联顶节

管柱设计中，影响安全系数的因素有很多，而且具有较大的离散性和模糊性，因而难以确定。安全系数值的选取往往是将应力和强度都看成单值（忽略了它们的随机特性），然后凭经验选取。在固井设计中，一般采用可靠性理论进行套管柱强度校核的安全系数计算，其概念清晰、计算简单，结果可靠，具有一定

的可操作性（强度校核安全系数取值见表 7-3）。

表 7-3　套管强度校核安全系数

系数名称			安全系数值
抗挤安全系数			≥ 1.125
抗内压安全系数			≥ 1.10
抗拉安全系数	管体屈服强度		≥ 1.25
	螺纹连接强度	外径 ≥ ϕ244.5 mm 套管	≥ 1.6
		外径 < ϕ244.5 mm 套管	≥ 1.8

四、空气介质条件下套管摩擦阻力计算

套管安全下入问题是空气条件下固井中的一个关键问题。目前，国内外的各研究单位及院校在有关此方面的计算软件有很多，综合考虑得比较全面。从目前固井设计软件包进行设计和计算的使用情况上看，与实际情况基本吻合，其关键是摩阻系数的确定。套管安全下入考虑的主要影响因素：

（1）井身结构设计：井眼轨迹、地层特性、复杂地层封固、井眼控制的难易程度、井眼和套管尺寸配合等。

（2）套管柱设计：设计的套管允许下入的最小曲率半径能否满足井眼的曲率，套管柱强度、安全系数等。

（3）实钻井眼控制及规则程度（大狗腿角、"糖葫芦"井眼）。

（4）下套管的摩擦阻力计算。

（5）井眼干净程度、钻井液的携沙能力、井下的稳定性等。

1. 摩擦阻力系数的确定

一般来说，摩擦系数 μ 的推荐取值：套管内，μ=0.2~0.3；套管外，μ=0.3~0.6。实际现场摩擦系数 μ 的确定方法如下：

（1）通过分析、总结同一区块已完成空钻井套管下入的实际大钩载荷，计算出实际摩阻，通过反算求得摩阻系数，作为该区块空钻下套管摩阻系数的计算值。

（2）综合考虑钻井过程起下钻、通井的情况修订下套管摩阻系数。

2. 摩擦阻力的计算

套管对井壁的摩擦力 F 等于管柱对井壁的法向合力 p 乘以摩擦系数 μ：

$$F = \mu p \tag{7-4}$$

式中　F——摩擦力，kN；

　　　p——法向合力，kN；

　　　μ——摩擦系数。

（1）浮重的法向分力：

$$p_{hAB} = 0.001 L_{hAB} Q_n B_F \tag{7-5}$$

$$B_F = 1 - \frac{\rho_m}{\rho_s}$$

式中　p_{hAB}——AB 段浮重的法向分力，kN；

　　　L_{hAB}——AB 段在水平面上的投影长度，m；

　　　Q_n——套管每米质量，N/m；

　　　B_F——浮力系数；

　　　ρ_m——钻井液密度，g/cm³；

　　　ρ_s——管柱平均密度，取 8.0 g/cm³。

（2）套管轴向拉力对井壁的作用。

在井眼弯曲处，套管柱轴向拉力对井壁产生的压力 p_c 分解为：垂直面上的分力 p_{CV} 和空间全角面上的分力 p_{CS}。

①垂直面上的分力 p_{CV}：

$$p_{CV} = (w_{bA} + w_{bB})\sin(\Delta\alpha/2) \tag{7-6}$$

②空间全角面上的分力 p_{CS}：

$$p_{CS} = (w_{bA} + w_{bB})\sin(\Delta\beta/2)$$

$$\Delta\beta=\arccos(\cos^2\bar{\alpha}+\sin^2\bar{\alpha}\cos\Delta\phi) \tag{7-7}$$

$$\Delta\phi=\phi_A-\phi_B$$

$$\bar{\alpha}=(\alpha_A-\alpha_B)/2$$

式中　p_{CV}——垂直向上的分力，kN；

w_{bA}、w_{bB}——A、B 点截面上的合成稠向拉力，kN；

p_{CS}——空间全角面上的分力，kN；

$\Delta\alpha$——A 段、B 段井斜角变化量，(°)；

$\Delta\beta$——A 段、B 段井眼全角变化量，(°)；

$\Delta\phi$——方位角变化量，(°)；

ϕ_A、ϕ_B——A 段、B 段方位角，(°)；

$\bar{\alpha}$——平均井斜角，(°)；

α_A、α_B——A 段、B 段井斜角，(°)。

(3) 法向合力与摩擦力。

套管柱作用在井壁上的总法向合力 p 由垂直面上分力 p_V 和全角面上分力 p_S 组成：

$$p_V = p_{hAB} \pm p_{CV} \tag{7-8}$$

$$p_S = p_{CS} \tag{7-9}$$

整理得

$$p_V = 0.001 L_{hAB} Q_n B_F \pm (w_{bA}+w_{bB})\sin(\Delta\alpha/2) \tag{7-10}$$

$$p_S = (w_{bA}+w_{bB})\sin(\Delta\beta/2) \tag{7-11}$$

$$p = \sqrt{p_V^2 + p_S^2} \tag{7-12}$$

式中　p_V——垂直面上分力，kN；

p_s——全角面上分力,kN。

因此,套管对井壁的摩擦力:$F=\mu p$,降斜井段取正号,增斜井段取负号。

第三节 空气介质条件下的固井工艺技术

实践经验证明,空井固井在注水泥施工过程中,注入浆体结构并不适宜采用前置液,其主要原因是注替过程大多处于非连续相。由于重力和压差的存在,若施工前期注入药水或钻井液,随后注入的水泥浆将与之发生严重的窜混,从而严重影响水泥浆性能并大大降低水泥浆的胶结强度。空气介质条件下的固井工艺技术流程如图 7-3 所示。

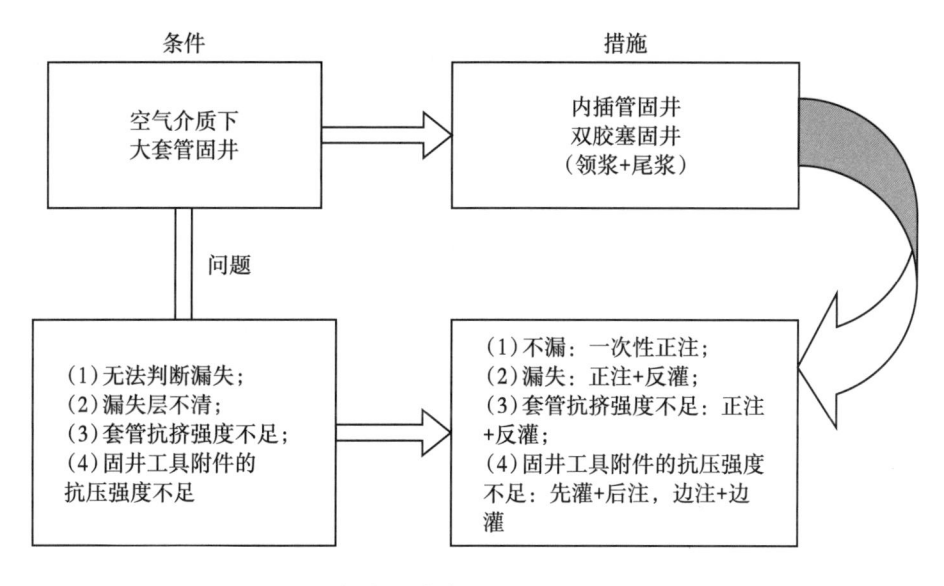

图 7-3 空气介质条件下的固井工艺技术流程

由于水泥浆的注替过程为非连续相,为尽快使空井注水泥浆从非连续相转换为连续相,内插管注水泥工艺是一个较好的选择,由于 ϕ127 mm 内管柱与 ϕ339.7 mm 套管柱、ϕ244.5 mm 套管柱内容积比分别可达 1∶8、1∶4 左右,注入更少量的水泥浆即可充填满内管柱,并有助于在井底形成"U"形液柱,使固井工具处于淹没状态下,降低水泥浆对其的高能冲击损害;与此同时,注入的水泥浆基本上处于直接向环空驱替的过程,动态监测施工参数有利于及时发现和处理井下复杂情况。固井施工可以按照井下无大的漏失、一次性正注水泥浆进行施工作业，进行套管柱稳定性计算、内插管密封可靠性计算及内管柱稳定性计算，并同时做好反注水泥浆的准备。

一、固井工程设计

固井施工参数的设计不仅是水泥浆量和替钻井液量的计算，更重要的是进行施工压力、水泥浆密度、施工排量的设计。根据钻井、测井、地质资料进行科学的计算和优化，避免不合理的施工参数引起井漏、井壁垮塌、顶替效率低下等影响固井质量的现象发生。

固井设计首先考虑的是平衡压力固井技术。平衡压力条件下的固井的压力、密度、排量这3个参数是相互联系的。压力设计是基础，根据封固段长、地层孔隙压力和破裂压力确定水泥浆密度、施工压力、施工排量。一方面，水泥浆密度越大，水灰比越小，同相颗粒越多，层间封隔越好，提高水泥浆密度，即增大水泥浆和钻井液的密度差，可以提高顶替效率。但水泥浆密度的增加会严重影响浆体的流变性，从而影响注替施工排量。另一方面，因为水泥浆密度的增大，导致环空浆柱压力加大，为防止压漏地层，只能控制施工压力，减小排量，而这样会导致顶替效率下降。特别是在小井眼固井中，由于环空阻力增大，在地层条件的制约下，很难搭配3参数，不能获得高泵速、高顶替效率。现场中为了提高泵速，只能通过提高泵压来克服压耗，而泵压的提高受地层因素的限制。为了降低泵压，对水泥浆提出要求，实现以低泵速、高流动性满足固井施工的要求。当然，对水泥浆密度及性能的调整还可以通过加入固井外加剂来实现。

同时，环空浆柱结构设计是固井设计的重要内容之一，它对固井质量的优劣起着至关重要的作用。环空浆柱结构设计的主要内容是对前置液和水泥浆体系进行段长、密度和性能参数的设计，并完成环空压力平衡校核和防气窜性能的分析，确保不压漏地层和有效控制气窜。

在固井设计中，对于水泥浆体系，在给定设计段长后，设计人员需要根据井身结构和管柱结构计算出所需水泥浆的体积；对于前置液体系，给定注入量后，需计算确定其在环空中的段长和顶、底部位置，并根据环空浆柱结构和水泥浆性能参数给出环空压力平衡校核结果、内外压差和水泥浆体系的防气窜性能。当环空压力小于孔隙压力或大于破裂压力时，需要对前置液的注入量或水泥浆参数进行调整。

在注水泥过程中，套管或环空内有多种性能的浆体（钻井液、冲洗液、隔离液、领浆、尾浆等）存在，且每种浆体的高度及其对应的流道参数随时间不断发生变化。因此，静液柱压力和流动阻力也在不断变化，因此必须计算注替过程中环空动态压力、泵压和流量的变化情况，了解顶替过程中各浆体通过关注层位的流态、接触时间等重要参数，并要对可能发生的复杂情况和固井质量问题有相应的应急预案。

1. 压力设计技术

压力作为平衡压力固井设计中的约束条件，是实现平衡压力固井的基础。固井施工注替过程中，井下不同深度固井流体所形成的环空总的动液柱压力（环空各种固井液体静液柱压力与流动阻力之和）应小于相应深度的地层破裂压力。水泥浆被置替到设计的环空井段后，在凝聚和"失重"条件下，仍能保持环空静液柱压力大于产层压力，控制油、气、水的侵窜。

在固井设计中考虑的 4 个压力就是地层破裂压力 p_f、最大孔隙压力 p_p、水泥浆静液柱压力 p_m 和环空流动阻力 p_r，所有的施工必须保证在 p_m+p_r 大于 p_p 而又小于 p_f 的工况下完成。首先，必须保证 $p_f>p_p$。其次，p_f-p_p 值越大，施工越安全、方便；反之，施工难度就越大，安全系数也随之降低，因此，p_f-p_p 值即为施工安全限。p_f 和 p_p 均为地层本身的状态系数，在固井过程中，一般要使固井水泥浆静液柱压力 $>p_p$，以免油、气、水侵，同时又必须保证 $p_f>p_m$，以防井漏；局部地层 $p_f<p_m$ 发生井漏，要通过堵漏使 $p_f>p_m$ 方能进一步施工。因此，在完井前，必须清楚地知道 p_f 和 p_p，才能准确安全地进行固井作业。

获取固井地区的地层压力剖面，掌握地层孔隙压力（包括正常地层孔隙压力和异常高、低压层孔隙压力）、地层破裂压力，充分了解井下情况，使整个注替过程中的固井流体液柱压力控制在相应的压力范围内，才能获得平衡压力固井。固井施工前循环压力偏小，带不出井底沉砂，可能造成憋泵；固井施工中的注、替浆压力过大，造成井漏；固井结束后，井口压力施加不当，发生油、气、水窜，都会严重影响固井质量。

2. 水泥浆设计技术

1）水泥浆密度设计

水泥浆设计是固井工程设计的核心内容之一，它既是油、气、水窜的原因，又是防窜的主要工艺。水泥浆密度的设计受到水泥浆基本物理性质的影响，它有规定的水灰比、自由水量和固化后要求达到的最小抗压强度，正是这些因素的制约，限制了水泥浆密度的设计。水泥浆密度过高，产生过高的环空液柱压力，造成地层压裂发生水泥浆漏失，水泥浆侵入地层，伤害储层；水泥浆密度过低，不能平衡地层压力，造成油、气、水窜槽，固井质量不合格，为下步开采埋下隐患。

水泥浆密度的选择一般是依据该地区的地层孔隙压力大小附加一定值而定，往往形成液柱压力与地层压力的正压差，这种正压差既有稳定井壁的正面效应，也有不利于井壁稳定的负面效应，主要是水泥浆及滤液会在正压差的作用下进入地层，增大地层孔隙压力，逐渐引起层间水化膨胀，降低岩石强度，引起井壁失稳的可能。

在空气介质中固井，水泥浆和空气密度差大，浮力效应明显。因此，提高水泥浆密度，增加浮力效应，能显著提高顶替效率。但是，水泥浆必须具有合理的密度：以空气为循环介质时，所钻的井眼完全裸露，在井壁上无任何保护层，如果地层中有裂缝，这时裂缝处于开启状态。研究与实践表明：水泥浆及滤液的浸入速度、深度及井壁岩石吸水量与井壁岩石强度降低成正比，是影响井壁稳定的根本原因。如果前置水泥浆能在较短时间内填充封堵微裂缝、裂缝，形成致密的水滤饼，并能使井壁表面形成致密的水泥涂层，实现水泥浆及滤液对井壁的低渗入，则井壁的失稳不易发生。也就是说，待前置水泥浆在井壁上形成致密封堵层后，再适当提高水泥浆的密度，以减少水泥浆的漏失量。通过降低水泥浆漏失量来达到稳定井壁的目的。

鉴于气液置换过程中工作液对井壁稳定的影响，地层会因水泥浆中液相和固相的侵入，引起地层岩性的物理化学变化，有可能造成井壁垮塌，甚至会导致井下复杂情况及事故的发生。因此，在水泥浆密度确定的情况下，应当对水泥浆性能进行调节，以满足空气介质条件下固井的要求。

2）水泥浆性能设计

客观上因气体钻井后的井壁物性特点，短期内无法阻止水泥浆及滤液的浸入，而地层又是强亲水性的，势必造成干燥井壁短时间的大量吸水。如果严格控制水泥浆性能，降低毛细管的吸水作用，则井壁岩石强度在未形成滤饼前不会有大的降低，从而能够防止井壁垮塌的发生。

气体钻井不替换钻井液直接下套管固井过程中的井壁稳定性问题比较复杂，受到多种因素的影响。人们往往苛求水泥浆工程师从除密度以外的其他水泥浆性能上找出路，从物理化学方面抑制地层垮塌毕竟是有限的。只要是使用水泥浆，水泥浆液柱压力与地层压力平衡仍然是防塌技术中简单、最有效的手段之一。将水泥浆密度严格控制在地层安全密度窗口内来研究水化对井壁稳定的影响才显得有实际意义。因此，在力学平衡的前提下，如何减少泥页岩地层吸水量，尤其是在形成滤饼前的吸水量和阻止地层水化膨胀方面，主要是严格控制水泥浆中的滤失量，防止井壁垮塌。

在常规钻井过程中，水泥浆瞬间滤失量较大有利于提高机械钻速。相反，在气液置换时，应尽量减少水泥浆的瞬间失水，防止黏土的水化、分散膨胀，有利于保护地层。因此，在正压差较小的情况下，为有效地保护井壁稳定，水泥浆必须在井壁表面快速形成致密滤饼，尽可能降低滤失量和减小水泥浆的侵入深度。

（1）水泥浆必须具有强封堵能力。要减少水泥浆的漏失量，必须尽快在井壁周围形成屏蔽带，这就要求水泥浆中必须含有一定数量的固相细颗粒，以一定的粒子级配在井壁形成薄、密韧的滤饼达到封堵不同微裂缝的目的。同时要求进入地层的滤液尽量少，利于井壁稳定。

（2）水泥浆必须具有良好的流变性。在固井施工中，由于"U"形管效应，水泥浆的上返速度快，水泥浆要具有合适的流变参数（动切力、动塑比、静切力），这就要求严格控制水泥浆的性能。

（3）增强替入水泥浆滤饼的减阻性能。水泥浆上返初期由于虚厚水泥滤饼的摩阻增加，环空间隙减小，引起环空阻塞、憋泵，需要提高水泥浆的减阻能力。

水泥浆的滤失实验一般采用 6.9 MPa 的压差，而实际情况往往并非如此，即使在同一口井中，压力随深度及顶替速率的变化而变化，而且在不同地层的压力也不同，因此压力差更是变化不定。

在水泥浆中，粒径为 5~30 μm 的颗粒约占 15%，而砂岩层的孔径一般为 30~100 μm，水泥颗粒有可能进入地层，形成内滤饼，在岩石浅层堵塞孔隙或喉道，降低岩石渗透率。水泥浆的失水量通常较钻井液大数十倍，且含有各种离子，碱性较高的滤液（pH 值为 11.5~13）进入地层，迅速使黏土矿物解理和形成毛细管阻力，进一步降低岩石渗透率；水泥滤液中含有较多的 Ca^{2+}、Fe^{2+}、Mg^{2+}、OH^-、CO_3^{2-}、SO_4^{2-} 离子，一旦进入地层，在干燥的岩石缝隙中迅速失去水分，结晶析出或沉淀出 $Ca(OH)_2$、$CaSO_4$、$CaCO_3$ 等堵塞孔道，进一步降低岩石渗透率。在动态情况下，水泥浆滤液对岩石渗透率的影响见表 7-4。

表 7-4　水泥浆滤液对岩石渗透率的影响

岩心尺寸 /mm		压差 / kgf/cm^2	剪切速率 / s^{-1}	失水量 / mL/30 min	渗透率 /mD		平均下降率 / %
直径	长				K_0	K_d	
25	50	30~120	0	800	7.70~28.00	3.80~19.00	43.19
25	40	35	68~147	700	18.00~25.00	1.50~6.25	80.29

动态情况下，在时间相近时，水泥浆使地层渗透率降低的幅度比静态情况下大得多，也就是说，在动态注水泥的条件下，水泥浆滤液使岩石渗透率降低的幅度较大。

一方面，水泥浆可进入地层的自由水，最多是水泥浆的脱水量，而一般计算所得的水泥浆的失水量比脱水量大得多，在空井注入水泥浆的过程中，水泥浆和地层的压差是一个逐渐建立的过程，且压差完全不能达到恒定的 7 MPa，这与实验室测定水泥浆失水的模拟不合。另一方面，由于在空井中替入水泥浆后，重新在井眼内建立起正压差，改变了岩石的应力状态，使空气钻井段的井壁岩石的应力状况从拉应力变成了压应力，且该正压差通常比钻井液钻进时的正压差大，这更利于保持井壁的稳定。而由滤液进入地层引起的黏土水化、分散带来的井壁不稳的问题，也必须在正压差的情况下来讨论，故水泥浆滤液引起的井壁稳定性问题不如意想中的严重。因此，不能完全按计算的水泥浆的失水量来确定进入地层的水泥浆的滤液量，不形成巨厚水滤饼或水泥结的失水量，完全能够满足空井注水泥的要求。

一般情况下，水泥浆在顶替到位后，亲水性的岩石对水的吸附力大于塑性浆体的内聚力，在岩石与水泥浆之间形成一层水膜，使该处的水灰比比浆体内部的水灰比大，这里的水化物与浆体内部的不同，使界面处的结构较疏松。但干燥的岩石能吸收部分界面上的自由水，从而改善界面上的水灰比，使界面上的水泥石的强度更高，有利于薄弱界面的胶结。

一方面，在环空较窄处和封固井段较长的井眼中，对水泥浆性能的要求，特别是对失水性能的要求应该和常规固井一样，在长封固井段中，水泥浆注入环空过程中建立的正压差较大，通常大于室内实验的 6.9 MPa，且环空窄，失水量过多造成水泥浆脱水阻塞流道的可能性很大。另一方面，在长封固井段的温度更高，稠化时间要求更长，水泥浆含水量的减少会加快水泥的凝结速度，因此，水泥浆的大量失水会导致稠化时间缩短，这样就给长封固井段的空井替水泥浆的固井带来一定的风险，因此必须严格按照常规固井对水泥浆的要求来设计调制水泥浆。

通过以上的分析可看出，水泥浆的常规性能参数需要依据不同的情况灵活设计，但都必须很好地满足工程的要求。水泥浆的流变指数、滤失量等性能参数都须控制在合适的范围内，满足气液置换水泥浆性能的要求，就能为空气介质条件下的固井质量做好材料保障。

（4）配浆水要求。既然水泥浆的滤液浸入在客观上无法避免，那么滤液的理化性质就变得十分重要，因此，可以通过正确选择水源、严格控制配浆水性能来达到稳定井壁的目的。

3. 排量设计

设计排量的主要环节从了解井眼特性开始，如井眼尺寸与冲刷情况、不规则性、井眼角度和"狗腿"严重程度、井内滤饼、管柱的几何形态、井下条件、套管的居中度和"U"形管效应等。

在排量设计中，必须考虑固井注替过程中的"U"形管效应。由于钻井液和水泥浆的密度差，造成水泥浆在套管内自由下落，使井内的实际流量不等于泵入排量，实际流量过大会产生过大的环空流动阻力，易造成井漏，实际排量过小会造成顶替效率低。所以，水泥浆的密度、排量、压力的调解范围是有限的。根据施工中的具体情况优化固井3参数是固井中的有效措施。

在空气介质条件下的固井"U"形管效应特别严重，在注水泥浆初期，泵入的排量大于返出排量，致使环空返速减小，在施工后期，水泥浆段长度越长，管内外压差越大，井口泵压越高。为保证井下安全，一般通过减小泵入排量的方法来降低泵压，同样使环空返速降低，导致上部地层的封固质量差。

固井排量设计还基于流体的流变特性，排量的计算是在有效顶替的前提下，保证固井施工过程中的压力平衡。固井的目的就是使用水泥建立层间封隔，首先，它必须能够有效地从井眼中清除空气。在确保井下安全的前提下，通过控制施工排量实现有效驱替，是提高注水泥的顶替效率、保证水泥胶结质量和水泥环密封效果的基本前提。对于易产生水泥浆部分漏失的地层，如果在顶替过程中发生井漏，通过降低排量是可以缓和井漏的。对于易产生严重漏失的地层，如果在顶替过程中发生井漏，通过降低排量是不可以缓和严重漏失的。因此，从一开始就得严格设计泵速，控制施工排量。正确运用流体流变模式，根据空气介质条件下固井存在的复杂情况，制定有关置换形式的决策，从而计算出在固井施工各个阶段的施工排量。现在可以利用计算机技术建立计算机数学模型，根据流体动力学特性模拟井下条件、置换参数，观察到各种排量下的井眼清洗效果，以此取代因不合理的排量设计导致严重代价的现场作业方法。当然，排量的设计受到机泵条件、管线条件因素的影响，注替排量局限在一定的范围内。

此外，在进行参数的配置时，还要考虑固井设备地面配套，负责检查固井设备的维护检修和试运行，负责检查供灰系统的准备和各种水罐，负责对井队替浆设备的替浆能力和排污能力的检查。根据水泥浆性能、固井设备的混配能力、井队替浆设备的替浆能力、固井前的准备情况，对固井3参数进行修订、补充、完善，做到设计与现场的较好结合。只有这样，才能很好地保障固井施工技术措施，实现优质固井。

4. 套管居中度设计

由于实际所钻的井眼不是绝对垂直的，会不同程度地产生井斜，套管在井眼内就不会自然居中，产生不同长度、不同程度贴靠井壁的现象。使用套管扶正器，除了能有效地防止水泥浆窜槽外，还能减少套管受压差黏卡的危险。由于套管扶正器对套管的支撑，使套管与井壁的接触面积减小，这样就减少了套管与井壁之间的摩擦力，有利于套管下入井内。使用套管扶正器是提高固井质量的一项简单易行而又重要的措施（套管扶正器设计程序图如图7-4所示）。

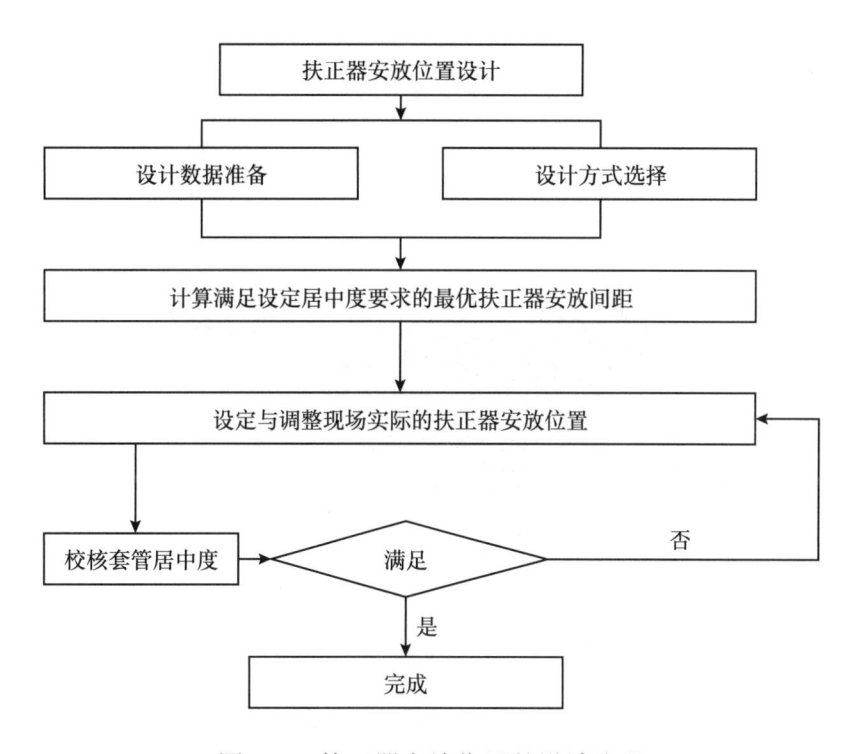

图7-4 扶正器安放位置的设计流程

套管柱的居中设计要考虑如下几方面：（1）扶正器的数目不能过多；（2）井径大小的变化；（3）井眼轨迹的空间方位；（4）套管所承受载荷，如浮力、弯曲力、拉力等；（5）扶正器的扶正力和套管刚度；（6）要满足一定扶正率的要求。

采用SY/T 5724—2008《套管柱结构与强度设计》进行计算，结果需要满足：

$$e_{\max} = \max\left\{\sqrt{e^2_v + e^2_s},\ \sqrt{S^2_v + S^2_s}/10\right\} \quad (7\text{-}13)$$

$$[e] = \frac{\mu}{3} \quad (7\text{-}14)$$

式中　e_v、e_s——空间全角面、铅垂面套管偏心距，cm；

$e_{\max}$——套管最大偏心距，cm；

S_v——垂直井段长度，m；

S_s——径向井段长度，m；

$[e]$——套管许可最大偏心距，cm；

μ——同心环空间隙，cm。

在 ϕ339.7 mm 套管固井中，结合空钻形成的井眼状况，采用了无焊接弓形弹簧套管扶正器（图 7-5），这种扶正器消除了由焊接引起的易脆裂的弱点，其最大外径 ϕ458 mm，最大起动力为 763 kgf，最小复位力为 605 kgf。

图 7-5　ϕ339.7 mm 套管无焊接弓形弹簧套管扶正器

在 ϕ244.5 mm 套管固井中，结合空钻形成的井眼状况，采用了弹性扶正器或刚性扶正器（图 7-6），其中，双弓弹性扶正器 $\phi_{外径} \leqslant$ 350 mm、单弓弹性扶正器 $\phi_{外径} \leqslant$ 375 mm；刚性扶正器套管重合段刚性扶正器 $\phi_{外径}$ 308 mm、裸眼刚性扶正器 $\phi_{外径}$ 300 mm。

图 7-6　ϕ244.5 mm 套管螺旋大倒角刚性扶正器

下放扶正器时，通常将下放速度控制在 0.46 m/s 左右，但当其通过缩径井段、易垮塌层井段、狗腿井段时，下放速度则控制在 0.2~0.3 m/s。在下放过程中，应观察指重表，以判断扶正器的下入情况。

5. 内插管固井套管上浮的校核计算

使用内插管固井，要防止套管上浮和插入头受上顶力而密封失效，应进行防上浮和插入头被顶松的平衡计算。在整个内插管注水泥作业中，要使套管柱浮重大于套管柱所受浮力。为使水泥浆返出地面时的套管浮重与所受浮力相等，套管内钻井液密度可用式（7-15）计算：

$$\rho_{临} = \left(S_{外}\rho_{水泥浆} - q \times 10^3\right)/S_{内} \tag{7-15}$$

式中　$\rho_{临}$——不上浮时套管内钻井液应有的最低密度，g/cm³；

$S_{外}$——套管外截面积，mm²；

$\rho_{水泥浆}$——水泥浆密度，g/cm³；

q——每米套管质量，kg/m；

$S_{内}$——套管内截面积，mm²。

若固井前的钻井液密度小于 $\rho_{临}$，则应加重使之超过 $\rho_{临}$，考虑一定安全系数，实际使用的钻井液密度比其大 0.01~0.15 g/cm^3。

为使达到施工最高泵压时插入头密封不失效，应在插入头插进浮箍密封套时一次加足坐封力，坐封力可用式（7-16）计算：

$$F_{坐封} = p_{最大} S_{插} 10^{-3} \quad (7\text{-}16)$$

式中　$F_{坐封}$——坐封力，tf；

　　　$p_{最大}$——施工最高泵压，kg/cm^2；

　　　$S_{插}$——插入头下端截面积，mm^2。

为使在出现异常泵压时插入头密封不失效，实际施加的坐封力应为（1.2~1.5）$F_{坐封}$。为使坐封后的"中和点"不在钻杆上，钻杆下部可使用加重钻杆或钻铤。

6. 其他施工参数的设计与计算

（1）进行全掏空状态下的套管抗挤强度校核计算。

（2）防止替空的静液压力平衡校核计算。

（3）回压阀的反向承压校核计算：插入头成功插入后，在注水泥之前，先往套管内、钻杆外的环空灌入适量钻井液，在注水泥过程中，同时往套管内、钻杆外的环空灌入适量钻井液，以降低回压阀和底部套管所受外挤力。

（4）水泥浆量按全井有效环空容量注水泥，若井口未见返，则反灌水泥浆至井口，或者第一次设计返至可能的漏失位置，初凝后再反灌。

（5）增加水泥浆量，增加水泥浆接触时间，确保固井质量。

（6）施工宜采用领浆＋尾浆的方式，直接泵注水泥浆。

（7）无法判断漏层时，为确保水泥浆全井封固，准备反打水泥浆预案。

二、空气介质条件下的下套管技术措施

在空气条件下的固井过程中，为保证套管的安全下入，使用了引鞋。引鞋在下套管前接在套管的最底部，在下套管的过程中，如果出现"负载荷"或遇卡，可以通过上下活动，慢速旋转套管，调整底部套管角度，也可以建立循

环，清除沉砂，引导和保证套管的安全顺利下入。

（1）严格按设计钻具组合认真通井，制定严格的通井技术措施并进行技术交底，确保通井安全，在阻卡井段反复划眼直到通井至井底，在遇阻卡井段，反复划眼至完全畅通，消除阻卡。

（2）下钻到底后，以大排量洗井循环洗井携砂，确保井眼的干净和稳定，防止施工时因地层岩屑易上行至环空小间隙处堵塞流道而形成高泵压。井眼净化程度不仅取决于循环排量，而且与循环时间紧密相关。

（3）做好设备的检查工作，特别是检查好钻机的动力系统、提升系统、刹车系统、循环系统、供电供水系统等。

（4）套管、变扣短节以及套管附件和工具到井后，必须按顺序统一排列、编号；套管全部按标准通径、丈量和清洗，清洗后不留油迹，由钻井工程、地质、录井人员对编号、长度数据进行相互核对。

（5）下套管前，负责组织"下套管作业技术交底会"，明确职责分工，严格按设计管串结构（包括扶正器）进行下套管作业。

（6）套管用吊车吊上钻台前，必须通完内径戴上护丝，严禁碰撞，套管内螺纹均匀涂抹套管螺纹密封脂。

（7）要求有专业套管服务队使用专用液压大钳和带电脑的扭矩记录仪，认真检查液压大钳，保证其灵活好用，用对扣器进行对扣作业，防止损坏套管连接螺纹，并按标准的最佳上扣扭矩给套管上扣。

（8）下套管过程中，协助并监督按设计位置安放扶正器；下套管附件时，按工具技术服务人员的要求进行操作。

（9）控制好套管的下放速度，避免因其冲击井壁而产生垮塌。下送套管遇阻卡时，操作人员不得自作主张猛提、猛刹、猛放，应及时向钻井技术人员汇报，由技术人员确定采用必要的安全处理措施。

（10）套管及其附件按设计要求和作业指令下到位，水泥头与固井管线和替浆管线连接好后，小排量开通泵后逐渐提高排量，以大排量循环洗井两周，并根据泵压调整排量，彻底清洗井内沉砂，为固井施工创造良好的条件。

三、空气介质条件下的提高顶替效率技术措施

增大套管居中度，可提高顶替效率。套管扶正器既能扶正管柱，又有利于套管下入。套管扶正器的安放间距决定了套管的居中度，因此较大地影响了顶替效率。大量试验表明，随着套管居中度的降低，顶替效率明显下降。而套管扶正器间距与套管居中度有密切的关系，扶正器间距增大，套管居中度降低，固井优质度下降。即便同一口井所使用的套管扶正器外径相同，不能适应同一裸眼段不同的井径也会影响套管居中度。考虑到井径扩大因素的影响，理想的做法是同一型号的扶正器有不同的伸缩外径，同时增加扶正器的使用数量，合理安放扶正器。

四、注水泥工具附件要求

内插管注水泥器是用于大直径套管的典型技术，其中，钻杆安装在套管中，作为从地面向环空泵入液体的通道。内管柱注水泥装置提供一种"插入设备"，用于装配和密封井下钻杆。插座分有销式和无销式，浮鞋和浮箍带有附加的密封插座和斜面。使用内插管固井技术能大大减少顶替量和顶替时间；表层注水泥时，避免浪费水泥；由于面积小，在钻杆中增加流速而减少了混浆污染，保证套管鞋位置的胶结质量。

内管注水泥器主要分为上部密封型和下部密封型2大类。上部密封型因结构复杂、操作不便、钻井液和水泥浆的接触量大等缺点在现场应用较少，而下部密封型却得到广泛应用。根据下部密封型的结构和作用，其可分为挡球式、滑套式、挡板式、碰压式、胶塞式、长插管式等几种类型，其中，挡球式、滑套式、挡板式、碰压式均可以实现在下套管过程中进行自动灌浆；而胶塞式着重于保护上部套管层中对水泥浆敏感的仪器设备。此外，胶塞式、碰压式内管注水泥器的小胶塞在替浆的过程中可以隔离钻井液与水泥浆，并可刮钻杆内壁的水泥浆。

由于上述内管柱水泥工具的插入头都较短，为方便调节钻余和保证有效密封，在进行插入固井时，均采用的是长插管式内管注水泥器。此种结构的注水

泥器的结构与挡球式内管注水泥器相似，但其管柱设计不同，它把回压阀单独安放。它是由插头本体、密封圈等组成。它与一般的插入头的区别在于：大大加长了插入头，仅有效插入部分就有 1.5 m 长，插座部分由外壳、插座本体、花篮等组成。长插管式内管注水泥器的工作原理为：插座和套管一起下到设计井深，推荐管串结构为引鞋+插座+套管。在套管入井过程中，不能自动灌浆。下套管完毕，下入钻具组合，推荐钻具组合为钻杆+插头。当插头下到插座位置时，进入插座内孔，形成密封，进行常规注水泥作业。固井完毕，提出钻杆和插头，回压阀防止回压。插管固井工具如图 7-7 所示。

图 7-7 插管固井工具

常规双胶塞固井工具用于在注水泥时隔离水泥浆和钻井液，防止水泥浆中渗入钻井液影响固井质量。双胶塞固井用下胶塞和上胶塞。双胶塞固井工具如图 7-8 所示。

图 7-8　双胶塞固井工具

五、水泥浆混配和泵送

首先做好固井设备的准备工作：水泥浆性能达到设计要求；水泥车大泵上水良好，地面高压管线各闸门开关正确，泵上水管线畅通，替浆管线接好，节流回收管线畅通，井控装备处于良好待命状态。

（1）井眼准备：下规范的钻具组合进行通井，多次拉划井壁，减少井壁的虚厚滤饼，防止井下复杂事故的发生。

（2）根据完钻井深和入井套管，进行套管柱结构设计和强度校核，确定水泥浆体系。

（3）提前做好水泥浆的试验工作，强化水泥浆的各项性能，严格将 API 滤失量控制在 100 mL/30 min 以下。

（4）优选固井工具和附件，确保施工安全和质量。

（5）进行水泥浆转换时，应先采用较低密度的水泥浆，以较低的排量循环，待水滤浆在井壁形成滤饼后，再提高水泥浆密度以平衡地层流体，这样有利于减少水泥浆漏失和维持井壁稳定。

六、应用效果分析

目前,干井筒下套管注水泥固井已在塔里木油田得到推广应用。塔里木油田某井三开井眼尺寸为 431.8 mm,井深为 3602 m,下入 ϕ365.13 mm+ϕ374.65 mm 套管,考虑套管自身重量较大,钻机负荷较重,为了避免水泥浆黏附在套管内壁增加钻机负荷的情况,采用下入连续油管进行内管式正注反灌固井工艺技术,水泥浆密度设计为 1.85 g/cm^3,在套管内下入 ϕ50.8 mm 连续油管至 3000 m 作为注替通道,正注水泥浆量按管内外封固 500 m 考虑,水泥浆自动找平;之后起连续油管至 2600 m,根据套管内的液面监测情况,再注入 10 m^3 左右的清水,起连续油管至井口,待水泥浆终凝并安装好井口后,再进行多次正注清水,分次反灌,直至环空灌满。采用连续油管注水泥浆固井工艺,圆满完成了大尺寸超长干井眼条件下的固井作业,最终,三开固井质量创塔里木固井质量的最优纪录,固井质量评价采用 SY/T 5486—2016 固井质量评价规范,在固井段中有 98.33% 的井段固井质量为优,有 1.67% 的井段固井质量为中等(表 7-5)。

表 7-5 固井质量评价表

序号	标准 / %	厚度 / m	比例 / %	固井质量
1	0~20	3542	98.33	优
2	20~40	60	1.67	中

第八章 砾石层气体钻井方案优化及装备配套

本章将提出博孜—大北砾石层气体钻井方案以及钻井参数优化方案。同时介绍适用于砾石层气体钻井的设备配套，包括气体钻井电驱设备配套、井口装置及地面排砂系统升级配套以及气体钻井安全监测系统，以确保钻井作业的安全可靠。

第一节 博孜—大北砾石层气体钻井方案

一、气体钻井方案

1. 大北构造气体钻井方案

大北构造气体钻井提速主要针对深部康村组—吉迪克组层段钻井液机械钻速慢的难题，在三开 ϕ333.4 mm 井眼采用气体钻井提速。按照地层孔隙压力系数对二开 ϕ365.13 mm+ϕ374.65 mm 技术套管抗外挤强度进行校核，见表 8-1。

按地层孔隙压力系数 1.11 g/cm³ 校核，满足下开气体钻井安全作业要求的二开技术套管最大下深为 3700 m。

表 8-1 二开 ϕ365.13 mm+ϕ374.65 mm 技术套管抗外挤强度校核

井深 / m	螺纹 尺寸	螺纹 扣型	长度 / m	钢级	壁厚 / mm	重量 段重 / kN	重量 累重 / kN	重量 累计浮重 / kN	抗外挤 额定强度 / MPa	抗外挤 安全系数
0~2000	365.13	BC	2000	TP110V	13.88	2400	5188	4157	24	1.10
2000~3700	374.65	BC	1700	TP140V	18.65	2788	2788	2234	41	1.03

根据二开技术套管下深情况以及大北构造气体钻井的井身结构（图 8-1），确定大北构造气体钻井提速方案：库车组埋深小于 3700 m 时，如大北 101 区块、大北 201 区块，二开技术套管下至康村组顶部 100 m，在三开 ϕ333.4 mm 井眼康村组—吉迪克组层段采用空气钻井提速。库车组埋深超过 3700 m 时，如大北 1 区块、大北 3 区块，二开技术套管未能封隔完库车组，库车组底部泥岩在地层出水条件下易垮塌，则不满足空气钻井提速条件。

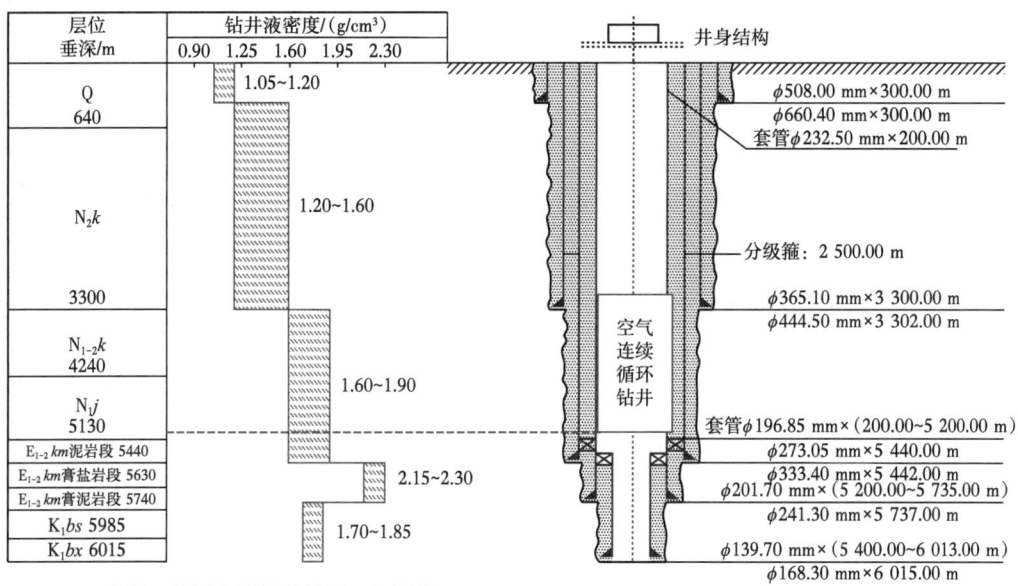

660.4 mm 井眼：封固上部松散地层，加固井口。
444.5 mm 井眼：14$\frac{3}{8}$ in 套管封固库车组底部。
333.4 mm 井眼：10$\frac{3}{4}$ in 套管下至盐顶。
241.3 mm 井眼：201.7 mm 套管封盐层段（钻穿最后一套盐层见 1~2 m 高钻时褐色片状硬脆泥岩中完）。
168.3 mm 井眼：钻揭巴西改组 30 m 无油气显示完钻。

图 8-1　大北构造气体钻井井身结构

2. 博孜构造气体钻井方案

博孜构造气体钻井提速总体思路：在可钻性差的深部成岩砾石层段（3000~5000 m）采用气体钻井技术提速。

一开 26 in 井眼钻至 300~500 m，下入 20 in 套管固井，封固地表可能疏松层。

二开 17$\frac{1}{2}$ in 井眼钻至库车组中下部 3000 m，下入 14$\frac{3}{4}$ in+13$\frac{3}{8}$ in 复合套管固井，封固上部未成岩—准成岩砾石层段和水层段，为下步空气钻井提速创造条件。

三开 13$\frac{1}{8}$ in 井眼库车组中下部—康村组（3000~5000 m）成岩砾石层段采用空气连续循环钻井提速。钻至设计井深后，转换为钻井液钻井。

二开 17$\frac{1}{2}$ in 井眼钻至库车组中下部 3000 m，为了满足三开空气钻井需要，需对二开下入的 14$\frac{3}{4}$ in+13$\frac{3}{8}$ in 复合套管进行强度校核。按空气钻井全掏空进行套管抗外挤强度校核，原常规钻井中所采用的 ϕ339.7 mm 套管（抗外挤 16.1 MPa）最大下深仅 1500 m；需将其变更为 ϕ339.7 mm+ϕ374.65 mm 组合套管串，能满足三开空气钻井抗外挤的强度要求，见表 8-2。

表 8-2　二开 ϕ339.7 mm+ϕ374.65 mm 技术套管抗外挤强度校核

井深/m	螺纹尺寸	螺纹扣型	长度/m	钢级	壁厚/mm	段重/kN	累重/kN	累计浮重/kN	额定强度/MPa	安全系数
0~1500	339.70	BC	1500	P110V	12.19	1514	3998	3318	16.1	1.01
1500~3000	374.65	BC	1500	140V	18.65	2484	2484	2061	42.0	1.30

二、钻井参数优化

库车山前砾石层 ϕ333.4 mm/ϕ311.2 mm 井眼气体钻井参数优化设计采用专用软件计算，见表 8-3，分别对钻压、转速、排量和注液量进行了优化计算。

表 8-3　库车山前砾石层气体钻井参数设计

构造	钻头尺寸/mm	井段/m	钻头类型	介质	钻压/kN	转速/(r/min)	排量/(m³/min)	注液量/(L/s)
大北构造	311.2	3500~5000	牙轮钻头	空气	10~60	60~70	200~400	—
	311.2	3500~5000	牙轮钻头	空气	10~60	60~70	260~400	3~8
博孜构造	333.4/311.2	3000~5000	牙轮钻头	空气	10~60	60~70	200~400	—

第二节　气体钻井设备配套

根据库车山前砾石层气体钻井地质条件，其井段深、井眼尺寸大，且大北6井区还具有地层产水量大的特点，这给气体钻井设备提出了更高要求。为了满足砾石层气体钻井的清砂要求，确保清砂效果，一方面，按模拟最高注气量400 m³/min 要求配套注气设备，同时考虑备用设备，见表8-4，选择"16台空压机+7台增压机"，同时，增压机压力级别为25~35 MPa，以满足大出水等复杂井眼条件下的高压力作业需求；另一方面，全程配套连续循环钻井系统，实现在接立柱、复杂井段起下钻期间保持气体介质的连续循环，强化清砂携水效果，提升应对复杂地层能力。

表 8-4　库车山前气体钻井主体设备配套

类型	设备名称	型号	性能参数	数量	备注
注入设备	空压机	XRVS976/XRVS476	额定排量为 27.5 m³/min；额定压力为 2.5 MPa	16 台	总计气量为 440 m³/min
注入设备	增压机	CKY500	额定压力为 35 MPa，排气量为 70 m³/min	2 台	总处理气量为 490 m³/min
注入设备	增压机	CKY500	额定压力为 25 MPa，排气量为 70 m³/min	5 台	总处理气量为 490 m³/min
连续循环系统	连续循环阀	外径 ϕ184 mm，扣型 521×520	气/液密封压力 35 MPa/70 MPa，抗拉强度为 4900 kN，抗扭强度为 135.6 kN·m	55 只	与塔里木 ϕ139.7 mm/ϕ149.2 mm 钻杆配套
连续循环系统	地面控制装置	—	气/液密封压力为 35 MPa/70 MPa	1 套	—

一、气体钻井电驱设备配套

在国务院重点推进石油石化行业节能减排，以及中国石油特别强调在钻井生产中节能降耗、减少碳排放、降低生产成本的基调下，国内各大油田的电网覆盖率越来越大，电动化钻机的应用范围不断扩大，由电能作为动力源驱动钻井设备已成为钻井工程的必然趋势。在此形势下，气体钻井注气设备已由柴油驱动逐渐转变为电驱动。电驱设备的使用，在保证节能、减排、降耗的同时，既降低了对环境的污染，又符合了中国石油"节能、减排和环境保护"的发展规划，成为了气体钻井攻坚节能减排的利刃，表 8-5 为目前的电驱设备配套清单。

表 8-5 电驱设备配套清单

序号	设备名称	设备型号	单台设备主要技术参数	数量	单位	合计排量/m^3/min	备注
1	电驱空压机	SPELQ 1525XHAC	600 V、480 kW（主电机 450 kW、风扇电机 30 kW）、额定排量为 43.2 m^3/min、额定排气压力为 2.41 MPa、转速为 2980 r/min、出口排气温度≤环境温度+10 ℃，橇装结构，配有紧急停车功能，尺寸为 5.3 m×2.5 m×2.5 m，质量为 12 t	10	台	432	每台空压机上配套后冷却装置、进气空气滤芯，出口压力在 1.5~2.4 MPa 之间，根据后端背压自动调节，排气量为恒定排量，无法调节
2	电驱增压机	DKY500	600 V、500 kW、额定排量为 36.8~71 m^3/min、额定排气压力为 3~25 MPa、转速为 1500 r/min、出口排气温度≤55 ℃、进口压力为 1.2~2.2 MPa，橇装结构，配有紧急停车功能，尺寸为 9 m×2.8 m×2.8 m，质量为 28 t	7	台	497	每台增压机上配套后冷却装置，气源来自电驱空压机，出口压力在 3~25 MPa 之间，根据后端背压自动调节，排气量与电驱空压机提供的一致

在用柴油驱动空压机主要有阿特拉斯 XRVS476、寿力 900XHH/1150XH 等型号；柴油驱动增压机主要有 FY400、CKY500 等型号。若气体钻井注气设备在现有柴油驱动空压机及增压机的基础上改为电驱动，存在以下难点：

（1）柴油驱动空压机及增压机的柴油发动机与压缩机共享一套冷却系统，若将柴油驱动直接改为电驱动，就必须重新设计压缩机的冷却系统。

（2）柴油发动机与电动机的控制及监测系统自成体系，若将柴油驱动直接改为电驱动，就必须重新设计电动机的控制与监测系统。

（3）柴油驱动增压机直接改为电驱动必须单独配套变频装置及控制室。综合考虑，气体钻井供气设备若在柴油驱动的基础上改为电驱动，相当于只保留柴油驱动空压机和增压机的压缩机部分，其余结构必须全部重新设计，导致难度极大，成本高。因此，气体钻井注气设备在柴油驱动的基础上改为电驱动的可行性小，考虑重新购置或设计制造气体钻井用的电驱设备。

1. 配套目的

（1）降低钻井用油成本。

（2）更干净、更环保。

（3）降低设备维护、保养费用。

2. 配套条件

（1）按空气量 400 m³/min 进行电驱设备配置。

（2）单台电驱空压机和单台电驱增压机的压力和气量应满足气体钻井需求，如图 8-2 和图 8-3 所示。

（3）电驱空压机主要要求：额定工作压力 $\geqslant$ 2.4 MPa，排气量 $\geqslant$ 25 m³/min，能够采集数据，实现集中监控（图 8-2）。

图 8-2 电驱空压机

（4）电驱增压机主要参数要求：排气压力为 0~25 MPa，额定处理量 $\geqslant$ 70 m³/min，能够采集数据，实现集中监控（图 8-3）。

图 8-3　电驱增压机

3. 电网需要提供足够功率的网电

在大量调研国内外电驱空压机、电驱增压机的基础上，通过进行大量技术调研、多次方案论证，川庆钻探公司于 2020 年底完成了一套 400 m³/min 电驱气体钻井设备配套。2021 年，该套设备在博孜 701 井空气钻井作业中首次使用，采用"半电驱 + 半油驱"设备组合模式完成了 1080 m 空气钻井进尺，经测算，燃料费用较全套油驱空钻设备节约 $4.05×10^4$ 元 /d，在节能减排的同时，创造了良好经济效益，为油田公司和钻探公司的提质增效创造了良好条件，得到了油田公司与钻探公司的高度赞誉。

二、井口装置及地面排砂系统升级配套

1. 井口装置升级配套

库车山前砾石层气体钻井作业注气量大，高速流体返出对地面设备具有强烈冲刷作用。前期井口装置存在以下问题：

（1）原壳体设计为单出口，气体钻井作业期间，一旦管线出现刺漏，无备用管线，将被迫停钻整改，同时，单出口设计分流效果差、抗冲刷能力弱；（2）旋转总成压力级别较低。

通过以下措施对井口装置进行升级：

（1）将"单出口"壳体改进为"双出口"壳体。针对砾石层气体钻井高压高

速流体对井口、排砂管线等地面装置的冲刷问题，在国内首次提出"双出口"壳体井口装备概念，现已配套完成XK54-14、XK38-35系列双出口壳体，通过左右两条排砂通道，对高速流体实现分流，有效降低其对壳体及排砂管汇的冲刷作用，如图8-4与图8-5所示。

图8-4　XK54-14双出口壳体

图8-5　XK38-35双出口壳体

（2）提高旋转总成压力级别。为应对高速气流的强冲击载荷作用，将配套旋转总成压力级别提升一级，提高气体钻井作业的安全系数，旋转总成压力级别数据可参考表8-6。

表8-6　旋转总成压力级别数据

序号	原动/静密封压力/ MPa/MPa	改进后动/静密封压力/ MPa/MPa	备注
1	3.5/7.0	7.0/14	适用于ϕ444.5 mm井眼
2	3.5/7.0	7.0/14	适用于ϕ333.4 mm、ϕ311.2 mm井眼

2. 地面排砂系统改进

排砂管线应重点考虑提高管汇的抗冲刷性能，一方面，提高排砂管线的抗压级别，对原有壁厚为0.5 cm、抗压4 MPa的套管排砂管线进行全面升级，加工制造了壁厚为1 cm、抗压7 MPa的排砂管线（图8-6），以应对砾石层大气量高流速的返出气体对管汇的冲刷；另一方面，更新了排砂管线的连接方式，对"井口三通拐弯至地面"的传统排砂管线连接方式进行两次改进后，实现了排砂管线直连模式，避免了弯头的使用，彻底解决了因弯头导致的管线刺漏问题，提升了钻井效率。

图8-6　壁厚1 cm—7 MPa排砂管线

排砂管线的连接方式经过以下两次改进：

（1）第一次改进："传统地面"连接方式即从井口位置加入两个三通拐弯至地面，走地面连接至沉砂池（图 8-7）。传统地面连接方式在地层出水时易发生管线堵塞，同时，拐弯处易发生刺漏。针对上述难题，进行了第一次改进，采用"架空+地面"相结合的连接方式，即排砂管线从旋转控制头壳体左右两侧架空"直线"接出，通过管线自然沉降至地面再连接至沉沙池（图 8-8）。"架空+地面"连接方式适合沉砂池距离井口位置较远的情形，现场连接时，常因钻机、循环罐、沉砂池等地面条件的限制，仍会部分使用弯头。

(a)井口管线连接　　(b)地面排砂管线连接

图 8-7　传统地面排砂管线连接方式

(a)井口管线连接　　(b)地面排砂管线连接

图 8-8　第一次改进后的"架空+地面"排砂管线连接方式

（2）第二次改进：采用"全架空"排砂管线连接方式，即排砂管线从旋转控制头壳体左右两侧架空"直线"接至井场内沉砂池（图 8-9）。该连接方式适合沉砂池距离井口位置较近（在井场内）的情形，在管线连接上避免了弯头使用，进一步增强了管线的抗冲刷能力。

(a) 井口管线连接　　　　　　　　(b) 地面排砂管线连接

图 8-9　第二次改进后的"全架空"排砂管线连接方式

3. 测斜装备

库车山前砾石层气体钻井作业井段深，空井状态下进行井斜监测主要采用"测斜绞车吊测"方式，深井气体钻井测斜的工艺流程如图 8-10 所示，因井眼缺少了钻井液浮力作用，对测斜绞车的提升系统、刹车系统提出了更高要求。

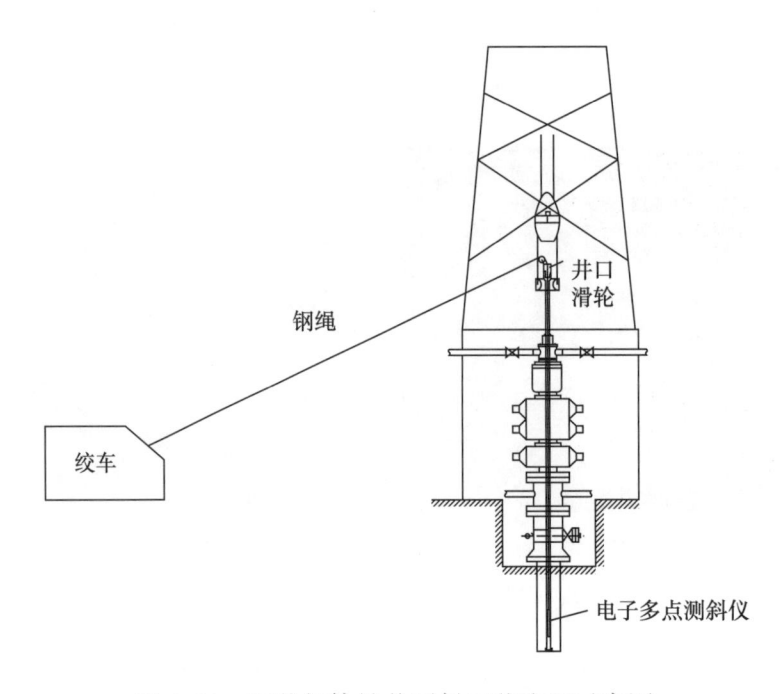

图 8-10　深井气体钻井测斜工艺流程示意图

配套了 8 mm 钢丝绳橇装测斜绞车及配套井口定滑轮、电子多点测斜仪等，满足空井条件下 6000 m 井深的测斜需求，形成了深井气体钻井井斜监测装备，表 8-7 为配套测斜绞车的性能参数。

表 8-7 配套测斜绞车的性能参数

型号	测量井深 /m	功率 /kW	液压系统额定工作压力 /MPa	最大提升力 /N	钢丝绳直径 /mm	卷筒最大转速 / r/min Ⅰ挡	卷筒最大转速 / r/min Ⅱ挡
橇装测斜绞车	6000	55	20	49 000	8	30	60

三、气体钻井安全监测系统

本小节根据前文的研究内容与结果，提出一套适用于气体钻井的随钻安全监测系统，其目的是实时反映气体钻井作业时井下与地面的安全状态，进行正确的分析、判断、报警，避免出现复杂的工程问题，确保氮气钻井的顺利进行。

1. 随钻安全监测参数的采集与传输

随钻安全监测参数包括钻进地层岩性参数、注入参数、钻井参数、返出参数、地面装备与人员安全监测参数 5 个部分。其中，为了避免监测参数复杂与交叉，该安全监测系统不涉及钻井参数采集，只采集综合录井、气体钻井作业队等单位未能采集和采集不完善的必要工程数据。

1）监测参数采集

通过在不同位置安装不同类型的传感器和监测设备，可实现对监测参数的实时、在线采集。根据气体钻井的井场布局情况，设计整个监测系统的参数采集结构如图 8-11 所示。若布局有左排砂管线，其布置的参数采集结构与右排砂管线相同。由于部分监测参数会出现瞬时突变，要求传感器或监测设备有较高的采样率，但过大的数据量会导致服务器数据储存、读取速度慢，采用的数据采样时间间隔小于 2 s。

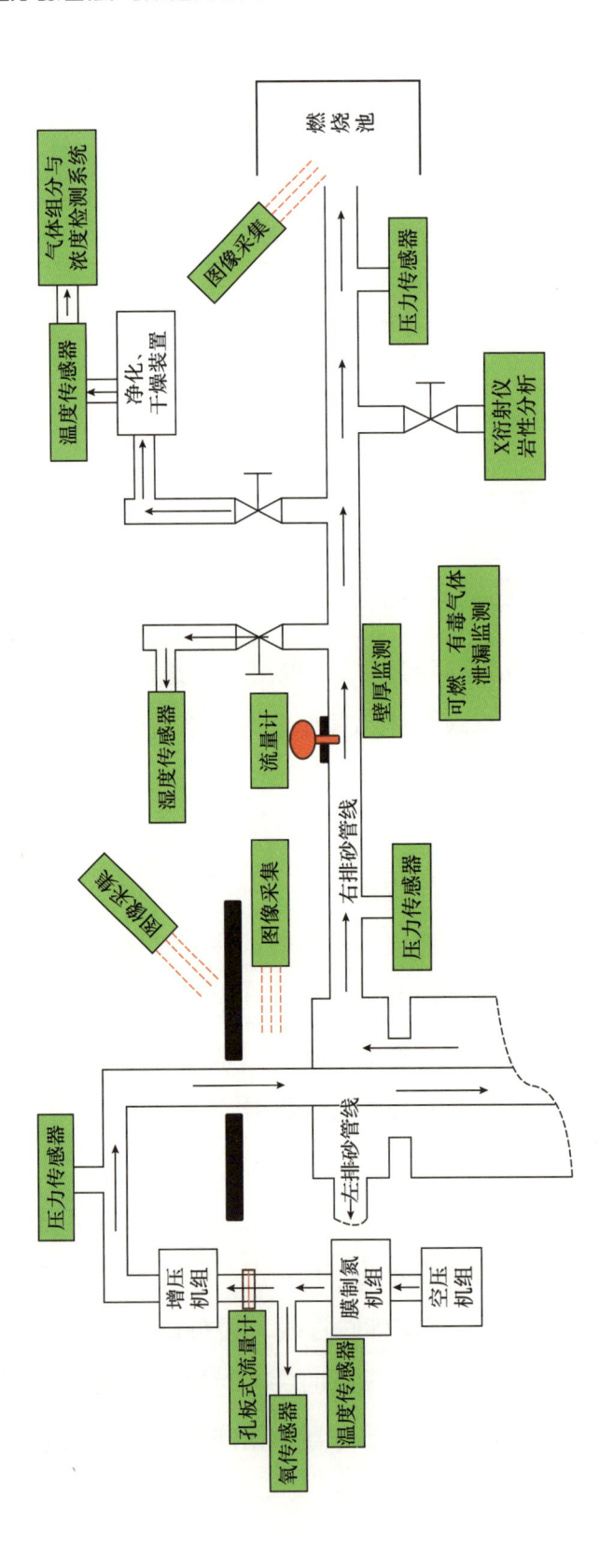

图 8-11 安全监测系统整体的参数采集结构

（1）地层岩性参数采集模块。

地层岩性参数采集模块具有确定返出岩屑迟到井深和确定返出岩屑岩性两项功能，而迟到井深的确定是准确判定钻进段地层岩性的基础。对比目前市场上存在的各类型的 X 衍射矿物组分分析仪，筛选条件以满足便携、符合现场工作环境、操作简单快速和经济等为标准，终采用 Terra 便携式 X 射线衍射仪分析识别钻进地层的返出岩屑岩性，如图 8-12 所示。将取样岩屑 X 衍射图谱数据与标准矿物数据库对比，即可得当前岩样所含的具体矿物组分与含量。

(a) Terra 便携式 X 射线衍射仪　　(b) 返出岩屑

图 8-12　Terra 便携式 X 射线衍射仪分析返出岩屑岩性

（2）注入参数采集模块。

注入参数采集模块所采集数据包括注入气体流量、气体压力、气体温度与氧气浓度。注入气体流量参数采集采用孔板式流量计，其自带温度测量功能，如图 8-13 所示；压力参数采集采用扩散硅压阻型压力传感器，如图 8-14 所示；氧气浓度参数采集采用电化学式氧气传感器。压力传感器与氧气浓度传感器的技术参数见表 8-8。

（3）返出参数采集模块。

返出参数采集模块所采集数据包括返出气体组分与浓度、气体湿度、气体流量、气体压力、气体温度。

图 8-13　孔板式气体流量计

图 8-14　注入气体压力传感器

表 8-8　注入参数采集模块传感器的技术参数

参数名称	压力传感器	氧气传感器
响应时间 /s	＜1（0~100 MPa）	＜10（0~29%）
零点漂移 /%	＜1（1年）	＜2（3个月）
测量范围	0~100 MPa	0~30%
线性度	＜0.1%（全量程）	＜0.6%（全量程）
温度范围 /℃	−40~125	−20~50
寿命 / 月	＞24（达到初始信号 80%）	＞24（达到初始信号 80%）

气体组分与浓度参数采集采用气体组分与浓度监测系统，外形如图 8-15 所示，其能检测的气体组分包括 CH_4、O_2、CO、CO_2、H_2S，由安装于系统内的各个 CH_4 气体传感器、O_2 气体传感器、CO 气体传感器、CO_2 气体传感器、H_2S 气体传感器完成对样气组分与浓度的监测。

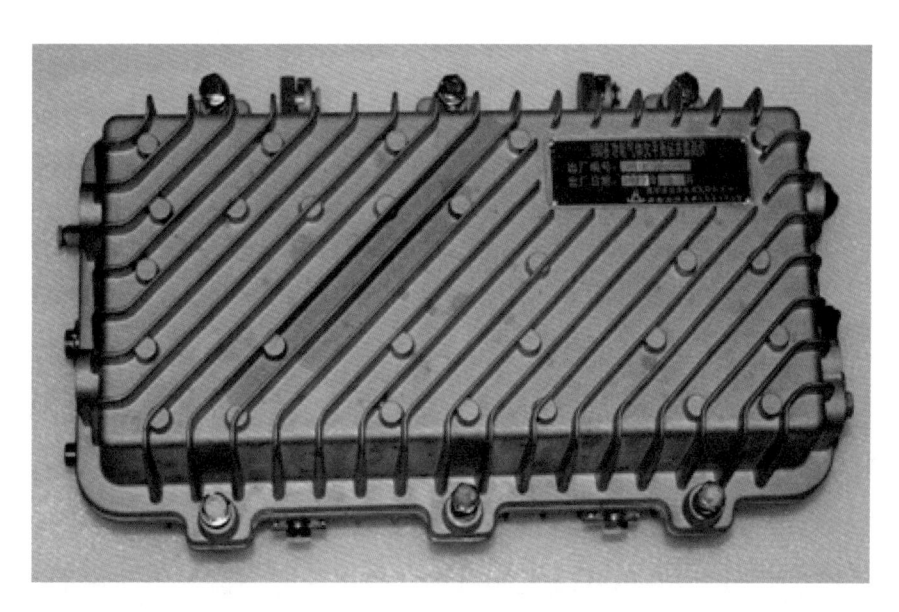

图 8-15 气体组分与浓度监测系统的外形

CH_4 浓度的检测由一只半导体表面电阻控制型超微粒 SnO_2 薄膜型传感器与一只热导率变化式传感器组成，半导体传感器用于低可燃气体浓度下[0~1%（体积分数）]检测，其电阻率变化范围大，灵敏度高，信号处理方便，对返出气流中的微量可燃气体浓度有反应；组合中的另一只热导式传感器克服了半导体型传感器的检测浓度范围小的缺点，其可检测浓度范围为 0~100%（体积分数），但其在微量可燃气体浓度时的精度没有半导体型传感器的精度高。由此，将两只不同类型的 CH_4 浓度传感器配合使用，在不同 CH_4 浓度下，通过编写控制程序激活单只传感器工作。

O_2 浓度检测同注入气体相同，采用电化学式传感器；CO 气体浓度检测采用电化学式传感器；CO_2 气体浓度检测采用电容麦克型红外吸收式传感器；H_2S 气体浓度检测采用电化学式传感器。气体组分与浓度监测系统中的各个传感器的技术参数见表 8-9。

表 8-9 气体组分与浓度监测系统各传感器技术参数

参数名称	CH$_4$ 传感器	CO 传感器	CO$_2$ 传感器	H$_2$S 传感器
响应时间 /s	＜20（0~2%；4%~10%）	＜25（0~800 mg/L）	＜25（0~45 000 mg/L）	＜35（0~20 mg/L）
零点漂移 /%	—	—	＜1000 mg/L	N/D（1个月）
测量范围	0~100%	0~1000 mg/L	0~50 000 mg/L	0~200 mg/L
线性度	＜0.01%（低浓度全量程） ＜1%（高浓度全量程）	＜10 mg/L（全量程）	＜50 mg/L（全量程）	1~8 mg/L（全量程）
温度范围 /℃	-40~70	-30~60	-20~50	-35~55
寿命 /月	＞24（达到初始信号80%）	＞24（达到初始信号80%）	＞18（达到初始信号80%）	＞24（达到初始信号80%）

气体湿度参数采集采用相对湿度传感器（图 8-16）；气体流量参数采集采用靶式流量计（图 8-17）；气体压力参数采集采用扩散硅压阻型压力传感器，在排砂管线近井口位置与近燃烧池位置各安装一只压力传感器，在可测量各个位置压力的同时，还可通过管线气流流动压差反映井筒流动与净化情况。

图 8-16 返出气体相对湿度传感器

图 8-17　靶式流量计

（4）地面装备与人员安全参数采集模块。

地面装备与人员安全参数采集模块所采集数据包括地面有毒和有害气体浓度、地面管线壁厚与井场关键位置图像。

地面有毒和有害气体浓度参数采集采用便携式和固定式气体检测装置，便携式气体检测装置主要用于井场工作人员随身携带，固定式气体检测装置主要布置于井场固定位置。两种类型的气体检测装置都可对泄漏于地面的微量 CH_4、H_2S、CO 等可燃与有毒气体响应。

为防止排砂、放喷等管线失效，对地面管线开展壁厚监测。根据超声波脉冲反射原理进行厚度测量，当探头发射的超声波脉冲通过被测物体到达材料分界面时，脉冲被反射回探头，通过精确测量超声波在材料中传播的时间确定被测材料的厚度。该方法能间接、快速地测量管线壁厚，但其是对单点的测量，只能人为选择关键位置进行监测。

2）监测参数的传输

各个传感器或监测设备将采集数据以电流或电压形式输出，为了方便多个信号的处理工作，将本系统传感器的输出量形式统一为电压形式，后通过 A/D 转换器将多个模拟信号转换为一组计算机能够识别的数字信号。

数据信号的传输可采用有线和无线传输两种方式，屏蔽电线传输方式现场布线麻烦，而各个采集模块分布较为分散，有必要采用无线信号传输方式。信号的无线传输需一组无线发射接收模块，本系统采用的传输模块的主要技术参数见表 8-10，其传输距离满足现场需要，且符合整个监测系统低功耗、微型化、稳定性高等技术要求。

图像采集信号的传输也采用无线方式，由于图像信号数据量大，且易受干扰，采用 2.4GHz 微波无线图像传送器，此模块的载波频率高达 2.4 GHz，有效避免了低频段的干扰，且视频接收品质优良，分辨率极佳，可靠传输距离达 1000 m。

表 8-10　无线传输模块的主要技术参数

参数名称	数值范围
工作频率 /MHz	420.00~450.30
发射功率 /W	1
信道数	8 信道
发射电流 /mA	≤ 550
接收电流 /mA	≤ 32
接口速率 /bps	1200/2400/4800/9600/19 200
工作温度 /℃	−25~80
可靠传输距离 /m	200

2. 监测数据的整合共享

通常情况下，气体钻井作业时，井场涉及工程参数监测的服务公司包括综合录井、气体钻井和随钻安全监测，为保证各服务公司的监测数据能够在线联合预警，建立数据整合共享平台，其由各个数据服务器、监控终端与局域网体系组成（图 8-18）。

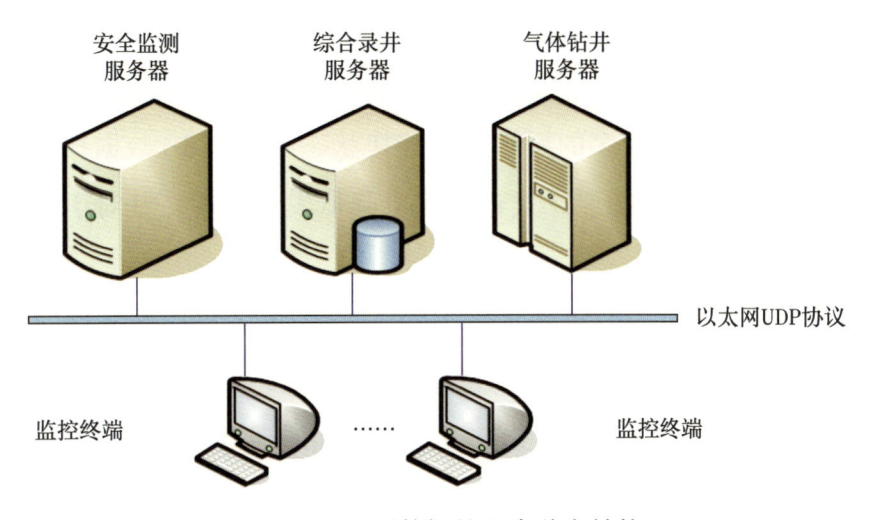

图 8-18 监测数据的整合共享结构

1）单个服务器的数据存储

在石油工业的勘探和开发领域中，为了简化多个作业和服务公司的电子数据交换问题，IADC（国际钻井承包商协会）与 API（美国石油学会）倡导以 WITS 格式作为井场信息传输规范通信格式，因此，在氮气钻井时，综合录井、气体钻井和随钻安全监测的单个服务器数据都以 WITS 格式记录。

WITS 为多级格式，提供一个容易实现的具有灵活性不断增加的较高级别的进入点。当前已定义了 4 个级别，0 级以 ASCII 码格式为基础，1 级到 3 级是以 LIS 为基础，而级别的增加都表示复杂性和灵活性的提高。在低级别时，使用一种固定格式的数据流；而在高级别时，可应用一种自定义的定制的数据流。WITS 数据流由不连续的数据记录组成。每个数据记录的产生都独立于其他数据类型，且每个数据记录都有唯一的触发变量和采样间距。通常，钻机动作决定了其在给定时间内采用哪一种记录模式，以便只记录传输合适的数据。

2）主服务器监测数据整合

为便于各台服务器间的数据传输，在井场范围内以以太网协议将多台计算机互联成计算机组。以太网协议建立的局域网中，各计算机间的通信可采用多种模式，在数据量较大的情况下，为了保证数据的传输速度，采用的通信模式为 UDP 机制。

UDP 是面向非连接的协议，其不与对方建立连接，而是直接把数据发送过去，对于实时性要求较高的数据传输，采用 UDP 有以下几个优点：(1) 数据在发送前不需建立连接，减少了时间的开销和延迟；(2) 没有采用可靠交付，数据的收发双方不用维护较多的用于记录连接状态的表；(3) 数据报首部短，处理方便；(4) 取消了拥塞控制，发送方不会降低发送速度，其对于实时应用非常重要。

以 WITS 格式记录的监测数据经 UDP 协议，由各单位服务器发送至主服务器，虽然 WITS 格式便于石油领域间的数据交换，但其不利于做数据后期开发，所以将其经软件编译后使用 SQL 数据库存储，便于数据的管理与访问。

3）监测数据共享

将各服务公司的监测数据整合为单一数据库后，局域网内的各数据需求方可通过设置正确的 IP 地址与端口号获取主服务器存储的全部监测工程数据，从而实现数据的整体共享，其模式如图 8-19 所示。

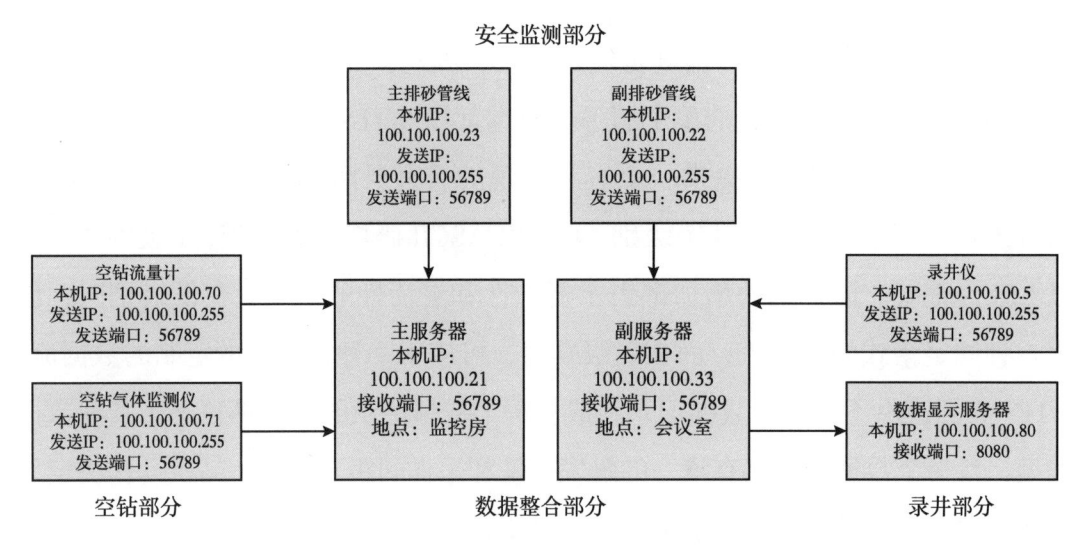

图 8-19 监测数据的整合共享模式

第九章 现场应用

塔里木库车山前累计开展气体钻井现场应用13口井、19井次，累计总进尺15 865.46 m。其中，大北构造开展4口井、7井次的气体钻井应用，累计进尺3 149.47 m，平均机械钻速为7.21 m/h，同比钻井液钻井，平均机械钻速提高3.1~10.3倍；博孜构造开展9口井、12井次的气体钻井现场应用，累计进尺12 715.99 m，平均钻速为4.80 m/h，同比钻井液钻井，平均机械钻速提高2.7~5.8倍。气体钻井技术能够显著提高库车山前砾石层的机械钻速，缩短钻井周期，已成为塔里木库车山前砾石层提速提效的重要技术之一。

第一节 大北构造砾石层气体钻井提速实践

一、气体钻井方案设计及现场应用简况

1. 大北6井

1）井身结构设计

大北6井是位于库车坳陷克拉苏构造带西段大北1气田大北201断背斜东高点附近的一口预探井，设计井深为6230 m，目的层为白垩系巴什基奇克组，其井身结构设计如图9-1所示。

一开ϕ508 mm表层套管下至300 m，在二开ϕ444.5 mm井眼库车组砾石层段实施空气钻井，二开ϕ333.9 mm技术套管下至3900 m，考虑三开气体钻井需要，对技术套管进行射孔卸掉水层压力，以避免套管挤毁变形。而后在三开ϕ311.2 mm井眼实施雾化钻井作业。

2）设备配套

大北 6 井采用的配套设备均见表 9-1，大北构造其余井的设备配套也保持不变。

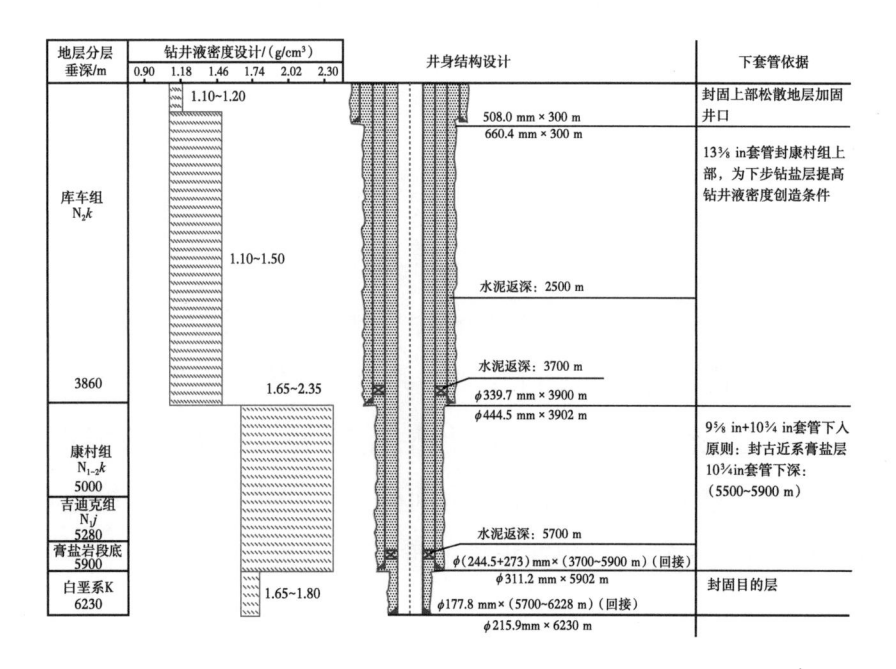

图 9-1　大北 6 井的井身结构示意图

表 9-1　大北 6 井的主要特殊装备、工具

序号	名称	规格型号	主要技术指标	单位	数量
1	空压机	XRVS476/XRVS976	气量为 27 m³/min；工作压力为 2.4 MPa	台	15
2	增压机	FY400	气量为 60 m³/min；工作压力为 14 MPa	台	6
3	供气管线	76.2 mm	21 MPa	套	1
4	排砂管线	254 mm	4 MPa	套	1
5	壳体	XK54-14	—	个	1
6	总成	AD200-7/14	—	个	2
7	液控箱	YKC	—	套	1

3）钻井参数设计

大北 6 井的气体钻井参数设计见表 9-2。

表 9-2 大北 6 井的气体钻井参数

钻头序号	尺寸/mm	类型	井段/m	进尺/m	纯钻时间/h:min	钻速/m/h	钻压/kN	转速/r/min	立压/MPa	注气量/m³/min	注液量/L/s
2-1	444.5	GA114	308.47~315.00	6.53	02:00	3.27	60~80	50~55	1.2	110~120	—
2-2	444.5	KQC275	315.00~503.00	188.00	20:08	9.34	20	30	1.5	110~120	—
2-3	444.5	GJT515GK	503.00~953.00	450.00	61:08	7.36	60~100	50~60	2.5	190~200	2~4
3-1	311.2	HJ537G	3 902.00~4 568.00	666.00	99:30	6.69	40~80	60	8.0	330	2~8
3-2	311.2	HJT637GY	4 568.00~5 012.00	444.00	68:48	6.45	40~60	60	7.5	330	8~10

4）现场应用简况

2009 年 4 月 4 日，该井通过钻井液钻水泥塞至井深 306 m 后开始气举作业，当日 15:00，气举及烘干井壁工作完毕，并使用空气钻水泥塞及套管附件。从井深 308.47 m 开始采用空气钻井，直至 4 月 6 日钻进至井深 503.00 m 地层出水后循环起钻。从井深 503 m 开始的雾化钻进作业在 4 月 9 日达到井深 953 m 后结束，并替换为钻井液。在这一阶段，总共进行了 3 次钻进操作，见表 9-3。

在 ϕ444.5 mm 井眼的空气钻井段中，工作区间为 308.47~953.00 m，总钻进长度为 644.53 m，总钻时为 83 h 15 min，其平均机械钻速达到了 7.74 m/h，最终因累计产水量达 50 m³/h，地面污水池满而终止气体钻井。

表 9-3 大北 6 井的气体钻井简况

井眼尺寸/mm	介质	井段/m	层位	进尺/m	纯钻时间/h:min	平均钻速/m/h	气体钻井终止原因
444.5	空气	308.47~503.00	库车组	194.53	22:08	8.79	累计产水量达 50 m³/h，地面污水池满
444.5	雾化	503.00~953.00	库车组	450.00	61:08	7.36	累计产水量达 50 m³/h，地面污水池满
311.2	雾化	3 902.00~5 012.00	库车组—康村组	1 110.00	168:25	6.59	出现扭矩增大，顶驱频繁憋停

2010年3月12日，完成了下一开次气体钻井的准备工作，此时井深为3902 m，ϕ339.7 mm PT110V 套管下至 3 899.52 m，钻井液钻完水泥塞及附件后，对电测解释的水层进行了两次射孔作业，共射开了 12 个水层。对 2040~2050 m 的水层进行的测试显示，该段水层的日产水量为 50 m^3，地层压力系数为 0.81。4月 4 日至 4 月 18 日期间，进行了两次雾化钻井作业，中途在井深 4568 m 时更换钻头，最终井深为 5012 m。在 ϕ311.2 mm 井眼的气体钻井段中，工作区间为 3902~5012 m，总钻进长度为 1110 m，总钻时为 168 h 18 min，其平均机械钻速为 6.59 m/h。

2. 大北 5 井

1）井身结构设计

大北 5 井是塔里木盆地库车坳陷克拉苏构造带西段大北 1 气田大北 5 号构造高点上的一口预探井，设计井深为 6990 m，目的层为白垩系巴什基奇克组，其井身结构设计如图 9-2 所示。一开 ϕ660.4 mm 井眼钻井液钻进至中完井深 307.18 m，下入 ϕ508 mm 套管固井，在二开 ϕ444.5 mm 井眼实施空气钻井。

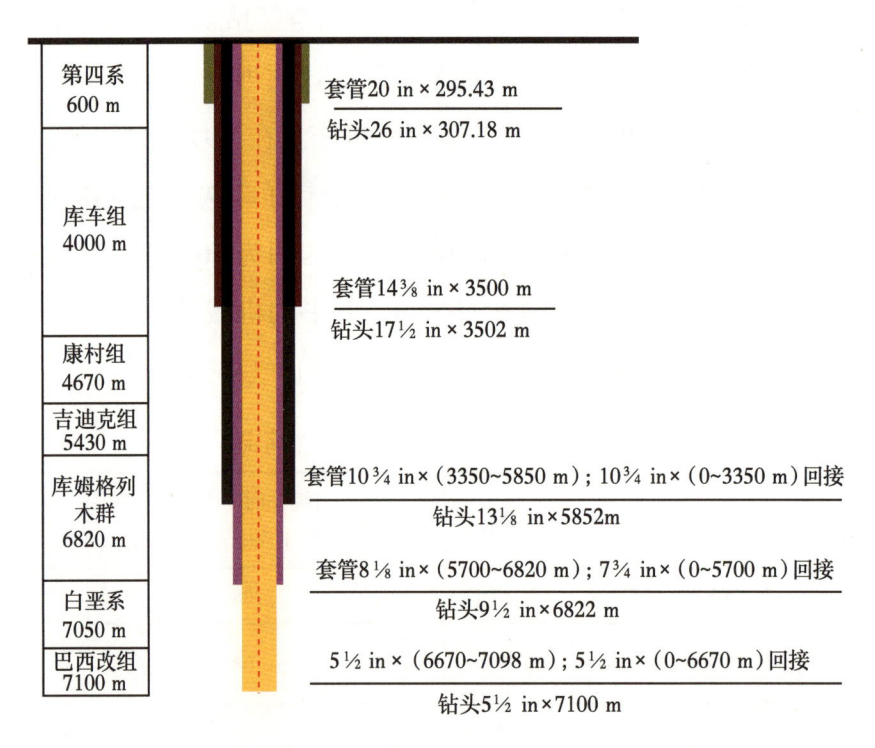

图 9-2 大北 5 井的井身结构示意图

2）钻井参数设计

大北 5 井的气体钻井参数设计见表 9-4。

表 9-4　大北 5 井的气体钻井参数

钻头序号	尺寸/mm	钻头类型	井段/m	进尺/m	纯钻时间/h:min	钻速/m/h	钻压/kN	转速/r/min	立压/MPa	注气量/m³/min	注液量/L/s
2-1	444.5	GT117G	307.18~320.76	13.58	01:30	9.05	40~60	50~60	2.6	200~220	—
2-2	444.5	SJT537GK	320.76~835.00	514.24	52:30	9.80	60~80	60~70	3.4~5.4	200~275	2~4

3）现场应用简况

大北 5 井的气体钻井简况见表 9-5。2010 年 1 月 30 日至 2 月 1 日期间，完成气举工作并开展空气钻水泥塞及附件至井深 307.18 m 完，后采用牙轮钻头试钻进至井深 320.76 m，循环起钻；2 月 2 日 13:00，下钻到底空气循环排砂管出口见大量泥糊返出，后雾化循环，排砂管出口见大量岩屑团返出，开始采用空气雾化钻进，此时出水量约为 40 m³/h。

2 月 3 日，雾化钻进至井深 488.65 m，然后进行了 25 min 的雾化循环。随后进行了单点测斜，测得斜度为 1.0°。在单点测斜后，钻头在下钻至井深 473 m 时遇到了阻碍，且沉砂 15 m。2 月 4 日，因半封闸板防喷器出现问题而进行了更换。2 月 6 日，地层出水量达到了 150 m³/h。在空气雾化钻进过程中遇到了多次阻卡，但经过反复划眼循环后，井眼得以通畅。

2 月 7 日，继续雾化钻井至井深 482 m 遇阻 100 kN，多次解卡后仍继续遭遇井下复杂，最后起钻至套管鞋替入钻井液。

表 9-5　大北 5 井的气体钻井简况

井眼尺寸/mm	介质	井段/m	层位	进尺/m	纯钻时间/h	平均钻速/m/h	气体钻井终止原因
444.5	空气	307.18~320.76	库车组	13.58	53.86	9.8	库车组上部松散砾石层发生垮塌
	雾化	320.76~835.00	库车组	514.24			

3. 大北 204 井

1）井身结构设计

大北 204 井是塔里木盆地库车坳陷克拉苏构造带西段大北 1 气田大北 201 断背斜东翼的一口评价井，设计井深为 6320 m，目的层为白垩系巴什基奇克组，其井身结构设计如图 9-3 所示。导管 ϕ720 mm 埋至 4 m，在一开 ϕ660.4 mm 井眼第四系砾石层段先实施空气钻井，根据实钻情况确定一开中完井深，下入 ϕ508 mm 表层套管固井后，在二开 ϕ444.5 mm 井眼实施空气钻井，技术套管 ϕ374.65 mm 下至 3100 m，封隔第四系—库车组中上部水层集中段和松散砾石层段，为三开 ϕ333.4 mm 井眼中深部难钻层段气体钻井的提速创造条件。

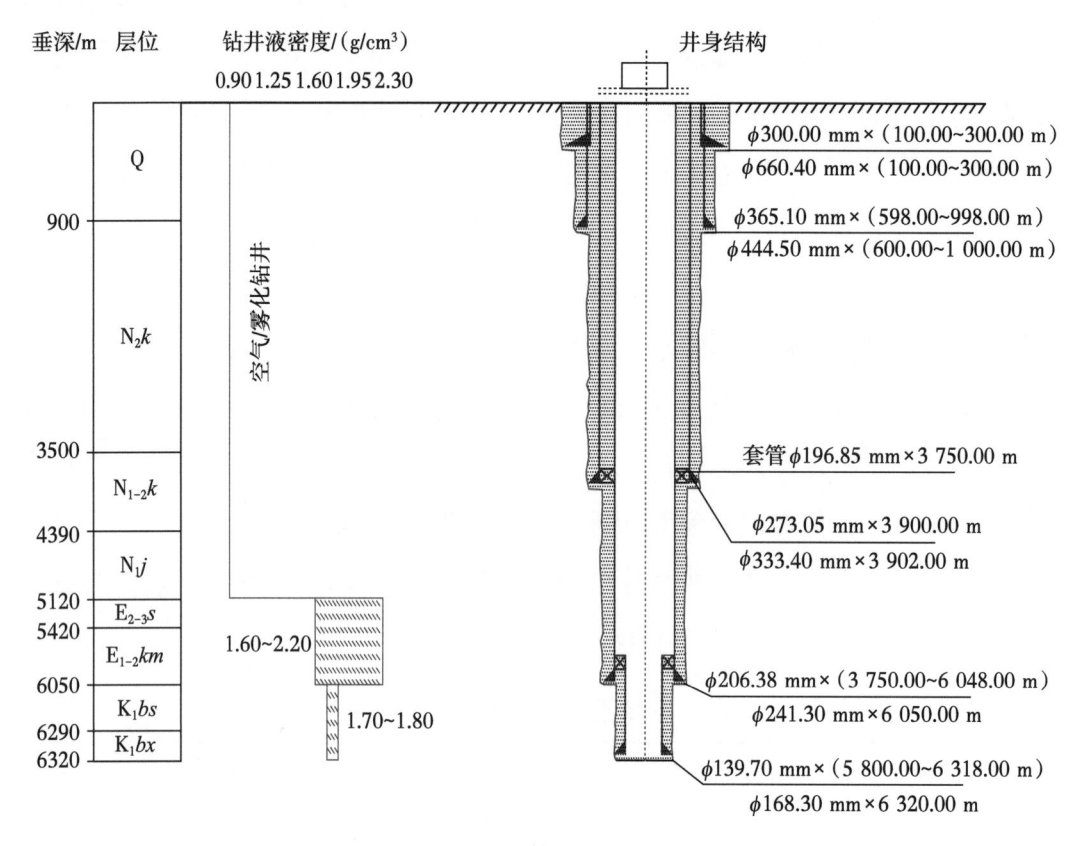

图 9-3 大北 204 井的井身结构示意图

2）钻井参数设计

大北 204 井的气体钻井参数设计见表 9-6。

表 9-6　大北 204 井的气体钻井参数

钻头序号	尺寸/mm	井段/m	钻井介质	钻头类型	钻压/kN	转速/r/min	注气量/m³/min	注液量/L/s	立管压力/MPa
1-1	660.4	10.50~53.00	空气	TS330	10~20	20~40	200~400	—	1.5~2.2
		53.00~109.00	雾化					10	
2-1	444.5	109.00~158.33	空气	KQC275	20~30	50~60	200~400	—	2.5
2-2		158.33~451.40	雾化	MLX-S20	40~50	50~60	200~400	2~10	2.5
3-1	333.4	3 101.00~3 456.00	雾化	SJT537GK	—	50~60	200~400	2~10	5~12

3）现场应用简况

大北 204 井的气体钻井简况见表 9-7。2010 年 5 月 7 日，开始一开 ϕ660.4 mm 井眼气体钻井，层位第四系，采用空气锤钻进，钻压为 20~40 kN，转速为 30~40 r/min；钻至 53 m 地层出水，转为雾化钻井，注液量为 10 L/s，注气量为 350 m³/min；钻至 109 m，由于第四系砾石成岩性差、胶结弱、垮塌周期短，且导管埋深仅 3 m，地层产水后，长时间浸泡可能导致钻机基础和井壁失稳，同时也达到本开设计井深要求（100~300 m），决定直接采用空气锤替入钻井液、起钻更换 26 in GAT515GK 牙轮钻头进行通井后下套管。本开次使用 1 只 26 in 钎头 +TS330 空气锤，累计进尺 98.5 m，平均机械钻速为 8.14 m/h，地层产水量为 10 m³/h，水质为淡水。

5 月 20 日，开始二开 ϕ444.5 mm 井眼气体钻井，目标地层仍然为第四系。此次钻井采用了牙轮钻头雾化钻进，钻压为 40~80 kN，转速为 50~60 r/min。注气量为 220~400 m³/min，注液量为 26 L/s。然而，到了 5 月 23 日，由于第四系松散砾石层发生垮塌，决定终止本次雾化钻井。此次钻井的井段范围为 109.0~451.4 m，累计钻进 324.4 m，平均机械钻速为 7.48 m/h，地层出水量为 60 m³/h，水质仍为淡水。

9 月 7 日，开始三开 ϕ333.4 mm 井眼气体钻井，层位为库车组。钻前深度达到了 3 107.74 m。然而，燃爆监测显示气体湿度增加，且岩屑润湿呈稠状，导致地层出水，因此转为雾化钻进。到了 9 月 12 日 10:00，钻进深度为 3456 m

时，出现了井壁失稳的情况，决定终止气体钻进并替入钻井液。此次钻井的井段为 3101~3456 m，累计钻进 355 m，平均机械钻速为 5.04 m/h，终止的主要原因是库车组的泥岩垮塌。

表 9-7 大北 204 井的气体钻井简况

井眼直径 / mm	钻井介质	井段 / m	地层	进尺 / m	纯钻时间 h:min	机械钻速 / m/s	终止原因
660.4	空气	10.50~53.00	第四系	42.50	3:13	13.20	地层产水大，砾石层垮塌失稳
	雾化	53.00~109.00	第四系	56.00	9:45	5.74	
444.5	空气	109.00~158.33	第四系	49.33	8:20	5.92	
	雾化	158.33~451.40	第四系	294.27	37:25	7.83	
333.4	雾化	3 101.00~3 456.00	库车组	355.00	70:30	5.04	井下垮塌，扭矩增大，多次憋停

二、取得的主要技术成果与效果

1. 显著提高机械钻速，节约钻井周期

以大北 6 井为例，在 ϕ444.5 mm、ϕ311.2 mm 井眼实施气体钻井，机械钻速同比大北构造钻井液钻井分别提高 1.4 倍以上、6.0 倍以上，提速效果显著（表 9-8 和表 9-9）。大北 6 井 ϕ444.5 mm 井眼气体钻井用时 6 天完成进尺 644.53 m，相比邻井大北 3 井、大北 301 井钻井相同进尺节省 17 天、19 天；ϕ311.2 mm 井眼气体钻井用时 15 天完成进尺 1 110 m，相比邻井大北 202 井、大北 104 井钻井相同进尺节约 64 天、56 天。

大北 5 井尽管进尺短，但在二开 ϕ444.5 mm 井眼采用气体钻井平均机械钻速为 9.77 m/h，同比钻井液钻进提高机械钻速 1.9 倍以上。

同样，表 9-10 展示了大北 204 井的气体钻井简况，可见提速成效显著。

2. 提高单只钻头的使用进尺及寿命

以大北 6 井为例，见表 9-11，在 ϕ444.5 mm 井眼采用 GJT515GK 牙轮钻头完成了 450 m 进尺，起出钻头新度 80%，较邻井牙轮钻头平均单只钻头进

尺提高 1.6~6.0 倍。见表 9-12，在 ϕ311.2 mm 井眼气体钻井平均单只钻头进尺长达 555 m，与邻井钻井液钻井单只钻头平均进尺 150.97 m 相比，提高近 3 倍。

表 9-8 大北区块 ϕ444.5 mm 井眼机械钻速对比

井号	尺寸/mm	层位	井段/m	介质	机械钻速/(m/h)	提高倍数
大北 6 井	444.5	库车组	308.47~953.00	气体	7.74	—
大北 202 井			286.00~1 510.00	钻井液	3.09	1.5
大北 101 井			0~805.81	钻井液	3.27	1.4
大北 3 井			296.66~1 997.00	钻井液	1.71	3.5
大北 301 井			199.61~953.00	钻井液	1.47	4.3

表 9-9 ϕ311.2 mm 井眼同层段钻井指标对比

井号	尺寸/mm	层位	井段/m	介质	机械钻速/(m/h)	提高倍数
大北 6 井	311.2	库车组—吉迪克组	3 902.00~5 012.00	气体	6.60	—
大北 104 井			3 902.00~5 314.00	钻井液	0.83	6.95
大北 202 井			3 902.00~4 931.00	钻井液	0.85	6.76
大北 1 井			1 795.00~4 316.18	钻井液	0.82	7.05

表 9-10 大北 204 井气体钻井简况

井眼直径/mm	钻井介质	井段/m	地层	进尺/m	钻时/(h:min)	机械钻速/(m/s)
660.4	空气	10.50~53.00	第四系	42.50	3:13	13.2
	雾化	53.00~109.00	第四系	56.00	9:45	5.74
444.5	空气	109.00~158.33	第四系	49.33	8:20	5.92
	雾化	158.33~451.40	第四系	294.27	37:25	7.83
333.4	雾化	3 101.00~3 456.00	库车组	355.00	70:30	5.04

表 9-11　ϕ444.5 mm 井眼牙轮钻头数据对比

井号	钻井方式	层位	井段/m	进尺/m	钻头数	单只平均进尺/m
大北 6 井	气体钻井	库车组	503.00~953.00	450	1	450
大北 3 井	钻井液钻井	库车组	151.00~742.18	591.18	8	73.89
大北 101 井		库车组	0~805.81	805.81	3	268.6
大北 103 井		库车组	0~304.30	304.3	2	152.15

表 9-12　ϕ311.2 mm 井眼同层段钻头使用数据对比

井号	钻井方式	井段/m	进尺/m	钻头数	单只平均进尺/m
大北 6 井	气体钻井	3902.00~5012.00	1 110.00	2	555.00
大北 1 井	钻井液钻井	1795.00~4316.18	2 521.18	47	53.64
大北 2 井		298.00~4 517.15	4 219.15	21	200.91
大北 3 井		3 102.50~5 875.00	2 772.50	13	213.27
大北 102 井		3 650.00~4 445.50	795.50	6	132.58
大北 103 井		304.30~4 987.36	4 683.06	30	156.10
大北 104 井		3 902.00~5 318.50	1 416.50	11	128.77
大北 202 井		3 902.00~4 931.00	1 029.00	6	171.50

三、存在的问题及对策

1. 井壁稳定性问题

第四系大套砾石层段胶结差，存在井壁失稳风险；库车组底部大套泥岩段存在应力性垮塌风险，但失稳规律不强，单井差异较大。表 9-13 展示了大北区块气体钻井井壁失稳情况，综合分析认为，大北区块第四系大套松散砾石层段的胶结强度低，成岩性差，地层产大量淡水，浸泡沙泥质充填物，进一步降低胶结强度，同时导致砾石胶结充填物的流失，加大井壁失稳风险。第四系层段气体钻进作业井壁失稳风险大。库车组下部—康村组岩性以砂岩、

第九章 现场应用

表 9–13 大北区块气体钻井的井壁失稳情况

井号	井眼尺寸/mm	层位	钻井井段/m	失稳井段/m	失稳情况描述
大北5井	444.5	第四系—库车组上部	307.18~835.00	410.00~730.00	(1) 488.65~835.00 m 钻进中，沉砂多，采取"接双根"钻进； (2) 482.00~730.00 m 起钻中，多处遇阻卡，反复活动钻具通过； (3) 下钻划眼至 673.00 m、674.00 m，上提下放钻具遇阻卡，憋压，活动钻具解卡
	444.5	第四系	109.00~451.40	445.00~451.40	(1) 雾化钻至 445.00 m，出口间断失返，憋停顶驱； (2) 调整气、液量，试钻进至 451.40 m，憋停顶驱； (3) 倒划眼至 445.05 m，频繁憋停顶驱、遇卡、出口间断失返
大北204井	333.4	库车组	3 101.00~3 456.00	3 123.00~3 290.00	(1) 3 353.88 m 立压上升，出口失返，上提下放遇阻卡，悬重下降，通过整压活动钻具解卡； (2) 3 359.77 m，3 380.53 m 立压上涨，憋压 11 MPa 后循环正常； (3) 钻进至 3 456.00 m，循环 5 h（始终有大量砂粒返出），短起钻，在井段 3 339.00~3 217.00 m 多点挂卡； (4) 下钻，3 219.00~3 228.00 m 划眼困难，出口间断失返，无进展
大北302井	444.5	第四系	495.00~565.02	507.38~565.02	(1) 雾化钻进至 545.83 m，循环后下放钻具至 539.4 m 遇阻，接双根； (2) 钻至 565.02 m，雾化循环短起一柱至 535.09 m，停气、停液，上提遇卡，雾化循环倒划眼至 507.38 m，频繁憋停顶驱
大北5井	444.5	库车组上部	308.47~953.00	—	未失稳
大北6井	311.2	库车组下部—康村组	3 092.00~5 012.00	—	未失稳

267

泥岩为主，地层产水量小，水质为盐水。库车组底部大套泥岩段存在应力性失稳，但区域性差异较大。如大北204井3123~3290 m泥岩垮塌，而大北6井3902~5012 m井段未失稳。

根据上述失稳原因分析，可采取以下应对策略：

（1）因井壁失稳规律性差，需加强地质基础研究，继续开展现场试验，弄清大北区块垮塌层段分布，为优化井身结构提供依据；

（2）合理设计井身结构，套管尽可能封隔垮塌层段，为延长气体钻井进尺提供条件；

（3）优化"雾化基液"配方，形成适合大北构造地质特征的基液体系；

（4）试验"连续循环气体钻井"新技术。

2. 空气钻井井斜控制问题

库车组上部井段、第四系不易井斜，大北5井井斜最大仅为1.6°，大北6井井斜最大为2.7°，大北204井井斜为1°/(438 m)，同时，钻井液钻进在该段井斜最大为2.5°。大北6井库车组下部—康村组最大井斜为18.02°，大北204井库车组下部井段3 101.00~3 260.20 m，井斜由3.02°升高至9.07°。下部钻具组合建议采用空气锤、单扶正器及双扶正器钟摆组合。

气体钻井井斜的影响规律与钻井液钻井相似，与钻井液钻井相比，气体钻井的各向异性增大，地层倾角、钻压、钻具组合等对气体钻井井斜的影响更加显著。由于井径扩大，高钻压对井斜的影响增大。同时，大北构造库车组下部及以下井段地层倾角大，为15°~45°，地层造斜能力强，地层岩性为砂岩、砾石、泥岩互层，软硬交错变化大，易发生井斜，加剧了发生井斜的可能性。钻井参数同样会对井斜产生影响，大北6井3900~4450 m井段，钻压为8~10 tf，井斜由2°增加到17.178°；4450~4700 m井段，钻压为4~6 tf，井斜由17.178°降为13.834°；4700~5000 m井段，钻压为6~8 tf，井斜由13.834°升至17.13°。大北204井3101~3267 m井段，钻压为4~6 tf，钻时为4~8 min/m，井斜由3.02°增至9.07°；3267~3456 m井段，钻压为1~2 tf，钻时为10~15 min/m，井斜由9.07°降至6.96°。因此，低钻压有助于防斜，控制钻时有利于控斜，但实际上，钻压控制难度较大。

针对上述井斜原因，可采取以下应对策略：

（1）加强监测。气体钻进期间加强对井斜的监测，原则是每钻进100~200 m进行一次测斜，当井斜超标时，加密测斜；同时加强对立压、扭矩、上提下放摩阻的监测分析。

（2）优化施工工艺、调整钻井参数。当井斜增加较快时，降低钻压，采用轻压吊打，控制钻时钻进，当井斜满足要求时，可适当放宽钻压钻进。

（3）勤校悬重、加强划眼。

（4）优化钻具组合。在井壁稳定，地层不出油、水或出水量小时，优先选用空气锤钻进。采用牙轮钻头钻进时，可考虑探索预弯曲动力学防斜钻具组合防斜。

3. 空气钻井地层出水问题

大北区块的出水特征可概括为以下3点：

（1）地表水（1000 m以上）丰富，出水层段多，水量大。

（2）中部层段（1000~3000 m）出水量中等，出水以淡水为主。

（3）深部地层（3000 m以下）出水量小，且出水以盐水为主。

因此，可采取以下应对策略：

（1）在井身结构设计时，尽量考虑封隔大水层及胶结松散地层。

（2）由于地层出水量大，举水压力高，对设备的承压能力要求高，需配备高压力级别的增压机。

第二节　博孜构造砾石层气体钻井提速实践

一、气体钻井方案设计及现场应用情况

1. 博孜101井

1）井身结构设计

博孜101井是位于库车坳陷克拉苏构造带博孜1号构造东高点附近的一口评价井，井型为直井，设计井深为7200 m。图9-4为该井的井身结构图，在三开ϕ431.8 mm井眼2502~3602 m库车组开展空气钻井提速试验；在四开ϕ333.4 mm井眼3602~5000 m库车组—康村组开展空气钻井提速试验，空气钻井全过程配

套连续循环钻井技术。

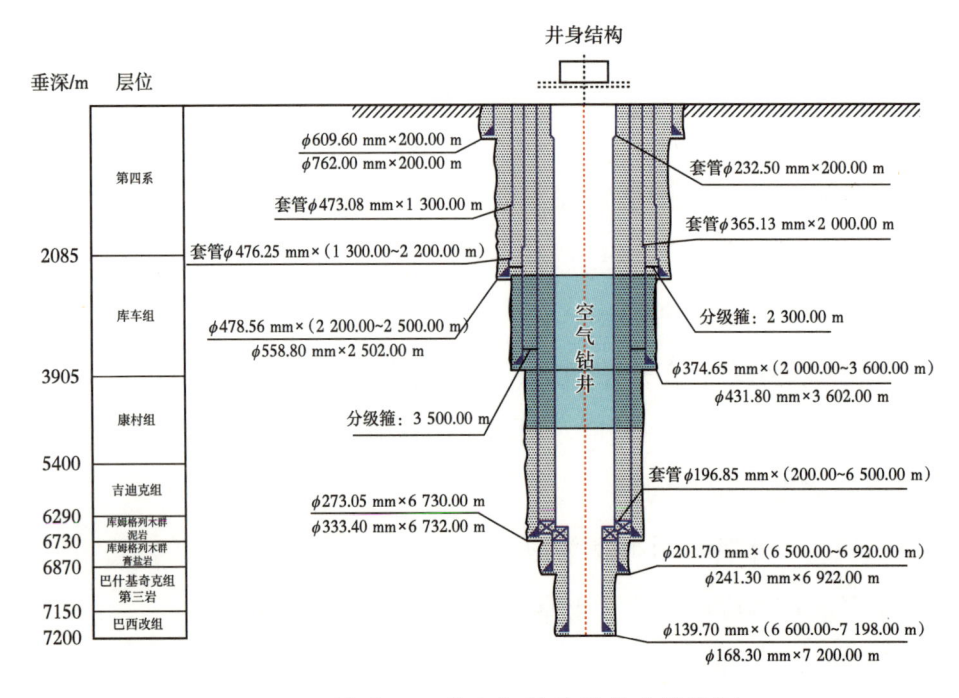

图 9-4 博孜 101 井空气钻井的井身结构图

2）设备配套

博孜 101 井采用的配套设备见表 9-14。其余井的配套设备也保持一致。

表 9-14 主要特殊装备、工具

序号	名称	规格型号	主要技术指标	单位	数量
1	空压机	XRVS476/XRVS976	气量为 27 m³/min；工作压力为 2.4 MPa	台	15
2	增压机	CKY500（25 MPa）	气量为 60 m³/min；工作压力为 25 MPa	台	5
		CKY500（35 MPa）	气量为 60 m³/min；工作压力为 35 MPa	台	1
3	供气管线	76.2 mm	35 MPa	套	1
4	排砂管线	178 mm	7 MPa	套	1
5	壳体	XK54-14	—	个	1
6	总成	AD200-7/14	—	个	2
7	液控箱	YKC	—	套	1

续表

序号	名称	规格型号	主要技术指标	单位	数量
8	测斜设备	—	—	套	1
9	连续循环控制系统	—	气密封为 35 MPa、液密封为 52 MPa	套	1
10	连续循环阀	—	外径 ϕ184 mm、通径 ϕ72 mm、抗拉 500 tf、抗扭 135.6 kN·m	根	25

3）钻井参数设计

博孜 101 井的钻井参数设计见表 9-15。

表 9-15 博孜 101 井的空气钻井参数

钻头序号	尺寸/mm	类型	井段/m	层位	进尺/m	纯钻时间/h	钻速/(m/h)	钻压/kN	转速/(r/min)	立压/MPa	注气量/(m³/min)
3-1	431.8	S127G	2 502.00~2 506.50	库车组	4.50	1.23	3.66	10	50	2.5	270
3-2	431.8	KQC330	2 506.50~2 766.00	库车组	259.50	54.55	4.76	10	30	2.5~2.8	270~300
3-3	431.8	T44	2 766.00~3 070.00	库车组	304.00	89.00	3.42	10	55	2.5~2.7	300
3-4	431.8	T44	3 070.00~3 602.00	库车组	532.00	100.55	5.29	10	55	2.5~3.0	300~330
4-1	333.4	M1665SS	3 602.00~3 640.00	库车组	38.00	15.02	2.53	10	55	3.0	300
4-2	333.4	MX-30GDX	3 640.00~4 105.00	库车组—康村组	465.00	94.97	4.90	10	55	2.5~3.2	300~350
4-3	333.4	MX-30GDX	4 105.00~4 652.00	康村组	547.00	139.28	3.93	10	55	3.0~3.8	350~380

4）现场应用简况

（1）ϕ431.8 mm 井眼。

博孜 101 井完成三开气举并干燥井壁后，于 2013 年 5 月 20 日从井深 2502 m 开始空气锤钻进，钻进至 2766 m 时起下钻换牙轮钻头，后在 5 月 31 日空气钻进至井深 3070 m 后起下钻更换钻头，至 6 月 7 日钻进至中完固井井深 3602 m。6 月 10 日至 6 月 14 日期间，完成 3 次通井作业，并在 6 月 16 日完车了空井下套管作业。总结来说，第三次开启的井眼直径为 ϕ431.8 mm，井段范围为 2502~3602 m，进尺 1100 m，纯钻时长为 245.33 h，平均钻速为 4.48 m/h。

（2）ϕ333.4 mm 井眼。

接着，在 6 月 23 日，博孜 101 井进行了四开次气举并烘干井壁。从井深 3 403.30 m 开始，使用空气钻井技术钻水泥塞，并在 6 月 24 日进展至井深 3602 m。7 月 12 日，钻进至 4652 m，在此过程中，短起下探发现沉砂 105.94 m，最终结束了空气钻井作业。第四次开启的井眼直径为 ϕ333.4 mm，井段范围为 3602~4652 m，进尺 1050 m，纯钻时长为 249.27 h，平均钻速为 4.21 m/h。

2. 博孜 8 井

1）井身结构设计

博孜 8 井是位于库车坳陷克拉苏构造带克深区带博孜段博孜 8 号构造上的一口预探井，井型为直井，设计井深为 8090 m，图 9-5 为该井的井身结构图，在二开 ϕ444.5 mm 井眼 200~3200 m 井段实施空气/雾化连续循环钻井，三开 ϕ333.4 mm 井眼 3200~4700 m 井段实施空气连续循环钻井。

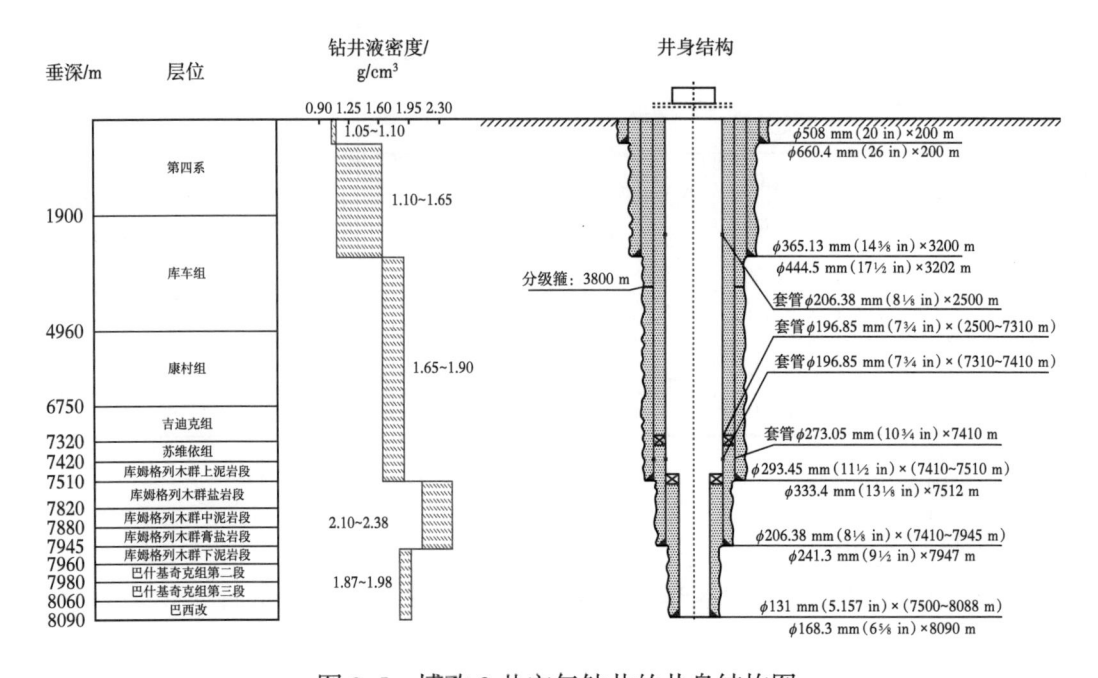

图 9-5 博孜 8 井空气钻井的井身结构图

2）钻井参数设计

博孜 8 井的钻井参数设计见表 9-16。

表 9-16　博孜 8 井的空气钻井参数

钻头序号	钻头尺寸/mm	钻头类型	井段/m	层位	进尺/m	纯钻时间/h	钻速/m/h	钻压/kN	转速/r/min	立压/MPa	注气量/m³/min
2-1	444.5	HJT537GK	199.6~256.0	第四系	56.4	11	5.13	20~60	40~60	2.2~3.4	200~330
3-1	333.4	HJT517GK	2 946.0~2 986.0	库车组	40	12	3.33	0~20	60	1.4	200
3-2	333.4	HJT537GK	2 986.0~3 797.0	库车组	811	154	5.27	0~30	60~65	1.4~2.43	200~330
3-3	333.4	HJT537GK	3 797.0~4 371.0	库车组	574	107	5.36	0~20	60~65	2.43~2.7	330~350
3-4	333.4	HJT537GK	4 371.0~4 517.0	库车组	146	39.5	3.70	0~20	60	2.6~2.7	350

3）现场应用简况

（1）ϕ444.5 mm 井眼。

2019 年 6 月 5 日，博孜 8 井在气举排液过程中，发现地层出水现象，随后执行雾化钻进操作。但当雾化钻进至井深 256.00 m 时，出现划眼无法到底、顶驱频繁停滞、井壁稳定性丧失，以及地层出水量急剧增加至 45 m³/h 等情况。因此，决定终止气体钻井作业，并将钻头提升至井深 196 m，然后注入钻井液以稳定井壁。本开次钻井井段为 199.60~256.00 m，总进尺 56.40 m，纯钻时间为 11.0 h，平均机械钻速为 5.13 m/h。

（2）ϕ333.4 mm 井眼。

9 月 23 日 23:30，开始气举排液并烘干井壁，后钻至井深 2 986.00 m，起钻更换"预弯双扶"钻具组合，在钻进至井深 3 797.00 m 和 4 317.00 m 时，进行了两次起钻更换钻头操作。至 10 月 13 日 11:00，划眼到底、循环、烘干井筒后，开始继续空气钻进，至 10 月 15 日，钻进至井深 4 517.00 m，结束本开空气钻井。本开次钻井井段为 2 946.00~4 517.00 m，总进尺 1 571.00 m，纯钻时间为 310.5 h，平均机械钻速为 5.06 m/h。

3. 博孜 701 井

1）井身结构设计

博孜 18 井、博孜 2 井、博孜 701 井均只在三开层段开展空气钻井，以博孜 701 井为例，该井是位于库车坳陷克拉苏构造带克深区带博孜段博孜 7 号构造上的一口预探井，井型为直井，设计井深为 7920 m。图 9-6 为博孜 701 井的井身结构图，该井二开 ϕ444.5 mm 井眼钻至 3088 m，下入 ϕ374.65 mm+ϕ333.97 mm 套管串固井，封隔上部不稳定砾石层及水层，在三开 ϕ311.2 mm 井眼 3088~5000 m 井段实施空气连续循环钻井。

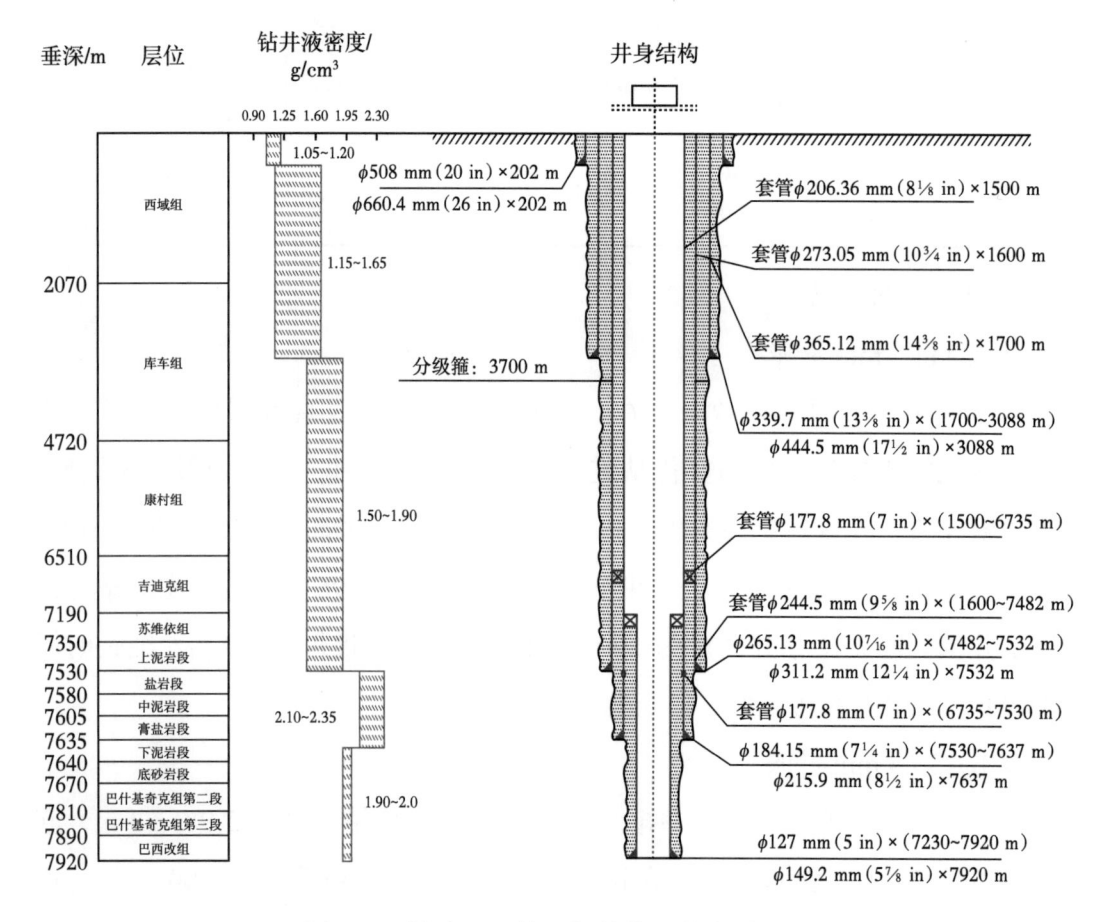

图 9-6 博孜 701 井空气钻井的井身结构图

2）钻井参数设计

博孜 701 井的钻井参数设计见表 9-17。

表 9-17 博孜 701 井的空气钻井参数

钻头序号	钻头尺寸/mm	钻头类型	井段/m	层位	进尺/m	纯钻时间/h	钻速/(m/h)	钻压/kN	转速/(r/min)	立压/MPa	注气量/(m³/min)
3-1	311.2	HJT517GK	3 088~3 128	库车组	40	10.0	4.0	5	50	1.3	240
3-2	311.2	HJT537GK	3 128~4 208	库车组	1080	193.6	5.58	10	60	1.9~2.5	280~320
3-3	311.2	HJT537GK	4 208~5 000	库车组—康村组	792	185.5	4.27	10	70	2.4~3.1	320~380

3）现场应用简况

4 月 14 日开始气举，烘干井筒，从井深 3088 m 开始空气钻进，历经两趟钻，至 5 月 7 日，空气钻进至设计井深 5000 m，经请示，决定结束空气钻井。本井次钻井井段为 3088~5000 m，总进尺 1912 m，纯钻时间为 389.5 h，平均机械钻速为 4.91 m/h。

二、取得的主要技术成果与效果

1. 提高机械钻速，缩短钻井周期

以博孜 101 井为例，三开 ϕ431.8 mm 井眼 2502~3602 m 井段、四开 ϕ333.4 mm 井眼 3602~4652 m 井段，共进尺 2 150 m，占设计井深的 30%，平均机械钻速为 4.34 m/h。如图 9-7 和图 9-8 所示，与博孜 1 井同井段钻井液钻井相比，ϕ431.8 mm 井眼、ϕ333.4 mm 井眼钻速分别提高 3.8 倍、4.3 倍，博孜 101 井钻进相同进尺仅用 49 天，而博孜 1 井耗时 168 天，节省钻井时间 119 天。

此外，博孜 8 井和博孜 18 井三开进尺分别为 1571 m 和 1275 m，平均机械钻速分别为 5.06 m/h 和 6.40 m/h，相较于博孜 101 井，机械钻速分别提高了 1.21 倍和 1.51 倍。

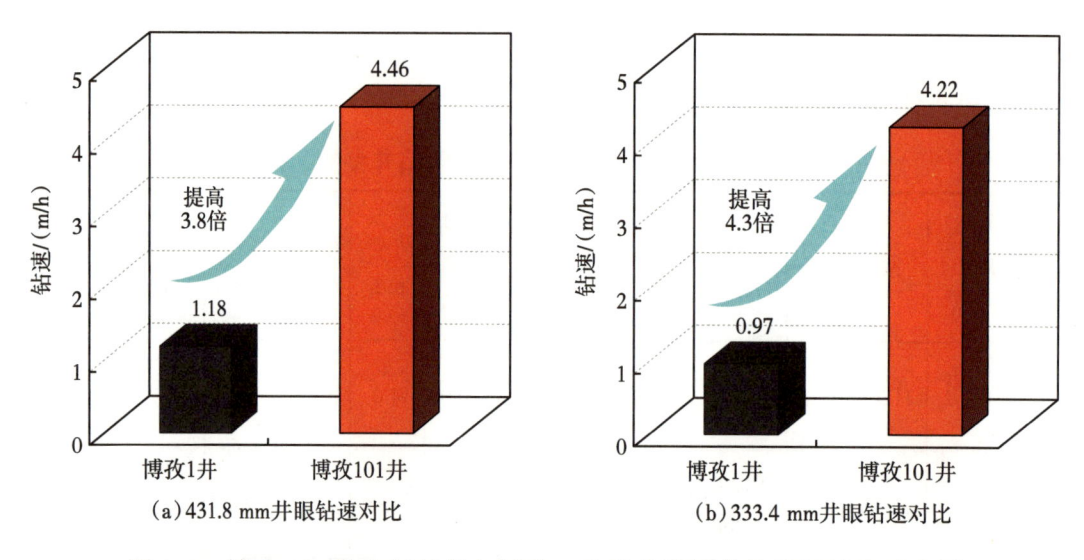

图 9-7　博孜 101 井空气钻井与博孜 1 井钻井液钻井的机械钻速对比图

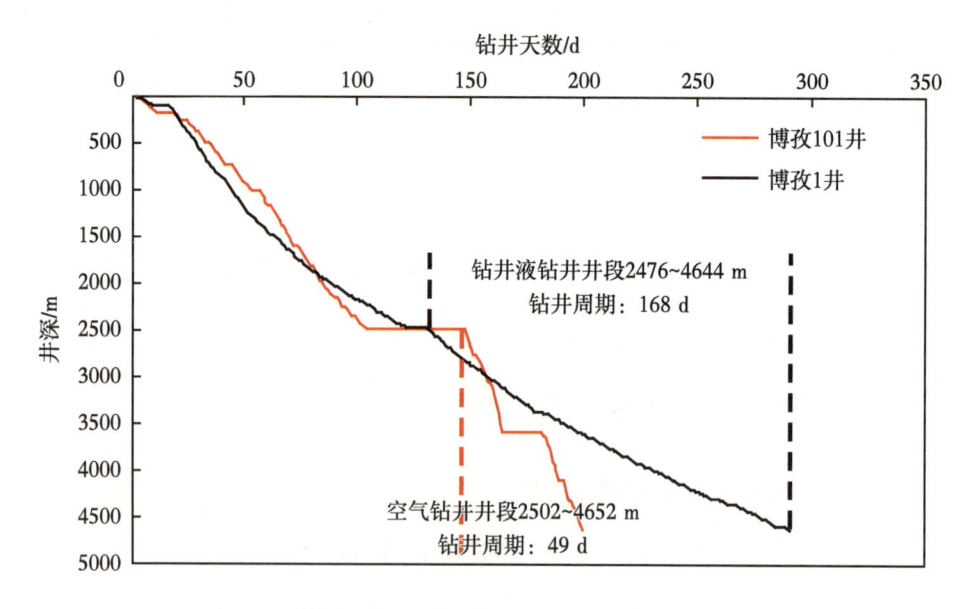

图 9-8　博孜 101 井与博孜 1 井的钻井周期对比图

2. 提高单只钻头进尺，节省钻头数量

以博孜 101 井为例，如图 9-9 和图 9-10 所示，三开 ϕ431.8 mm 井眼耗用钻头仅 4 只，单只钻头平均进尺 275 m，与钻井液钻井相比，节省钻头 15 只，单只钻头进尺提高 4.7 倍。四开 ϕ333.4 mm 井眼耗用钻头仅 3 只，单只钻头平均进尺 350 m，与钻井液钻井相比，节省钻头 14 只，单只钻头进尺提高 4.9 倍。

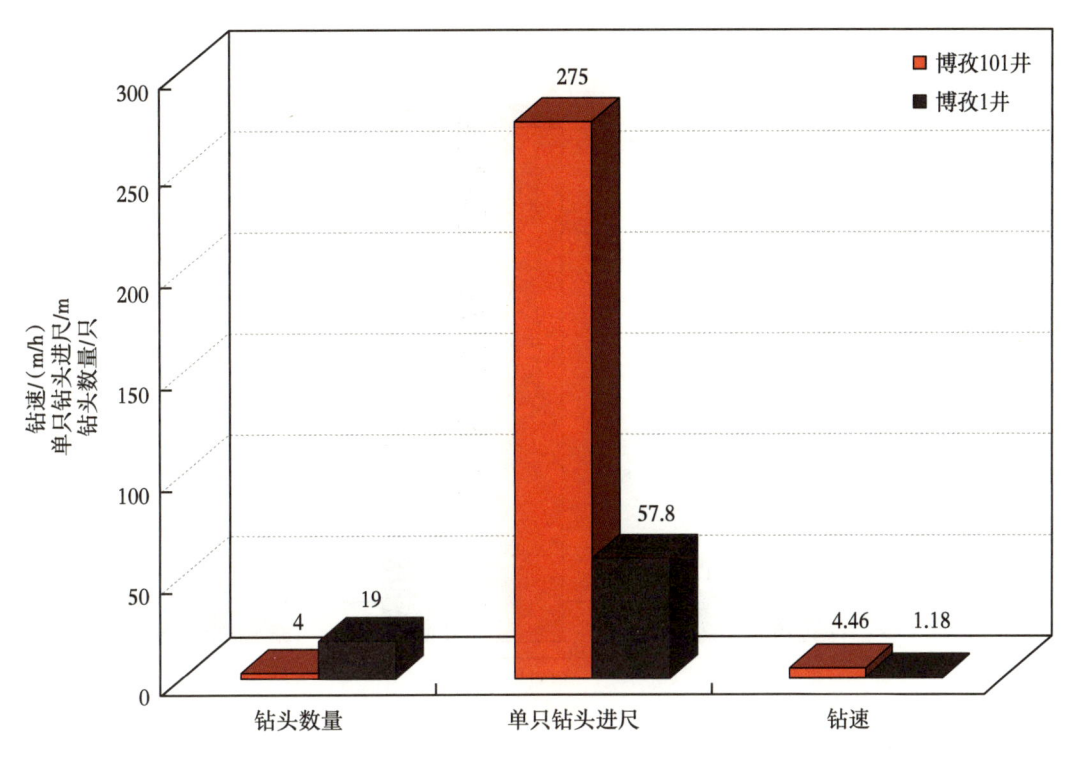

图 9-9　ϕ431.8 mm 井眼钻头的使用情况对比图

3. 创下多项钻井纪录

博孜 8 井气体钻井第二趟钻使用 HJT537GK 钻头进尺达到 811 m（2986~3797 m），创当时塔里木油田气体钻井单只钻头的最长进尺纪录。ϕ333.4 mm 井眼气体钻井进尺达到了 1571 m（2946~4517 m），创当时塔里木油田气体钻井的最长进尺纪录，比上一纪录博孜 18 井的气体钻井进尺 1275 m 长了 296 m。博孜 18 井的气体钻井日进尺最高达 184 m，创下了塔里木油田在库车山前构造砾石层的日进尺纪录。博孜 2 井空气钻井施工井段 2835~5015 m，在整个施工过程共进行了 4 趟钻，累计完成进尺 2180 m，一举刷新了国内 ϕ311.2 mm 井眼气体钻井施工井深最深（5015 m）、塔里木油田气体钻井单开次进尺最长（2180 m）、塔里木油田气体钻井单井进尺最长（2180 m）、博孜区块气体钻井单趟进尺最长（901 m）4 项纪录。博孜 701 井空气钻井施工井段 3088~5000 m，在整个施工过程共进行了 2 趟钻，累计完成进尺 1912 m，创下博孜区块空气钻井单只钻头进尺 1080 m、行程机械钻速 3.62 m/h 两项纪录。

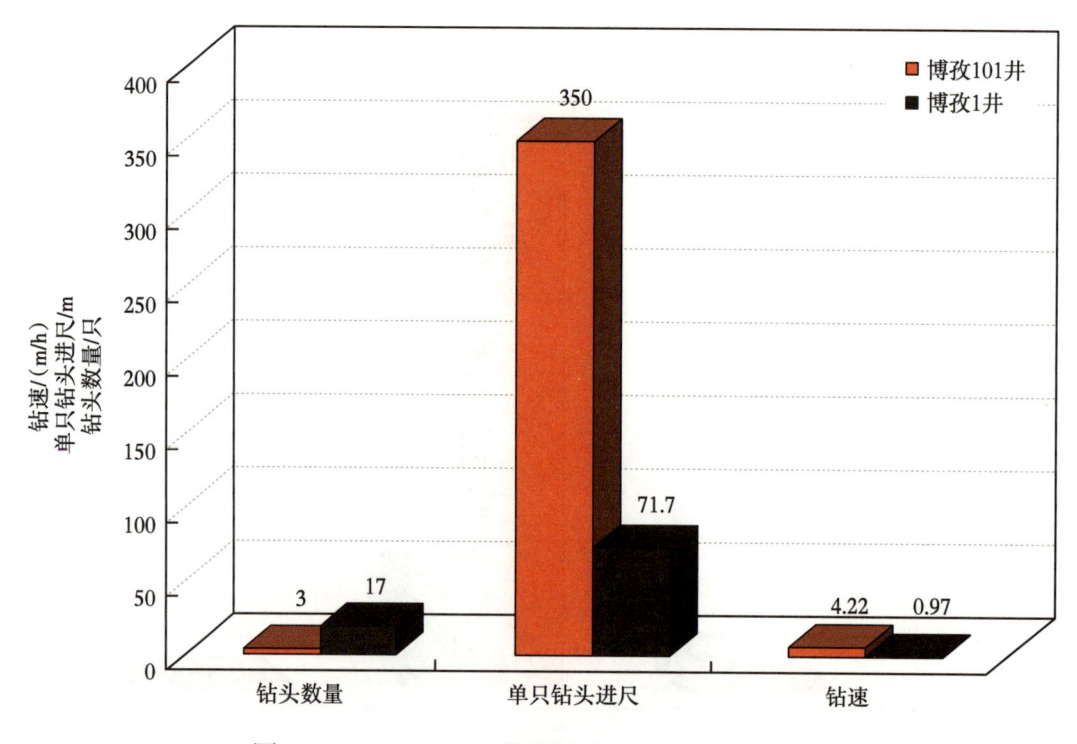

图 9-10　ϕ333.4 mm 井眼钻头的使用情况对比图

4. 电驱设备使用达到了节能增效的目的

博孜 701 井空气钻井首次使用电驱设备，采用"半电驱＋半油驱"设备组合模式，既保证了网电意外停电时的井下安全，又达到了提质增效的目的。相比较传统的柴油驱设备，使用电驱设备节省降耗，半套电驱设备为勘探公司日节省费用 4.05×10^4 元，且电驱设备减少了柴油尾气产生的碳排放量，降低了环境污染。同时，现场环境噪声较油驱平均减少 10~15 dB，大幅改善员工工作环境。

三、存在的问题及对策

1. 沉砂较多

博孜 101 井四开从 3 602.00 m 开始空气钻井，钻至井深 4 652.00 m，短起下探得沉砂 105.94 m。博孜 8 井 4517 m 控时 15 min/m 钻进，沉砂 50 m。针对该问题，建议每钻进一定进尺，循环带砂；增加气量或变排量循环带砂；进行连续循环短起、起下钻。

2. 上部地层失稳，掉块严重

由于空气钻井排量远远大于钻井液钻井排量，长此以往，对井壁造成的冲刷比较严重，再加上上部未成岩地层胶结较差，容易形成掉块，在钻进、起下钻过程中，易发生憋卡现象。例如，博孜 18 井在 2 874.00~3 528.67 m 钻进过程中，发生 5 次憋停顶驱现象，最高扭矩施加至 34 kN·m 后恢复正常。针对该问题，可采取以下应对策略：

（1）若立压、扭矩变化不大，出口连续返出，增大注气量循环，多拉划井壁，待井筒畅通后控制钻时钻进。

（2）若立压、扭矩波动大，出口返出不均匀，停止钻进，上提钻具，增大注气量循环观察，反复划眼，若钻具上提下放正常，可控时钻井；若反复划眼循环后，钻井参数及出口返出仍不正常，汇报现场工作组，确定下步措施。